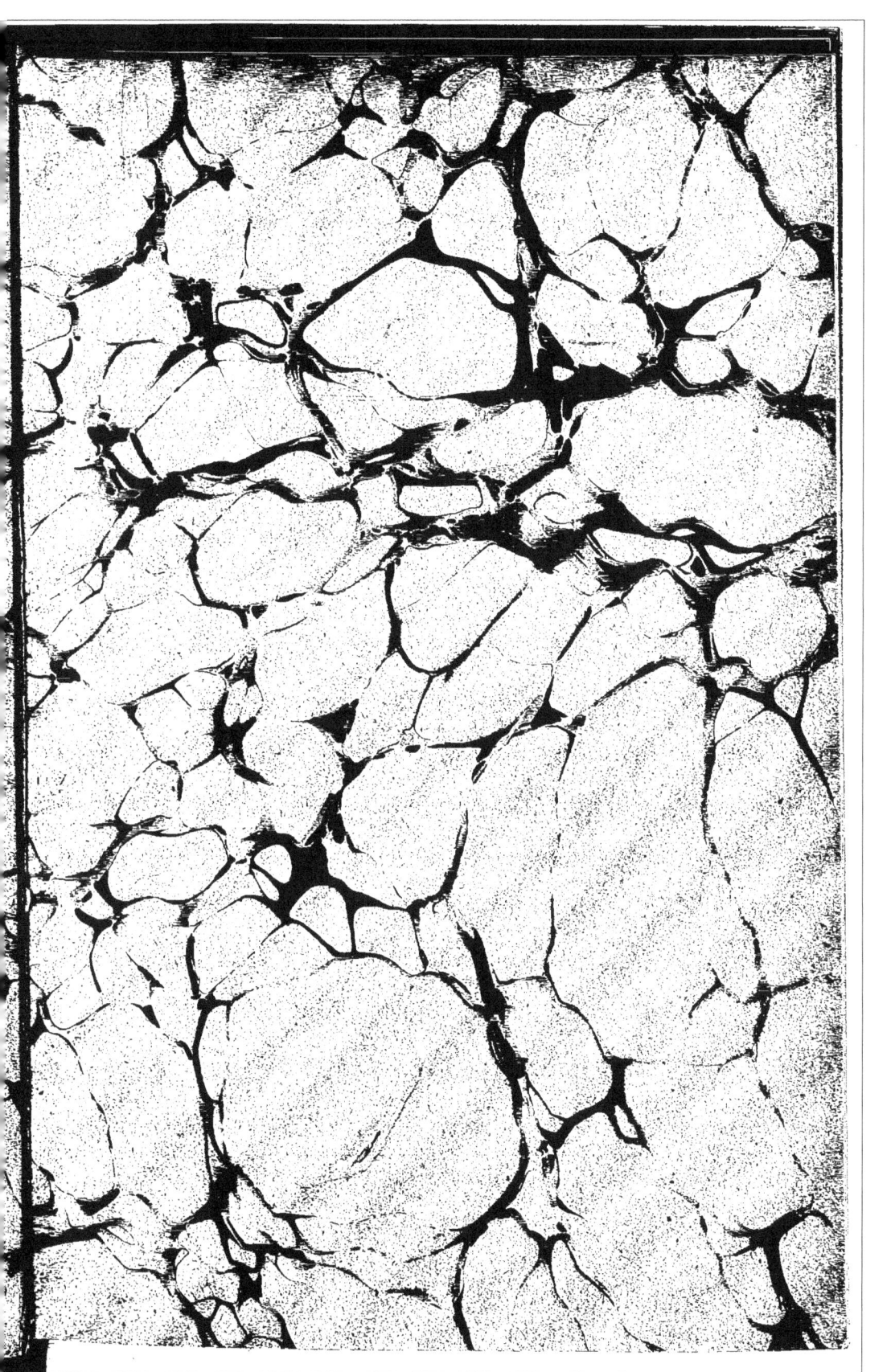

9^e

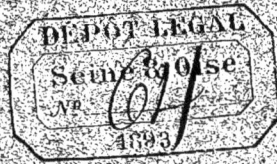

Conserver cette couverture

6653

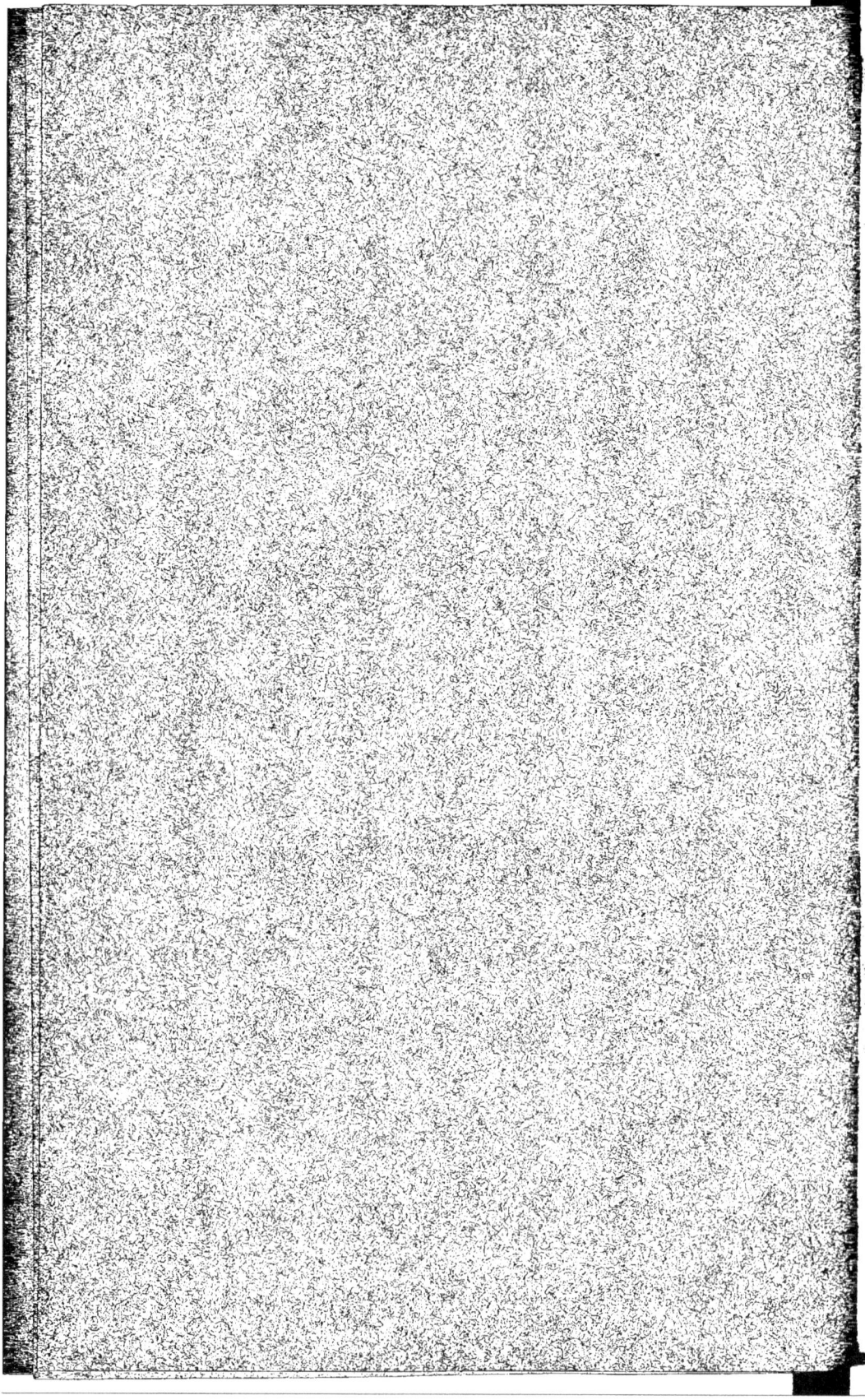

MANIPULATIONS

DE PHYSIOLOGIE

DU MÊME AUTEUR :

La lutte pour l'existence chez les animaux marins. 1889, 1 vol. in-16 de
303 p., avec 37 fig. (*Bibliothèque scientifique contemporaine*)....... 3 fr. 50

Travaux du laboratoire de physiologie, années 1885-86, 1887-88, 1889-90.
3 vol. in-8, de 232-221-194 p., avec fig. et pl. Chaque vol.............. 6 fr.

Éléments de Physiologie humaine, à l'usage des étudiants en médecine,
par Léon Frédéricq et J.-P. Nuel. 2ᵉ *édition*. 1 vol. in-8 de 275-338 p., avec
124-133 figures... 12 fr.

251-91. — CORBEIL. Imprimerie CRÉTÉ.

MANIPULATIONS

DE

PHYSIOLOGIE

GUIDE DE L'ÉTUDIANT AU LABORATOIRE

POUR LES TRAVAUX PRATIQUES ET LES DÉMONSTRATIONS

DE PHYSIOLOGIE

PAR

Léon FREDERICQ

PROFESSEUR DE PHYSIOLOGIE A L'UNIVERSITÉ DE LIÉGE

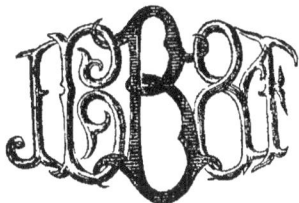

PARIS

LIBRAIRIE J.-B. BAILLIÈRE ET FILS

19, rue Hautefeuille, près du boulevard St-Germain

—

1892

PRÉFACE

« Tout le monde est d'accord aujourd'hui pour reconnaître que dans les écoles de médecine, chargées de former des praticiens, les cours théoriques doivent être sinon supprimés, comme certains le voudraient, du moins relégués au second plan de l'enseignement des Facultés, pour céder la place aux cours purement expérimentaux et pratiques. » (F. JOLYET. *De l'enseignement pratique de la Physiologie dans les Facultés de Médecine.*)

Cette nécessité de donner à l'enseignement des sciences médicales un caractère pratique a été reconnue et consacrée par les pouvoirs publics.

C'est ainsi qu'en France, le décret du 20 juin 1878, qui a institué le nouveau système d'examens et d'études actuellement en vigueur dans les Facultés de Médecine, a établi une série de travaux de laboratoire, parmi lesquels ceux de physiologie sont obligatoires pour les élèves de troisième année.

En Belgique, les Universités ont également inscrit à leurs programmes des cours d'exercices pratiques de physiologie.

Chargé d'organiser ce nouvel enseignement à Liège, j'aurais désiré mettre entre les mains de mes élèves un petit livre pouvant leur servir de guide dans leurs manipulations. Malheureusement les ouvrages de technique physiologique écrits en français s'adressent plutôt aux physiologistes ou à ceux qui veulent le devenir, qu'aux étudiants en médecine ou en sciences. La *Méthode graphique*, la *Circulation du sang* de Marey, la *Physiologie opératoire* de Claude Bernard, le *Manuel de vivisections* de Ch. Livon, le *Manuel du laboratoire de physiologie* de Burdon Sanderson, traduit par Moquin-Tandon, ainsi que les traités de chimie physiologique, sont trop spéciaux et mentionnent trop d'expériences qu'on ne peut songer à proposer à des élèves.

Pour remédier jusqu'à un certain point à cette lacune de la littérature médicale, je distribue depuis plusieurs années aux étudiants qui suivent mes cours, des notes indiquant la série des manipulations qu'ils auront à exécuter eux-mêmes, ou dont on leur fera la démonstration. Plusieurs collègues, auxquels j'avais communiqué ces notes, m'ont engagé à les publier : telle est la raison qui m'a décidé à soumettre au public ces *Manipulations de Physiologie*.

C'est un ouvrage écrit « dans le laboratoire et pour le laboratoire » (Livon).

Je me suis attaché à choisir les expériences les plus simples et les plus démonstratives. Ce sont d'ailleurs celles que j'exécute à titre d'illustrations dans mes leçons théoriques de physiologie. Ce livre est donc à la fois un recueil d'exercices pratiques à l'usage des débutants, et une liste d'expériences de cours pouvant intéresser les professeurs.

J'ai laissé de côté les expériences d'acoustique et d'optique qui se rapportent à la physiologie de l'audition, de la phonation et de la vision, ainsi que celles de psychophysique, parce qu'elles me semblent sortir du cadre que je me suis tracé. C'est une lacune qu'il sera facile de combler ultérieurement, si le besoin s'en fait sentir.

A ce sujet, je me permets de faire appel aux bienveillantes critiques de mes lecteurs. J'accueillerai d'ailleurs avec gratitude les rectifications, additions ou améliorations qu'ils voudront bien me signaler.

Je tiens à remercier ici toutes les personnes qui m'ont aidé dans cette publication et spécialement M. le Docteur E. Delsaux, assistant de Physiologie, qui a bien voulu me prêter son concours dévoué et éclairé, pour le travail de revision du texte et pour la correction des épreuves.

LÉON FREDERICQ.

Liège, 15 octobre 1891.

MANIPULATIONS

DE

PHYSIOLOGIE

PREMIÈRE PARTIE

LE LABORATOIRE DE PHYSIOLOGIE

I. — Installation générale.

Le laboratoire de physiologie a une double destination à remplir : il doit servir à enseigner les résultats acquis de la cience d'hier, et être en même temps le lieu par excellence où s'élabore la science de demain. Pour répondre à ces deux fonctions, il doit présenter : d'une part, un amphithéâtre où se font le cours théorique et les démonstrations *ex cathedra*, ainsi que des laboratoires d'instruction pour les étudiants en médecine ou en sciences ; et d'autre part, une série de salles ou laboratoires de recherches.

Le laboratoire de physiologie doit avoir son amphithéâtre et ses installations autonomes ; il occupera un bâtiment isolé, autant que possible situé au milieu d'un jardin, de manière à recevoir largement de tous côtés l'air et la lumière, et à éviter le bruit et les trépidations, qui sont inséparables du voisinage immédiat de la rue. L'amphithéâtre et ses annexes occuperont la partie centrale, autour de laquelle se grouperont les différents services.

Il est désirable que chaque catégorie de travaux puisse être exécutée dans un local spécial. Mais cette spécialisation ne sera pas poussée trop loin : on se réservera la possibilité de varier la destination de chaque pièce suivant les besoins du moment et la nature des recherches en voie d'exécution. Toutes ces pièces seront éclairées par de larges baies, et présenteront, sur deux ou trois de leurs faces, des prises d'eau et de gaz. Les salles de chimie auront l'eau et le gaz à chaque table occupée par un travailleur, et dans chaque cage d'évaporation.

Je citerai comme exemple d'installations d'un laboratoire de physiologie, celles de l'Institut de physiologie de l'Université de Liège. (Voir le plan du rez-de-chaussée, figure 1.)

L'Institut de physiologie de l'Université de Liège est un bâtiment couvrant une surface d'environ 1100 mètres carrés, d'une forme générale rectangulaire, comprenant un sous-sol, un rez-de-chaussée surélevé et un étage. La façade principale, occupant le grand côté du rectangle (place Delcour) mesure $53^m,72$; l'autre façade ayant front à la rue (rue Méan) a $16^m,16$ de long. La façade postérieure et la face latérale droite donnent sur le jardin de l'Institut.

Au rez-de-chaussée, règne, suivant la longueur du bâtiment, un dégagement de deux mètres et demi de largeur, aux deux côtés duquel s'ouvrent les salles qui prennent le jour en avant sur la place Delcour, et celles dont les fenêtres s'ouvrent sur la façade postérieure, du côté du jardin. L'entrée principale, donnant place Delcour et large de 4 mètres, aboutit au milieu du grand corridor, qui se trouve ainsi divisé en deux moitiés, droite et gauche.

A gauche, sont les laboratoires de **chimie physiologique** b^1, b^2, b^4, la salle des balances b^3 et l'atelier du mécanicien b^5. La chambre obscure a^6, la salle c^4 pour l'analyse des gaz et la salle c^3 pour les pompes à mercure confinent à la section de chimie physiologique.

La section de **vivisection et de physique physiologique**, située à droite, comprend, outre les locaux pour l'analyse des gaz c et pour les pompes à mercure c^3, le grand et le petit *Vivisectorium* c^1 et c^2, la salle d'électrophysiologie c^5, la bibliothèque c^6 et le bureau c^7.

La partie centrale et postérieure de l'Institut est réservée

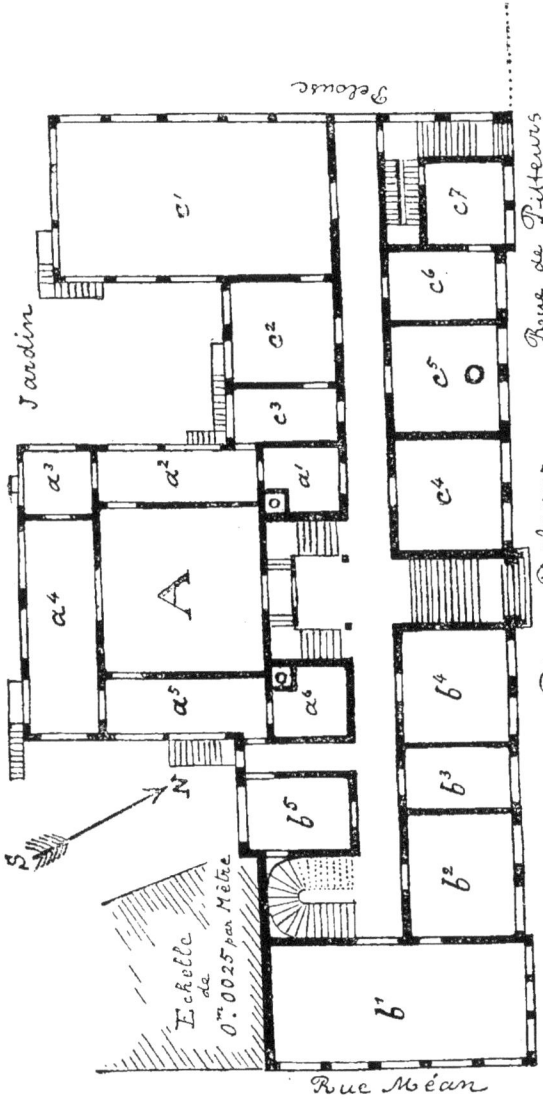

Fig. 1. — Institut de physiologie de l'Université de Liége.
(Plan du rez-de-chaussée. — Echelle 1 : 400, soit 0m0025 par mètre.)

A, grand amphithéâtre ; a^1, vestiaire ; a^2, salle de préparation du cours (vivisection et physique physiologique); a^3, chambre de l'héliostat; a^4, galerie de démonstration; a^5, salle de préparation du cours (chimie) ; a^6, chambre noire. — Section de chimie physiologique : b^1, b^2, b^4, laboratoires de chimie physiologique; b^3, salle des balances ; b^5, atelier du mécanicien. — Section de vivisection et de physique : c^1, c^2, grand et petit Vivisectorium ; c^3, salle des pompes à mercure ; c^4, analyse des gaz; c^5, électrophysiologie; c^6, bibliothèque; c^7, bureau.

au grand amphithéâtre A et à ses annexes : le vestiaire a^1, les

salles de préparation du cours a^2 et a^5, la galerie de démonstrations a^4, la chambre obscure a^6 et la chambre de l'héliostat a^3.

Dans le **sous-sol**, se trouvent les magasins de verrerie et de
produits chimiques, les caves au bois et à la houille, les fours
de la chaufferie, l'aquarium, la salle de la machine et celle des
piles électriques, etc., et le logement du concierge.

L'étendue de l'**étage** est notablement moindre que celle
du rez-de-chaussée, attendu que l'amphithéâtre et ses annexes
sont de simples rez-de-chaussée sans étage. On y trouve des
salles de collection et de microscopie et un petit amphithéâtre
avec sa salle de préparation du cours et son vestiaire : ces locaux de l'étage sont occupés à titre provisoire par le professeur
d'hygiène.

Le reste de l'étage, c'est-à-dire les chambres situées au-dessus
de la section de vivisection c^1 à c^7, est réservé au logement du
professeur de physiologie. A ce logement, donnent accès une
entrée particulière et un escalier indépendant (situé à côté du
bureau du rez-de-chaussée). Le concierge a également une
partie de son logement à l'étage.

Dans le **jardin** qui s'étend derrière l'Institut, se trouvent
deux petits étangs à grenouilles, un chenil-écurie et un réduit
pour lapins et cobayes.

II. — Laboratoire de chimie physiologique.

Le laboratoire de chimie physiologique comprend une salle
réservée au professeur, à l'assistant et à ceux qui se livrent
à des **recherches spéciales** (b^4 fig. 1) et une **salle des balances** (b^3). Les deux autres salles b^1 et b^2 sont des **laboratoires
d'instruction**, servant aux manipulations exécutées par tous
les étudiants en médecine qui suivent le cours de physiologie.

La grande salle b^1 comprend 22 places, la salle b^2 en comprend 5. Les étudiants sont libres de travailler seuls, ou de
s'associer à deux pour occuper une place.

Les objets constituant l'outillage d'une **place** sont tous marqués de la même lettre A, B, C...

Chaque place comprend :

Un meuble de chimie (1) en sapin rouge d'Amérique (hauteur 0ᵐ,87), recouvert d'une tablette en chêne (1ᵐ,48 × 0ᵐ,65), surmonté d'une étagère à 2 rayons superposés et présentant sur le devant 3 tiroirs et 3 panneaux d'armoire.

Sur le côté du meuble : 2 robinets d'eau, un grand et un petit (ce dernier destiné exclusivement à l'alimentation du bain-marie à niveau constant ou du réfrigérant de Liebig), et une grande coquille en faïence, servant de décharge.

Sous l'étagère : 2 prises de gaz.

Sur les rayons : 25 flacons numérotés, à réactifs liquides : 1-4, acides chlorhydrique, nitrique, sulfurique et acétique glacial; 5, alcool; 6, éther; 7, chloroforme; 8, hydrate de sodium; 9, ammoniaque; 10-13, chlorure, phosphate, sulfure et oxalate ammoniques; 14, chlorure sodique (solution saturée); 15, ferrocyanure potassique; 16, sulfate magnésique (solution saturée); 17, chlorure barytique; 18, 19, acétates neutre et basique de plomb; 20, sulfate cuivrique (solution 1 : 20); 21, chlorure ferrique; 22, chlorure mercurique; 23, réactif de Millon; 24, nitrate argentique; 25, eau iodée.

3 bocaux : 26, sulfate magnésique en cristaux; 27, chlorure sodique en poudre; 28, papiers réactifs (tournesol, curcuma et acétate de plomb (2).

Sur la table : 2 brûleurs de Bunsen (fig. 2), bain-marie à niveau constant avec tube en caoutchouc pour l'arrivée de l'eau, et tube de décharge, pissette à eau distillée (fig. 3), étagère avec 16 tubes à réaction (chacun d'environ 22 centimètres cubes de capacité)(fig. 4).

Fig. 2. — Brûleur de Bunsen.

Dans le tiroir de gauche : paire de ciseaux, couteau, feuilles de papier à filtre, filtres moyens de 19 cent., petits filtres de 9 cent., étiquettes gommées, boyau de papier parchemin.

---

(1) Les meubles de chimie sont adossés par deux : la coquille, le grand robinet d'eau, le baquet, l'essuie-main et les allumettes sont communs aux deux étudiants qui se font vis-à-vis.

(2) Une série unique de réactifs d'un usage moins fréquent est mise également à la disposition des étudiants.

Dans le tiroir du milieu : burette de 25 centimètres cubes divisée en dixièmes de centimètres, avec pince à pression (fig. 5), 3 pipettes jaugées (1 c.c., 5 c.c. et 10 c. c.) (fig. 6 et 7), thermomètre dans son étui (— 15° à + 200°), 2 petits verres de montre, 2 verres de montre réunis par une pince-ressort (fig. 16), plaque de verre, baguette de verre, 2 bouts de tube

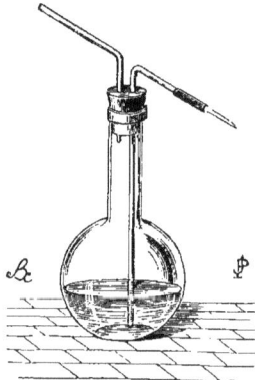

Fig. 3. — Pissette ou fiole à jet.

Fig. 4. — Tube à essai.

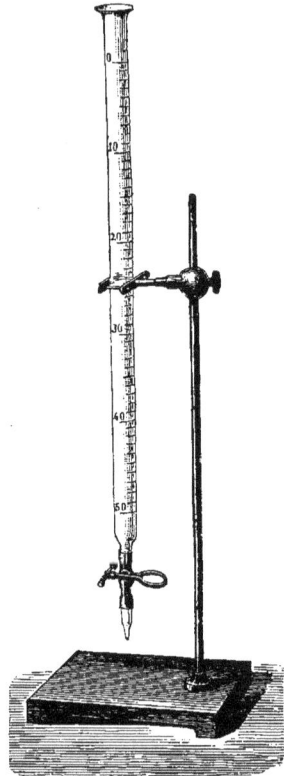

Fig. 5. — Burette de Mohr.

de verre, chape de caoutchouc et baguette de baleine (pour le dosage de la fibrine).

Dans le tiroir de droite : bouchons, jeux de six perce-bouchons, pince mâche-bouchons, lime, brosse à rincer les tubes à réaction, cuiller et spatule en corne, triangle pour creuset, pince à creuset (fig. 8), toile métallique, ajutage à placer sur le brûleur pour courber les tubes de verre.

Dans l'armoire : compartiment latéral (côté de l'essuie-main) :

2 petits matras à fond plat (fig. 9), 2 supports à entonnoirs,
2 gobelets en verre épais et 3 vases de Berlin (fig. 11), 2 en-

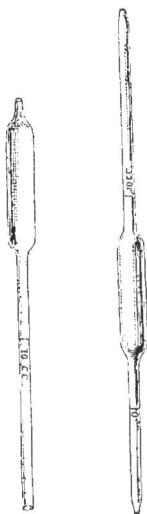

Fig. 9. — Matras à fond plat.

Fig. 6 et 7.
Pipettes jaugées.

Fig. 8.
Pince à creuset.

Fig. 10. — Entonnoir.

tonnoirs (diamètre 11 c.), 2 petits entonnoirs (diamètre 7 c.)
(fig. 10).

Dans l'armoire : compartiment du milieu, avec planche :
mortier avec pilon (fig. 12), 3 capsules en porcelaine (fig. 13),

Fig. 11. — Gobelet.

Fig. 12. — Mortier avec pilon.

cristallisoir (fig. 14), dessiccateur (fig. 15), creuset avec couvercle, 2 grands verres de montre.

Dans l'armoire : compartiment latéral (côté du bain-marie) :

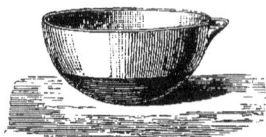

Fig. 13. — Capsule en porcelaine.

Fig. 14. — Cristallisoir.

Fig. 15. — Dessiccateur.

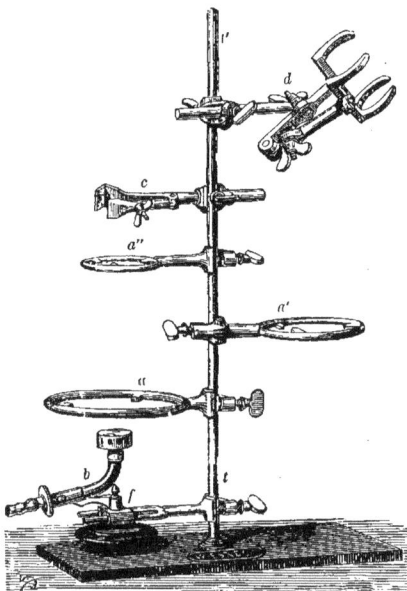

Fig. 16.—Verres de montre avec
pince-ressort.

Fig. 17. — Support métallique articulé avec
anneaux et pinces.

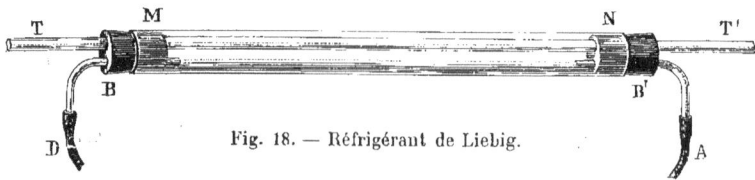

Fig. 18. — Réfrigérant de Liebig.

support universel avec deux pinces et deux anneaux (fig. 17),
étuve en cuivre rouge, trépied en fer.

En outre : réfrigérant de Liebig (fig. 18), boîte d'allumettes, essuie-main, torchon, baquet ; enfin, une cage d'évaporation pour quatre étudiants.

III. — LABORATOIRE DE VIVISECTION.

Les **manipulations de chimie physiologique** sont, à peu d'exceptions près, exécutées séparément par chacun des étudiants. Il n'en saurait être de même pour la plupart des **expériences de vivisection**. Ces expériences sont faites en commun dans la grande salle des vivisections (fig. 1, c^1) ou dans l'auditoire (fig. 1, A), par un ou plusieurs étudiants, opérant sous la direction du professeur ou de l'assistant, en présence des autres étudiants, qui se bornent à regarder. Dans tous les cas où l'on se sert d'appareils enregistreurs, les graphiques obtenus sont fixés séance tenante, et distribués aux étudiants qui ont assisté à l'expérience.

Un petit nombre d'opérations, notamment l'introduction des sondes cardiographiques chez le cheval, l'extraction des gaz du sang par la pompe à mercure, etc., sont même exécutées par le professeur seul, aidé de l'assistant, en présence des étudiants.

La grande salle de vivisection (c^1) est spécialement affectée un jour par semaine aux exercices pratiques. Les autres jours, elle est mise à la disposition des étudiants ou docteurs qui se livrent à des travaux de recherches. On y trouve toujours sous la main les appareils d'un usage courant : gouttières et planches pour la contention des animaux, instruments de dissection, grand enregistreur de Hering, cylindre enregistreur, soufflet avec roue hydraulique pour la respiration artificielle, petits moteurs à eau, piles électriques, chariot de du Bois-Reymond, horloge à secondes et signal électrique, interrupteur à lames vibrantes de Kronecker, manomètres artériels, cardiographes, pneumographes, etc., etc. Une partie de la collection d'instruments de physiologie, notamment les appareils servant à l'étude des phénomènes mécaniques de la circulation et de la respiration, s'y trouve renfermée dans des armoires vitrées. Il en est de même d'une partie de la collection d'anatomie des animaux de laboratoire. Enfin on y trouve également les réactifs, vases et ustensiles nécessaires aux opérations de chimie, ainsi qu'une cage d'évaporation et une soufflerie à gaz pour le travail du verre. La salle de vivisection communique par un monte-charge avec le sous-sol.

Une seconde salle de vivisection plus petite (c^2) sert de laboratoire au professeur ou à ceux qui se livrent à des recherches spéciales.

La **salle d'électrophysiologie** (c^5, fig. 1) est destinée aux recherches exactes de physique physiologique. Elle présente en son milieu un pilier massif en maçonnerie, soustrait autant que possible à l'action des trépidations du sol par un isolement mécanique. Ce pilier supporte une table de marbre, sur laquelle peuvent être placés les boussoles et autres instruments délicats. Les appareils d'électrophysiologie et ceux qui servent aux recherches sur la physiologie des muscles, sont renfermés ici dans des armoires vitrées. Une cage d'évaporation reçoit les piles pendant la durée des expériences : celles-ci une fois terminées, les piles retournent au sous-sol dans un local qui leur est spécialement affecté.

La **salle d'analyse des gaz** (c^4, fig. 1) n'est pas chauffée et est orientée au nord-est ; elle présente les installations nécessaires pour faire les analyses de gaz soit d'après la méthode de Bunsen, soit au moyen de l'appareil de Geppert. Dans cette salle se trouve placé le petit modèle de l'appareil respiratoire de Pettenkofer, monté sur roulettes (ce qui permet de l'amener dans l'amphithéâtre et de le faire fonctionner au cours). Les armoires renferment plusieurs appareils pour l'étude des échanges gazeux de la respiration chez l'homme, le lapin, la grenouille, etc., ainsi que les exemplaires originaux des appareils imaginés par Schwann pour permettre à l'homme de vivre dans un milieu irrespirable.

Dans la **salle des pompes à mercure** (c^3, fig. 1) se trouvent installées la pompe de Pflüger et celle d'Alvergniat. Les analyses sommaires de gaz par la potasse et l'acide pyrogallique s'exécutent ici. Il en est de même des analyses par les burettes de Hempel.

Dans la même partie du bâtiment se trouve la **bibliothèque** (c^6, fig. 1) de l'Institut, qui reçoit les publications périodiques de physiologie, françaises, allemandes, anglaises, italiennes, etc. Une armoire est affectée à la conservation des collections de graphiques recueillis au cours des recherches originales exécutées à l'Institut.

Dans le **bureau** (c^7, fig. 1) qui fait suite à la bibliothèque, se trouvent les tirés à part des travaux de physiologie exécutés à l'Institut, ainsi que plusieurs centaines de clichés qui s'y rapportent.

IV. — AMPHITHÉATRE ET ANEXES.

L'amphithéâtre (A, fig. 1) et ses **annexes** a^2, a^3, a^4, a^5 sont principalement aménagés en vue des démonstrations. L'amphithéâtre à gradins comprend quatre-vingt-dix-huit places assises; il est éclairé à la fois en haut par un grand lanterneau, et latéralement par six fenêtres, trois à droite, trois à gauche. L'espace au-devant des bancs, qui dans la plupart des amphithéâtres et des salles de cours est occupé par un comptoir d'expériences, est ici entièrement libre. Les animaux, les instruments servant aux expériences, sont amenés des salles de préparation du cours, dans l'amphithéâtre, sur des tables à roulettes : ce système permet de faire fonctionner dans l'amphithéâtre, devant les étudiants, les appareils de physiologie les plus lourds et les plus encombrants : appareil respiratoire de Pettenkofer et Voit (petit modèle), grand enregistreur de Hering, pompe à mercure, moteur à eau et appareil à force centrifuge pour la séparation des globules et du sérum, etc.

Les conduites d'eau et de gaz, celles pour l'air comprimé ou raréfié et pour les fils électriques sont dissimulées dans un canal sous le plancher de l'amphithéâtre et aboutissent contre les pupitres du premier banc. Les robinets d'eau, de gaz, etc., y sont sous la main du professeur.

L'amphithéâtre communique avec la **galerie de démonstration** (a^4, fig. 1) par une baie médiane de deux mètres de large sur trois de haut. Pendant les leçons, cette baie est fermée en haut par deux tableaux noirs mobiles (tableaux en verre dépoli sur fond noir), et inférieurement par une petite porte à deux vantaux, ne montant qu'à un mètre de hauteur.

Il suffit de lever les tableaux et d'ouvrir la porte, pour permettre aux étudiants de passer directement, après la leçon, dans la galerie où se font des démonstrations microscopiques, ou dans la chambre de l'héliostat, pour les démonstrations d'optique.

Pour les projections à la lumière électrique, la partie inférieure de la baie reste fermée par la porte, les tableaux noirs sont levés et remplacés par une toile mouillée, tendue sur un châssis de quatre mètres carrés. La lanterne à projection est placée dans la galerie de démonstration, derrière la toile mouillée, pour toutes les projections qui se font par transparence, comme c'est le cas lorsqu'on n'emploie que de très faibles grossissements microscopiques ou lorsqu'on projette des photographies au moyen du sciopticon.

Les projections de préparations microscopiques, à grossissement moyen ou fort, se font par réflexion sur un écran de plâtre fin (albâtre). Dans ce cas, l'écran et la lanterne, mobiles sur roulettes, sont placés à l'intérieur de l'amphithéâtre.

Un système de rideaux noirs permet d'obscurcir rapidement l'amphithéâtre, ainsi que la galerie de démonstration.

C'est également au moyen de rideaux absolument imperméables à la lumière (feutre sans couture), que l'obscurité est obtenue dans la chambre claire ou chambre de l'héliostat.

L'Institut de physiologie de Liège possède deux lanternes à projection : la petite lanterne de Duboscq et la grande lanterne de Stricker (construite par Plössl à Vienne). Ces lanternes peuvent être utilisées pour la projection de préparations microscopiques (microscope électrique), de photographies (sciopticon), d'images d'objets opaques (épiscope), etc. La lumière électrique est fournie par une dynamo-Dulait, actionnée par une turbine et installée dans le sous-sol.

La galerie de démonstration sert, en dehors des heures de cours, aux recherches de microscopie.

La **chambre optique** (a^3, fig. 1) est aménagée pour l'usage du polarimètre, du spectroscope, etc. Un héliostat permet d'utiliser la lumière solaire. La chambre optique peut également servir conjointement avec la galerie de démonstration aux expériences d'enregistrement photographique des phénomènes physiologiques. Des fentes verticale et horizontale pratiquées dans la cloison qui sépare les deux pièces sont destinées au passage des rayons lumineux qui viennent agir sur le papier sensible de l'appareil enregisteur.

Les opérations photographiques proprement dites s'exécutent dans un local *ad hoc*, la **chambre noire** a^6. Les **galeries** (a^2 et a^3, fig. 1) servent à la **préparation du cours**; l'une renferme une collection de produits de chimie physiologique et quelques instruments et petits appareils de démontration servant au cours; l'autre renferme une collection de la faune locale, considérée principalement au point de vue de la physiologie comparée.

L'atelier du mécanicien (b^5, fig. 1) complète la série des locaux du rez-de-chaussée.

DEUXIÈME PARTIE

MÉTHODES GÉNÉRALES USITÉES EN PHYSIOLOGIE

CHAPITRE PREMIER

VIVISECTION

Les expériences de vivisection se pratiquent de préférence sur la grenouille, le lapin ou le chien, parfois sur le cobaye, le chat, le cheval, etc. Passons rapidement en revue les procédés les plus employés pour obtenir la contention et l'immobilisation des animaux servant aux expériences.

Contention de la grenouille. — On peut immobiliser la grenouille de différentes façons : empoisonnement par le curare, anesthésie par l'eau chaude ou l'eau chloroformée, destruction du système nerveux central, emprisonnement dans un sachet de tulle, contention au moyen d'épingles, etc., suivant le genre d'expérience auquel l'animal doit servir. Nous décrirons ces procédés d'immobilisation dans la troisième partie, au fur et à mesure de leur emploi.

Contention des mammifères. — Le chien, le chat, le lapin, doivent être muselés et attachés sur une planche ou une table d'opération. A défaut d'installations spéciales, on arrive à immobiliser ces animaux en fixant les quatre pattes, au moyen de liens en corde, à de forts clous ou crochets enfoncés dans la planche ou dans la table sur laquelle se fera la vivisection. Un barreau de bois ou de métal, de dimensions appropriées, faisant office de mors, est passé en travers dans la gueule, en arrière

des canines (ou des incisives s'il s'agit d'un lapin). Le musèle-
ment s'obtient en rapprochant ensuite les deux màchoires et
en les liant au moyen d'une corde passant derrière les extrémités du barreau. Les chefs de cette corde, solidement fixés
aux extrémités du barreau, sont attachés à droite et à gauche
aux clous fixés dans la table. La tête de l'animal se trouve ainsi
immobilisée dans la position voulue.

Ce procédé est un peu primitif; il vaut mieux avoir un appareil de contention spécial pour chaque espèce animale.

Contention du chien. — Nous fixons les chiens dans la
gouttière brisée de Claude Bernard.

C'est une gouttière en bois, dans laquelle on couche l'animal
en long. Les côtés ou ailes cc' sont brisées, c'est-à-dire formées

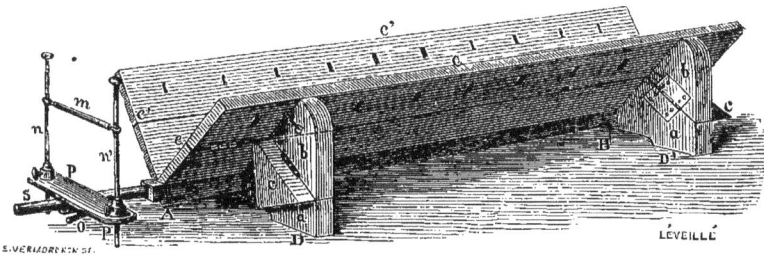

Fig. 19. — Gouttière brisée de Claude Bernard pour la contention du chien.

de deux moitiés, dont la supérieure est mobile sur l'inférieure
par les charnières ee'. Sur les côtés un support D, composé de
plusieurs pièces (abc), est formé
de manière à pouvoir soutenir les
ailes brisées dans les différentes
positions latérales qu'elle doit
prendre.

En laissant ouvertes et élevées
les deux ailes (fig. 19 et 20), on a
la gouttière ordinaire pour les
vivisections à pratiquer sur un
chien couché sur le dos (fig. 21).

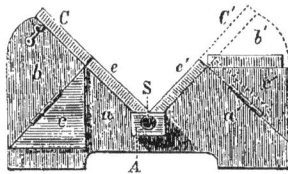

Fig. 20. — Coupe de la gouttière
représentée fig. 19.

En rabattant les deux ailes, on se trouve en possession d'un
appareil très commode pour maintenir des animaux placés

sur le ventre, de manière à pouvoir agir sur la région dorsale.

A la gouttière se trouve adapté un mors destiné à fixer la tête de l'animal. Ce *mors* en fer est formé d'une branche

Fig. 21. — Chien attaché dans la gouttière brisée (d'après Cl. Bernard).

horizontale (*m*, fig. 19) soutenue par deux branches verticales *nn'*, le long desquelles la première peut se mouvoir, de façon à être élevée ou abaissée. On fait pénétrer ce mors dans la

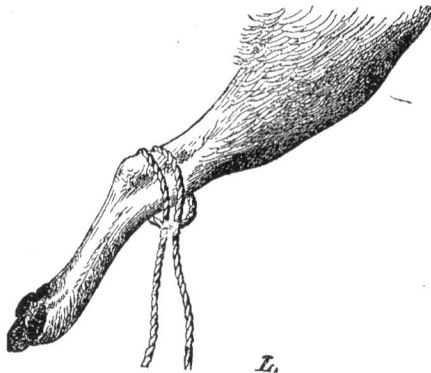

Fig. 22. — Nœud coulant pour fixer les membres (d'après Cl. Bernard).

gueule de l'animal, jusque derrière les canines, puis on entoure le museau d'une ficelle, que l'on arrête sur le mors, comme il a été dit plus haut. De plus, les branches verticales du mors passent dans une pièce métallique (P, fig. 19) qui peut pivoter à droite ou à gauche sous un axe longitudinal (S, fig. 19) placé sur le prolongement de l'arête de la gouttière. On peut ainsi incliner la tête de l'animal à droite ou à gauche.

La fixation des pattes se fait simplement au moyen d'une ganse ou nœud coulant (fig. 21), que l'on vient attacher ensuite sur les ouvertures que présente la gouttière.

Contention du lapin. — Quand on opère sur le lapin, on peut souvent se contenter d'un seul aide pour maintenir cet

Fig. 23. — Contention simple du lapin par les deux mains d'un seul aide (d'après Cl. Bernard).

animal, surtout si la vivisection porte sur la région du cou, par exemple pour l'introduction d'une canule dans la trachée. (Voir fig. 23).

Mais il est en général plus commode de se servir de l'appareil de Czermack, lequel immobilise d'une façon parfaite tout le lapin et maintient surtout très bien la tête. Cet appareil se compose d'une planche (O,O, fig. 27) garnie de trous pour attacher les membres de l'animal; à une extrémité de cette planche, s'élève une tige verticale de fer (A), sur laquelle glisse, de manière à pouvoir être arrêtée à différents niveaux, une tige horizontale dont l'extrémité libre porte l'appareil destiné à fixer la tête de l'animal. Ce n'est autre chose qu'un mors en fer placé entre deux sortes de mâchoires métalliques : on introduit

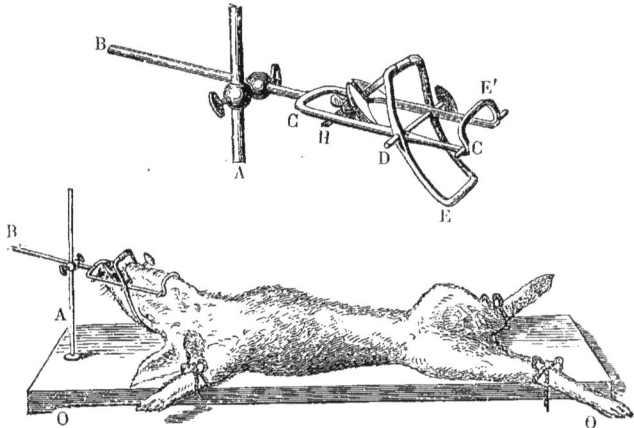

Fig. 24. — Appareil de Czermak pour la contention du lapin.

La figure inférieure représente un lapin dont les membres sont liés sur la planche O,O, et la tête fixée par l'appareil AB. La figure supérieure donne les détails de l'appareil : A, tige verticale ; B, tige horizontale mobile, supportant à son extrémité C un mors en fer, en forme de fourchette, avec une pièce mobile (sorte de mâchoire D), articulée en D, mue et fixée par la vis H.

le mors derrière les incisives du lapin, puis à l'aide d'une vis H, on rapproche les deux mâchoires en fer qui serrent étroitement la tête et le museau, en s'appliquant l'une sur le crâne, l'autre

Fig. 25. — Appareil pour la contention du rat ou du cobaye (modèle Ch. Verdin).

(E', fig. 27) sur le maxillaire inférieur jusque vers son angle postérieur et au delà ; la tête est ainsi parfaitement fixée, et l'appareil qui la maintient pouvant osciller sur son axe transversal, on peut incliner le cou de l'animal vers la droite ou vers la gauche, selon les nécessités de l'opération.

La figure 25 montre la façon dont la tête du cobaye, du rat, etc., est maintenue dans l'appareil de contention imaginé par Tatin.

Anesthésie. — Tous les animaux servant à des expériences de démonstration (sauf les grenouilles dans des cas spéciaux), doivent être anesthésiés complètement avant le début de la vivisection.

Anesthésie du lapin. — Le lapin supporte mal les anesthésiques proprement dits : éther, chloroforme, etc. Ces substances ont en outre l'inconvénient de communiquer leur goût, leur odeur ou leurs propriétés toxiques à la chair de l'animal. Nous avons l'habitude d'anesthésier les lapins par l'alcool. On injecte dans l'estomac, par une sonde œsophagienne (sonde d'homme n° 12 en gomme) 7 à 10 centimètres cubes d'alcool que l'on dilue avec deux fois son volume d'eau. Cette dose est suffisante pour amener en quelques minutes l'insensibilité complète chez un lapin de 2 à 2 kilogrammes et demi.

Anesthésie du chien par l'action combinée de la morphine et du chloroforme (Cl. Bernard). — Une demi-heure avant l'expérience, le chien reçoit dans la région dorsale, une injection sous-cutanée de chlorhydrate de morphine, au moyen d'une seringue analogue à celle de Pravaz, mais plus grande. Si le chien est destiné à être sacrifié immédiatement après l'expérience, on ne doit pas craindre de lui injecter des doses très fortes de morphine (2 à 3 centigrammes par kilogramme de chien). On attend que l'animal ait vidé le contenu de son gros intestin, et que la morphine l'ait profondément stupéfié : on l'attache ensuite dans la gouttière d'opération. On complète, s'il y a lieu, l'anesthésie par l'inhalation de quelques gouttes de chloroforme, versées sur une éponge et placées devant les narines de l'animal.

Si le chien doit être conservé en vie, comme c'est le cas pour l'opération de la fistule gastrique, il sera bon de ne pas dépasser la dose de 1 centigramme de morphine par kilogramme. Ici aussi, on combine l'action de la morphine avec celle du chloroforme.

Ch. Richet recommande d'anesthésier les chiens par injection péritonéale de chloral et de morphine en solution aqueuse. La solution dont il se sert renferme par litre 200 grammes d'hydrate de chloral et 1 gramme de chlorhydrate de morphine. La dose de ce liquide est de $2^{cc},5$ (correspondant à $0^{gr},5$ de chloral

et $0^{gr},0052$ de morphine) par kilogramme de poids du chien.
L'injection se fait au moyen d'une seringue à canule pointue
que l'on enfonce à travers les parois abdominales. L'intestin
fuit devant l'aiguille et n'est jamais perforé. L'anesthésie est
obtenue en quelques minutes et peut durer plus d'une heure.

Vivisection proprement dite. — L'animal étant attaché
et anesthésié, on procède à l'opération proprement dite. Les
instruments qui servent aux vivisections, sont les mêmes que
ceux dont les étudiants ont appris l'usage par la dissection du
cadavre humain : scalpels, pinces, ciseaux, etc. Cette particula-
rité nous permettra d'être ici fort bref et de nous borner à
quelques recommandations générales.

Avant de commencer l'opération proprement dite, il faut
couper, et même dans certains cas, raser les poils de la région
sur laquelle on va opérer. On lavera la peau et on l'essuiera à
différentes reprises afin d'enlever les poils : alors seulement on
procédera à la première incision cutanée.

On arrêtera les hémorrhagies à mesure qu'elles se produisent
soit en tamponnant la plaie au moyen d'éponges mouillées,
bien exprimées, soit en plaçant des pinces à pression (pinces
de Péan) sur les vaisseaux qui saignent. Les gros vaisseaux
seront liés s'il y a lieu.

Le thermocautère Paquelin est fort utile lorsqu'il s'agit de
diviser de grandes masses musculaires, tout en évitant l'hémorrhagie. Les sections se font au moyen d'une lame creuse en platine, chauffée au préalable dans la flamme d'une lampe à alcool,
et maintenue incandescente par un jet de vapeur d'essence
de pétrole.

L'opérateur tient en main la lame rougie qui est reliée par un
tube en caoutchouc au flacon laveur contenant l'essence.

Le flacon laveur est confié à un aide qui est chargé de la
vaporisation et de la projection de l'essence. L'aide chasse un
courant d'air à travers le flacon laveur du thermocautère par
le jeu d'une poire à injection en caoutchouc.

Une recommandation essentielle c'est d'opérer avec la plus
grande prudence dans le voisinages des nerfs et des artères,
d'abandonner dans ce cas scalpels et ciseaux, et d'isoler ces
organes, en disséquant au moyen de deux pinces, en évitant

de jamais les saisir entre les mors de la pince. Les filets nerveux seront préservés autant que possible de la dessiccation : on ne les exposera à l'air que le temps strictement nécessaire.

CHAPITRE II

MÉTHODE GRAPHIQUE

Appareils enregistreurs. — Un grand nombre de phénomènes que l'on étudie en physiologie, notamment les phénomènes de la circulation, de la respiration, de la contraction musculaire, etc., sont des phénomènes de mouvement. Or, un mouvement peut toujours être représenté géométriquement par une courbe inscrite dans une surface rectangulaire. La base du rectangle ou ligne des abscisses est divisée en parties égales correspondant aux divisions du temps, les secondes, par exemple. La courbe du mouvement se développe de gauche à droite à une certaine distance de l'abscisse horizontale. Les différents points de cette courbe représentent l'intensité du mouvement aux différents instants du temps. A chaque instant, l'intensité du mouvement est donnée par la distance verticale ou ordonnée qui sépare la ligne du temps ou des abscisses de la courbe du mouvement.

Or il est facile, dans la plupart des cas, d'obliger le corps en mouvement, à tracer lui-même sur une surface appropriée, la courbe de son mouvement. Il faut pour cela, transmettre le mouvement à une plume ou à un pinceau, mobile suivant une direction rectiligne, située dans un plan parallèle à celui de la surface sur laquelle le pinceau doit écrire. Si la surface réceptrice était immobile, les graphiques se superposeraient et laisseraient une trace rectiligne suivant une ordonnée. Mais si la surface se déplace, par exemple d'un centimètre par seconde, le mouvement du pinceau donne, non plus une ligne verticale, mais une ligne courbe qui s'éloigne de l'abscisse chaque fois que le mouvement augmente d'intensité, qui s'en rapprochera dans le cas contraire. Les différentes inflexions de la courbe fournissent une représentation fidèle et durable des phases délicates et fugitives par lesquelles le mouvement a passé.

Les appareils enregistreurs sont d'un usage courant dans la plupart des expériences de vivisection. Ils sont indispensables chaque fois qu'il s'agit d'étudier la concordance entre plusieurs phénomènes qui se passent simultanément dans différents organes. Chacun de ces organes transmet ses mouvements à un levier inscripteur muni d'une plume; les différentes plumes sont placées en regard les unes des autres et inscrivent leur graphique sur la même surface réceptrice.

Lorsqu'on a soin, dans l'enregistrement des phénomènes, de ne rien omettre d'essentiel, d'inscrire une courbe du temps, de marquer les moments où l'on excite un nerf, ou ceux où l'on modifie les conditions de l'expérience, les graphiques obtenus représentent un véritable procès-verbal de chaque expérience et en relatent les différentes péripéties bien plus fidèlement que ne le ferait une longue description.

Nous donnerons quelques indications générales sur l'emploi des appareils enregistreurs. Nous aurons à examiner successivement la surface servant à recueillir le graphique, la transmission du mouvement à la plume écrivante et le contrôle de la vitesse avec laquelle se meut la surface réceptrice.

La **surface réceptrice** destinée à enregistrer le graphique est plane et rectangulaire, dans quelques instruments destinés à des usages spéciaux et limités (sphygmographe direct de Marey pour l'inscription du pouls, myographes pour la contraction musculaire). Mais dans les appareils enregistreurs employés couramment, la feuille de papier sur laquelle s'inscrivent les courbes est enroulée à la surface d'un cylindre en métal animé d'un mouvement de rotation régulier (cylindre de Marey, cylindre de Ludwig) ou est tendue entre deux cylindres (grand appareil enregistreur de Hering).

La figure 26 nous montre le cylindre de Marey, que tous les physiologistes français emploient. Le cylindre tourne, d'un mouvement uniforme, autour d'un axe mû par un mécanisme d'horlogerie (à ressort) contenu dans la caisse placée à gauche.

Le régulateur à ailettes qui surmonte la caisse assure l'uniformité du mouvement de rotation. L'appareil est muni de trois axes présentant chacun une vitesse différente (un tour ou 40 centimètres de papier en une demi-seconde, en 7 secondes ou en

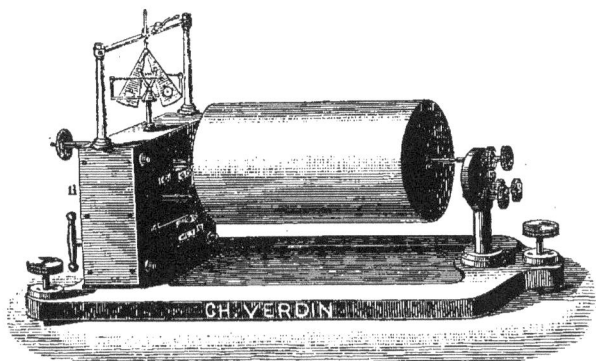

Fig. 26. — Cylindre enregistreur de Marey.

une minute). Suivant qu'on veut enregistrer des mouvements lents ou rapides, on choisit l'une ou l'autre de ces vitesses. On recouvre le papier d'une mince couche de noir de fumée, en promenant sous lui la flamme d'une lampe à l'essence de térébenthine.

Pour les expériences de longue durée, nous employons le grand appareil enregistreur de Hering, dans lequel une bande de papier enfumé, de plusieurs mètres de long, est tendue sur un châssis entre deux cylindres tournants. La figure 27 représente un appareil analogue.

Le style chargé d'inscrire la courbe gratte le noir presque sans frottement, et laisse un trait blanc sur fond noir. Ce style est ordinairement un levier léger (en jonc, en métal, en verre) terminé par une pointe effilée (taillée dans un copeau de baleine ou de plume d'oie).

Un autre procédé d'enregistrement consiste à faire écrire la plume chargée d'encre sur du papier blanc, non enfumé. On évite ainsi les manipulations du noircissage du papier et de la fixation ultérieure du graphique. Mais ce procédé présente des inconvénients. Le frottement entre la plume mouillée et le papier est toujours plus considérable que pour l'inscription sur papier enfumé. En outre, l'encre des plumes ou des pipettes

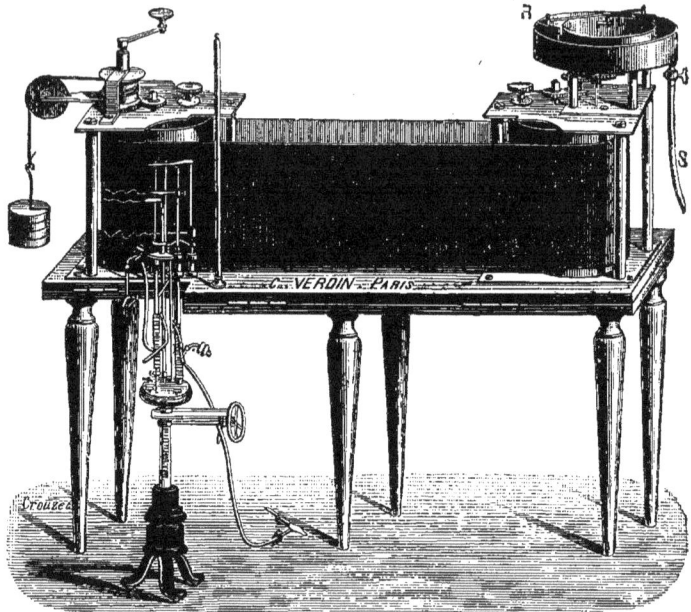

Fig. 27. — Enregistreur à poids, de Marey, construit par Verdin.

faisant office de plumes doit être renouvelée de temps en temps, ce qui exige une surveillance gênante. C'est ce qui nous a engagé à ne faire usage que d'appareils enregistreurs à papier enfumé.

Pour pouvoir conserver les graphiques obtenus sur papier enfumé, il est nécessaire de les passer au vernis. On les plonge dans une solution alcoolique de gomme laque, on les laisse égoutter et sécher.

Lorsque plusieurs étudiants assistent à une expérience, on prend une série de graphiques, ce qui permet de distribuer à chacun des assistants un exemplaire des tracés recueillis.

Transmission des mouvements. — Dans le cas le plus

simple, l'organe dont il s'agit d'étudier le mouvement agit sur le levier inscripteur, soit directement, soit par l'intermédiaire de pièces métalliques fort courtes. Il en est ainsi pour la plupart des myographes, pour le sphygmographe direct de Marey, pour les cardiographes qui inscrivent les pulsations du cœur de la grenouille.

Dans beaucoup d'expériences, il est bien plus commode de transmettre à distance le mouvement que l'on veut inscrire. Il serait même impossible, quand il s'agit d'étudier simultanément les mouvements de différents organes, de les disposer tous dans le voisinage immédiat de l'appareil enregistreur. On a recours alors aux procédés de transmission par l'eau, par l'air ou par l'électricité.

Transmission des mouvements à distance. — 1° *Transmission par les liquides.* — Lorsqu'il s'agit d'enregistrer les variations de pression d'un liquide (le sang à l'intérieur des artères par exemple), on peut transmettre ces oscillations de pression à un manomètre à mercure, par l'intermédiaire de tubes remplis de liquide. Les mouvements de la colonne de mercure se communiquent par un flotteur à une plume chargée de les enregistrer. (Voir plus loin, à l'article *Pression sanguine*, la figure représentant le manomètre enregistreur.)

2° *Transmission par l'air.* — Supposez deux ampoules en

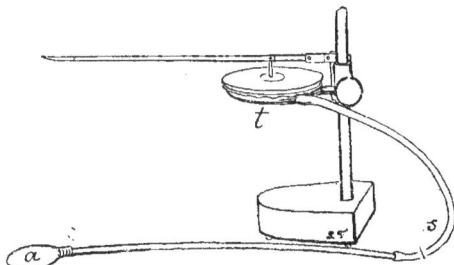

Fig. 28. — Schéma de la transmission des mouvements par l'air.

a, ampoule creuse en caoutchouc reliée par le tube *s* au tambour à levier *t*.

caoutchouc *a* et *t* (fig. 28) remplies d'air et communiquant l'une avec l'autre, par l'intermédiaire d'un tube également rempli d'air. Tous les mouvements de compression, tous les chocs que vous imprimez à l'ampoule *a*, auront pour effet de chasser une partie de l'air qu'elle contient, dans l'ampoule *t*, qui présentera chaque fois un mouvement d'expansion. Fixons un levier inscripteur sur l'ampoule *t*, de manière à ce qu'il suive exactement tous ses mouvements. Il est clair que le levier lié à l'ampoule *t* subira le contre-coup de tous les mouvements imprimés à *a*, et les indiquera dans le graphique qu'il inscrira sur le cylindre enregistreur. Il suffira de relier l'ampoule *a*, avec le corps dont on veut étudier les mouvements, de manière à ce que ces mouvements agissent sur la masse d'air renfermée en *a*, pour qu'ils se transmettent à l'ampoule *t*, et au levier inscripteur qui les traduira en graphique.

Le *tambour à levier* de Marey réalise, de la façon la plus heureuse, cette transmission du mouvement par l'air à un levier inscripteur. Supposez que l'ampoule à air *t*, dont il vient d'être question, soit formée d'une capsule métallique à paroi supérieure constituée par une membrane en caoutchouc exten-

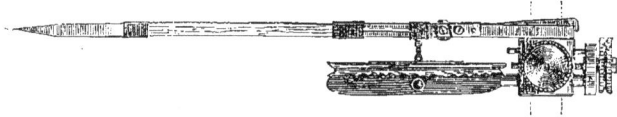

Fig. 29. — Tambour à levier de Marey.

sible. La masse d'air renfermée dans la capsule communique par un tube avec la première ampoule *a*. Tous les mouvements que l'on imprime à l'ampoule *a* se communiquent à la capsule *t* et à sa membrane. Celle-ci actionne un long levier muni d'une pointe écrivante. La figure 28 représente schématiquement la disposition du tambour à levier, relié à une ampoule en caoutchouc.

3° *Transmission à distance par l'électricité*. — Certains mouvements peuvent être signalés à distance par l'électricité, au moyen d'un électro-aimant muni d'un style écrivant.

Les choses doivent être disposées de manière que le mouvement dont on veut noter l'instant précis, agisse sur le circuit d'une pile, soit pour le fermer soit pour l'ouvrir. On intercale sur le même circuit un signal électrique, chargé d'inscrire les moments de fermeture et de rupture du courant. Le signal électrique n'est autre qu'un électro-aimant, capable d'attirer, lorsque le courant passe, une petite masse de fer munie d'une plume écrivante. Dès que le courant cesse, la masse de fer et la pointe retombent, d'où inscription des moments de rupture et de fermeture du courant.

A l'aide du signal électrique de Marcel Deprez, représenté figure 30 et basé sur ce principe, on peut inscrire à distance une foule de phénomènes intéressants, noter par exemple, sur les graphiques de contraction musculaire, le moment précis de l'excitation du muscle; inscrire, sur un tracé de respiration ou

Fig. 30. — Signal électro-magnétique de Marcel Deprez (demi-longueur).

de circulation, le moment où l'on sectionne un nerf ou celui où on l'irrite; obtenir une inscription des flux électriques de la torpille, etc. Enfin, le signal électrique rend de grands services dans le contrôle chronographique du mouvement des appareils enregistreurs.

Inscription du temps et contrôle de la vitesse des appareils enregistreurs. — Pour savoir à quelle fraction de temps correspond chaque portion du graphique que l'on a recueilli, il est nécessaire de connaître la vitesse avec laquelle le papier chemine devant la plume écrivante, et de contrôler la régularité de cette vitesse. Les chronographes, ou appareils qui fournissent un graphique du temps, remplissent ce double but.

Pour les déplacements relativement lents de la surface qui reçoit le graphique, on peut se servir d'une horloge à secondes munie d'un levier effilé, qui reçoit un petit choc, à chaque mouvement du balancier (horloge de Rothe, de Prague). Ces chocs s'inscrivent directement sur le papier de l'appareil enregistreur, sous forme de petits traits. L'espace qui sépare

deux traits successifs correspond à la durée d'une seconde.
On peut également se servir d'un métronome ou d'une horloge
fermant un courant électrique toutes les secondes et agissant
sur un électro-aimant inscripteur (signal Marcel Deprez). La
plume de ce dernier dessine, aux mêmes intervalles, un trait sur
l'appareil enregistreur.

Pour l'étude des mouvements rapides et fugitifs, on recueille
les graphiques sur des surfaces se mouvant avec une grande
vitesse. On inscrit alors en regard du graphique physiologique
un tracé des vibrations d'un diapason faisant 20, 50, 100 vibra-

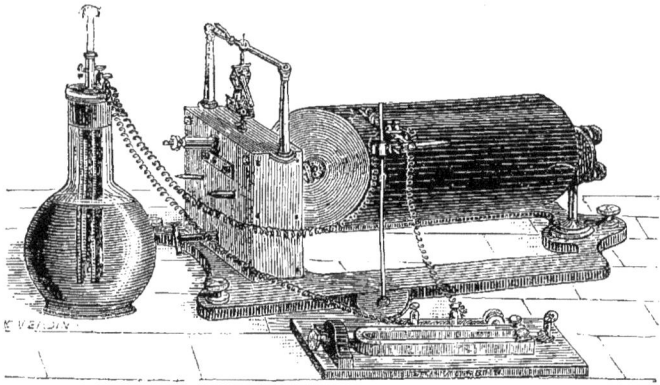

Fig. 31. — Chronographe donnant continuellement 100 vibrations doubles par
seconde (Marey, *méthode graphique*).

tions à la seconde. L'une des branches du diapason est munie
d'une pointe flexible, que l'on approche de la surface enfumée
de l'appareil enregistreur et qui y laisse une ligne sinueuse
très régulière, dont chaque ondulation représente une vibration, c'est-à-dire $\frac{1}{20}$, $\frac{1}{50}$, $\frac{1}{100}$ de seconde.

La présence d'un diapason volumineux est souvent gênante
dans le voisinage immédiat de l'appareil enregistreur. Il est
plus commode de transmettre les vibrations à distance. On
peut employer la transmission par l'air : l'une des branches du
diapason agit alors sur la masse d'air renfermée dans la capsule
métallique, recouverte d'une membrane de caoutchouc ; cette
capsule communique par un tube en caoutchouc avec un tam-

bour à levier de Marey, dont le style suit tous les mouvements du diapason et les inscrit sur le cylindre de l'appareil enregistreur.

Le plus souvent, on transmet les mouvements du diapason à la plume d'un signal électrique (fig. 31). Le diapason interrupteur D (fig. 32) est intercalé dans le circuit de la pile électrique P, ainsi que la bobine du signal électrique S. L'une des branches du diapason porte un fil de platine f, qui, à chaque mouvement vibratoire du diapason, vient fermer le circuit en touchant la borne b, puis l'interrompt en s'en éloignant. Supposons que l'on emploie un diapason de cent vibrations dou-

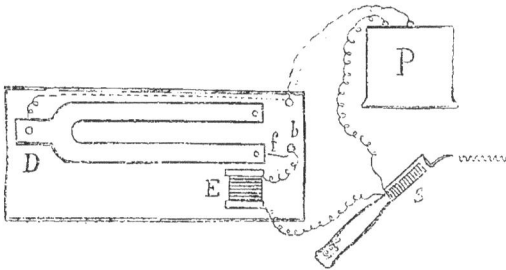

Fig. 32. — Chronographe inscrivant le centième de seconde.

E, destiné à entretenir les vibrations du diapason. La branche en fer une fois ébranlée, est attirée 100 fois par seconde par l'électro-aimant E, aussi longtemps que la pile électrique P fonctionne.

bles à la seconde, le courant électrique sera fermé et interrompu cent fois, et viendra agir sur le signal électrique, dont l'électro-aimant attirera cent fois par seconde la pièce de fer qui porte le style; celle-ci tracera autant de zigzags que le diapason exécute de vibrations. Le courant passe également à travers un double électro-aimant E, destiné à entretenir les vibrations du diapason. La branche en fer une fois ébranlée est attirée cent fois par seconde par l'électro-aimant E, aussi longtemps que la pile électrique P fonctionne.

On associe généralement un graphique du temps, aux courbes que l'on inscrit sur l'appareil enregistreur. Les deux styles inscripteurs, celui du temps et celui qui trace la courbe du phénomène physiologique, sont placés exactement l'un sous l'autre.

Repères. — « Quand deux ou plusieurs tracés sont superposés et qu'on veut savoir exactement si certains détails qui y sont marqués coïncident d'une manière complète, il ne serait pas prudent d'estimer cette relation de temps, d'après la superposition des courbes, car celle-ci n'est jamais absolument parfaite. De plus, quand les tracés ont une grande amplitude, la pointe qui les trace décrit un arc de cercle et s'éloigne plus ou moins de la verticale, sur laquelle elle devait tracer.

« Pour estimer les rapports que présentent entre elles deux inflexions prises sur deux courbes recueillies simultanément, on rapporte la position de chacune à un repère. » (Marey, *Méthode graphique*.)

La façon la plus simple d'obtenir ces repères consiste à arrêter de temps en temps le cylindre enregistreur, au cours des inscriptions. A chaque arrêt, les différentes plumes tracent chacune leur ligne de repère sous forme d'un petit arc de cercle, ou d'un trait. Ce procédé est irréprochable si l'on fait usage d'un appareil enregistreur tel que celui de Hering, dans lequel les cylindres enregistreurs peuvent être arrêtés sans que le mouvement d'horlogerie cesse de marcher. Après chaque arrêt, le cylindre enregistreur et le papier enfumé repartent avec toute leur vitesse.

On peut aussi prendre des repères, le cylindre étant arrêté après qu'on a recueilli un tracé à plusieurs courbes. « On fait appuyer tous les leviers inscripteurs sur le papier dans un point voisin du lieu où sont écrits les détails que l'on veut comparer, puis, le cylindre étant toujours immobile on comprime tous les tubes à air qui commandent les tambours à levier. S'il y a en même temps inscription de signaux électromagnétiques, on fait agir tous ces signaux.

« Enlevant alors les différents styles inscripteurs, on voit sur le papier une série de traits ou de petits arcs de cercle; ce sont les repères destinés à comparer, au point de vue de leur succession, les différents détails des tracés. »

Fixation des graphiques. — Pour fixer le noir de fumée sur les feuilles qui ont servi à recueillir les graphiques, on les passe dans une cuvette ou une assiette contenant une couche suffisante de vernis (gomme-laque dissoute dans l'alcool). On laisse égoutter, puis sécher.

CHAPITRE III

TECHNIQUE D'ÉLECTROPHYSIOLOGIE

Sources d'électricité. Piles électriques. — Les piles les plus employées sont formées d'éléments de Daniell, de Grove ou de Grenet.

Élément de Daniell. — Le pôle négatif est formé par un prisme de zinc amalgamé à sa surface Zn (fig. 33), plongeant dans une solution de sulfate de zinc d'une densité de 1250 et contenue dans un vase poreux cylindrique. Le pôle positif est formé par une lame cylindrique de cuivre Cu, plongeant dans

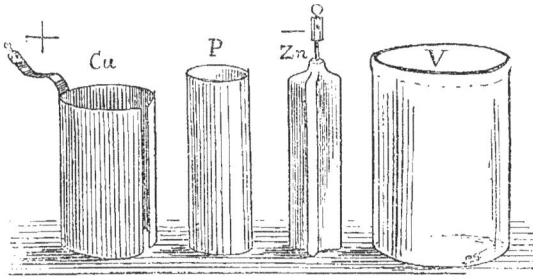

Fig. 33. — Élément de Daniell.

V, vase en verre contenant la solution saturée de sulfate de cuivre, dans laquelle plonge le cylindre en cuivre Cu. — P, vase intérieur en biscuit, contenant la solution de sulfate de zinc, dans laquelle plonge le prisme de zinc amalgamé Zn.

une solution saturée de sulfate de cuivre contenue dans un vase cylindrique en verre V. Les deux liquides sont séparés par la paroi du vase poreux P. Celui-ci est placé à l'intérieur de la lame cylindrique de cuivre. Chaque fois qu'on a fait usage de la pile de Daniell, les liquides doivent être recueillis et conservés dans des récipients appropriés, et les vases poreux lavés à grande eau, puis essuyés. Les zincs et cuivres seront également rincés et essuyés.

L'élément de Daniell présente une force électromotrice d'une grande constance : cette force est égale à 1,1 volt environ. On peut en électrophysiologie prendre le daniell comme étalon de force électro-motrice.

Élément de Grove. — Deux liquides séparés par un vase poreux comme dans l'élément de Daniell. Pôle positif = lame de platine, plongeant dans l'acide nitrique contenu dans le vase poreux. Pôle négatif = lame cylindrique de zinc, plongeant dans l'acide sulfurique dilué.

L'élément de Grove a une force électromotrice considérable. Il sert principalement dans l'étude de l'électrotonus. Il répand des vapeurs acides très corrosives : aussi est-il bon de placer la pile dans un endroit bien ventilé et loin des instruments ou appareils en métal. On placera par exemple la pile sous une cage d'évaporation présentant un bon tirage.

Élément au bichromate. Pile Grenet. — Pôle positif = lame en charbon de cornue. Pôle négatif = lame de zinc. Le charbon et le zinc plongent dans le même liquide chromosulfurique.

Pour préparer ce liquide, on dissout à chaud 200 grammes de bichromate de soude dans un litre d'eau, on laisse refroidir et l'on ajoute par petites portions 250 grammes d'acide sulfurique concentré.

Association des éléments électriques. — Il y a deux façons d'associer les éléments pour en former des piles : en quantité ou en tension.

Dans l'*association en quantité*, le pôle positif de chaque élément est réuni aux pôles positifs de tous les autres; de même, tous les pôles négatifs sont réunis en un seul. Dans cette combinaison, la force électromotrice E est la même que pour un seul élément; la résistance intérieure de la pile *r* diminue en proportion du nombre d'éléments employés. C'est comme si on employait un seul élément à très large surface.

Nous pouvons, d'après la formule de la loi d'Ohm, représenter l'intensité du courant que fournit un élément par

$$1 = \frac{E}{R + r}$$

R représentant la résistance extérieure, c'est-à-dire celle du circuit et *r* la résistance intérieure de la pile.

Une pile de n éléments réunis en quantité fournira un courant

$$I' = \frac{E}{R + \frac{r}{n}}$$

Comme, dans les expériences d'électrophysiologie, la résistance du circuit extérieur R est généralement énorme (résistance des nerfs et des muscles) par rapport à la résistance de la pile r, il en résulte que I' peut ne pas avoir une valeur très supérieure à I, quoique n soit grand. Aussi la combinaison en quantité n'est pour ainsi dire pas employée en électrophysiologie.

Quand on veut avoir un courant intense, il vaut mieux employer des éléments nombreux, à petite surface, réunis *en tension*, c'est-à-dire que le pôle négatif d'un élément est réuni au positif du suivant, et ainsi de suite ; le pôle positif du premier élément de la série et le pôle négatif du dernier constituant les pôles négatif et positif de la pile. Dans ce cas, l'intensité du courant sera représentée par l'expression

$$I'' = \frac{nE}{R + nr}$$

et l'intensité de I'' croîtra rapidement avec le nombre n d'éléments employés.

Dans les expériences d'électrotonus, on emploiera avec avantage une pile composée de six petits éléments de Grove réunis en tension (du Bois-Reymond). L'intercalation du *rhéocorde* ou du *rhéonome* de v. Fleischl permet alors de diminuer à volonté l'intensité du courant.

Rhéocorde. — Dans quelques expériences d'électrophysiologie, il faut pouvoir graduer à volonté l'intensité du courant. L'instrument qui sert à cet effet est le *rhéocorde*, dont le principe est basé sur les lois qui règlent la distribution de l'électricité dans les circuits ramifiés.

Lorsqu'un circuit traversé par un courant se bifurque, les deux branches se rejoignant plus loin, la quantité d'électricité circulant dans l'une de ces deux subdivisions est en raison inverse de la résistance dans cette branche, et en raison directe de la résistance dans la seconde. Pour faire varier le courant dans l'une, il suffit donc de faire varier la résistance dans l'autre, par exemple en augmentant ou en diminuant sa longueur.

La figure 34 représente la disposition schématique du rhéocorde. Le courant de la pile P arrive par exemple à la borne 1 et retourne à la pile à travers une barre métallique composée des fragments 1, 2, 3, etc., qu'on peut réunir, en enfonçant entre deux fragments voisins un bouchon métallique b. Supposons tous ces bouchons en place, à l'exception de celui entre les deux fragments 1 et 2; le courant ne pourra passer au fragment 2 qu'à travers les deux longs fils $1m$ et $m'2$. En n est une pièce métallique, mobile le long des deux fils, et permettant par ses déplacements, de faire passer le courant à travers une portion plus ou moins grande des deux fils, c'est-à-dire de faire varier les résistances du circuit principal. Ces résistances peuvent être considérablement augmentées, en ôtant successivement les bouchons 1, 2, 3, etc., et en forçant le courant à passer à travers des longueurs de plus en plus grandes de fil. Ainsi est constitué le circuit principal à résistance variable.

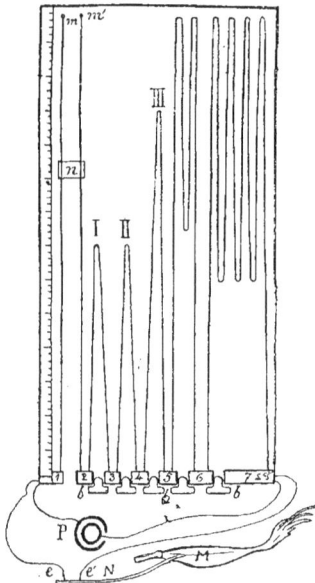

Fig. 34. — Rhéocorde de du Bois-Reymond.

Le circuit dérivé, dans lequel il s'agit de faire varier à volonté l'intensité du courant, renferme les points 1 e e' 7. Nous supposerons intercalé le nerf N d'un muscle M. Les bouchons étant tous en place, à l'exception de celui entre les fragments 1 et 2 (où il n'y en a jamais), et la pièce mobile n en contact avec les bornes 1 et 2, le courant arrivé en 1 traversera en entier la pièce 1, 2, 3, 4, 5, 6 et 7 (à résistance négligeable par rapport à celle du circuit 1 *e e'* 7 renfermant le nerf), et retournera à la pile. Dans ce cas, le courant qui dérive dans le circuit du nerf est insignifiant.

Éloignons *n* des bornes 1 et 2 ; la résistance du circuit principal augmentera d'autant plus que *n* sera reculé davantage : un courant de plus en plus intense traversera le circuit dérivé qui renferme le nerf. En enlevant les bouchons 1 à 7, surtout celui entre 6 et 7, on augmentera davantage le courant dans le circuit dérivé. Cette augmentation se fera par sauts brusques à chaque bouchon que l'on enlève.

Clefs. — La figure 35 représente la clef simple de du Bois-Reymond. Un barreau prismatique en métal C est mû à la main au moyen de la poignée P. Abaissé, il établit un contact à frottement entre les bornes *a* et les bornes *b*. Chacune de ces bornes porte deux fils, dans la disposition adoptée générale-

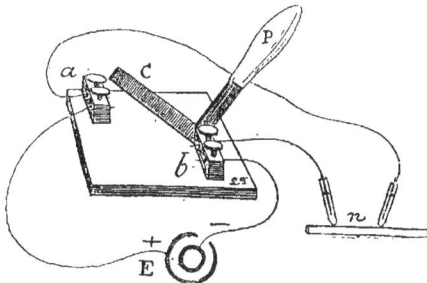

Fig. 35. — Levier-clef de du Bois-Reymond.

ment. Deux des fils vont à la source d'électricité, la pile E, les deux autres vont aux électrodes *n*. Quand la clef est abaissée, le courant de la pile passe par le court circuit C. Quand elle est relevée au contraire, le courant est obligé de passer par le long circuit *n*.

On peut également employer la clef avec un fil rattaché à la borne *a* et un second fil à la borne *b*. Dans ce cas, la clef établit le courant entre *a* et *b*, quand elle est abaissée ; elle l'interrompt quand elle est relevée.

La clef à mercure (fig. 36) permet d'établir un contact plus égal à lui-même qu'avec les clefs à frottement. Le contact est obtenu en faisant plonger l'extrémité d'une pointe en métal, dans un godet rempli de mercure. L'un des fils électriques *b* est rattaché à la pointe en métal, l'autre *a*, au godet à mercure. On ferme le courant en abaissant la pointe; on l'ouvre en la relevant. Ces mouvements s'exécutent à la main.

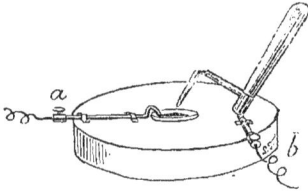

Fig. 36. — Clef à mercure de du Bois-Reymond.

Toutes ces clefs sont montées sur des supports isolés (ébonite) permettant de les visser sur la table d'expérience.

Commutateur ou gyrotrope. — Le commutateur de Pohl est l'un des plus employés. Il permet de changer la direction du courant électrique que l'on amène à un nerf, à un muscle, etc. Les figures 37 et 38 le montrent dans ses deux positions.

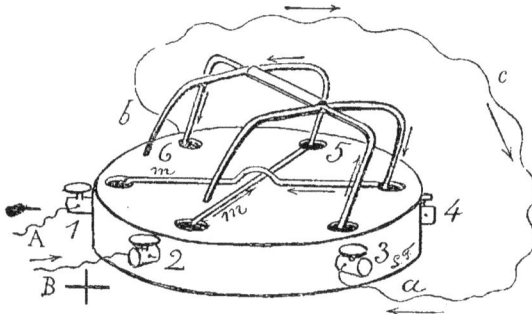

Fig. 37. — Commutateur de Pohl. Position I.

Les fils A et B viennent de la pile; A est en rapport avec le pôle négatif, B avec le pôle positif. Dans la position l (fig. 37), le fil A est en rapport avec le fil *a*, et le fil B avec *b*. Le courant arrive par B, traverse le commutateur, sort par *b*, circule dans la direction de la flèche et retourne au commutateur par *a*, pour sortir de nouveau par A.

En imprimant aux armatures métalliques un mouvement de

bascule, on place le commutateur dans la position II (fig. 38). Le courant entré par B, sort par a, rentre par b pour atteindre A. Sa direction, marquée par des flèches dans la portion du circuit acb, est donc inverse de ce qu'elle est dans la position I.

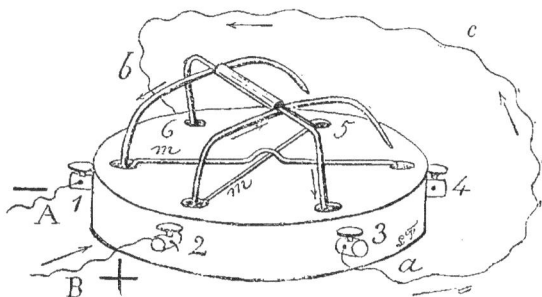

Fig. 38. — Commutateur de Pohl. Position II.

Le commutateur peut également servir à lancer le courant de la pile à volonté dans l'un ou l'autre de deux circuits. Pour arriver à ce résultat, il est nécessaire d'enlever les fils métalliques mm.

Les extrémités de l'un des circuits sont rattachées aux bornes 1 et 2, celles de l'autre circuit sont rattachées aux bornes 4 et 5. La pile fournit le courant aux bornes 3 et 6. Il est facile de s'assurer que dans la position 1, le courant est lancé dans le circuit 4, 5 et dans la position II, dans le circuit 1 et 2.

Électrodes impolarisables. — Ces électrodes ont été imaginées principalement dans le but d'éviter la polarisation externe qui se produit au contact des tissus vivants et des électrodes.

Dans les électrodes de du Bois-Reymond, le fil électrique aboutit à une petite lame de zinc amalgamé plongeant dans une solution saturée de sulfate de zinc. Le sulfate de zinc est contenu dans un tube dont l'orifice inférieur est fermé par un bouchon d'argile. La partie supérieure de cette argile est imprégnée de solution de sulfate de zinc, la partie inférieure, de solution physiologique (NaCl 7-10 p. 1000). C'est cette partie qui se met au contact des tissus vivants.

Du Bois-Reymond a imaginé une autre forme d'électrodes

impolarisables, dans laquelle on trouve la même succession de solides et de liquides : baquets en zinc contenant la solution saturée de sulfate de zinc, coussinets en papier à filtre imbibés de solution de sulfate de zinc et plongeant dans la même solution, coussins découpés dans une plaque d'argile (imprégnée de solution physiologique) et reposant sur les coussinets de papier. Les tissus vivants viennent au contact de l'argile.

Une forme plus maniable d'électrodes a été réalisée par d'Arsonval. Chaque électrode est formée d'un fil d'argent recouvert de chlorure d'argent, et plongeant dans la solution physiologique. La solution elle-même est contenue dans un petit tube de verre ouvert inférieurement et fermé supérieurement.

Nous nous servons exclusivement des électrodes de d'Arsonval pour les démonstrations.

Électricité comme excitant. — On emploie fréquemment l'électricité comme excitant, soit sous forme de courant continu, soit sous forme de courant induit.

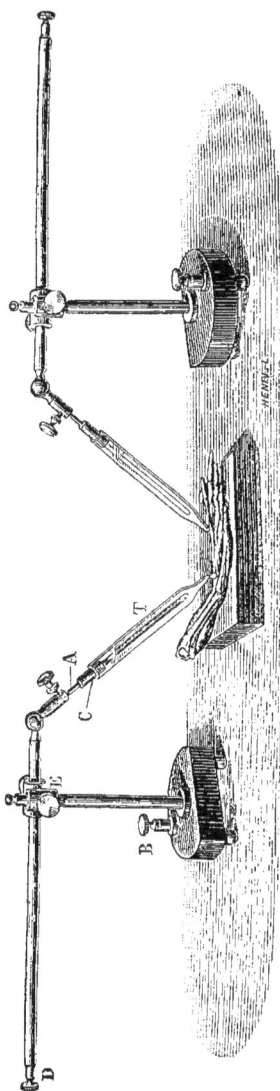

Fig. 39. — Électrodes impolarisables de d'Arsonval. — A, fil d'argent. — T, tube de verre étiré en pointe et portant un bouchon c. — D, borne. — E, double coulisse glissant sur un pied isolé B.

Le courant constant est fourni par une pile : pile de Grove, de Daniell, etc.

Le courant induit est fourni par l'appareil électro magnétique, connu sous le nom de chariot de du Bois-Reymond.

Chariot de du Bois-Reymond. — Le chariot de du Bois-Reymond nous présente deux circuits électriques formés chacun d'un fil métallique isolé, enroulé en forme de bobine. L'une des bobines B, que l'on intercale dans le circuit d'une pile, constitue *la bobine primaire* dans laquelle circule le *courant inducteur* ; l'autre B' est la *bobine secondaire*, dans

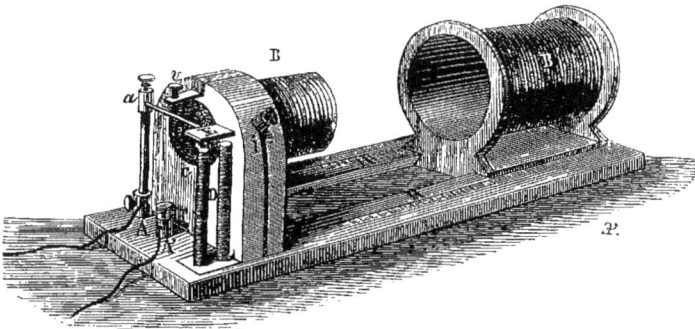

Fig. 40. — Appareil à chariot de du Bois-Reymond.

B, bobine primaire reliée à la pile électrique par les fils A et A'. — B', bobine secondaire dans le circuit de laquelle se développent des chocs d'induction lors de la fermeture ou de la rupture du courant de la bobine primaire. — a E, trembleur en forme de marteau portant une masse de fer doux E, attirable par l'électroaimant D, et faisant fonction d'interrupteur automatique. — i, l'une des bornes qui permettent de rattacher directement la bobine primaire B à la pile électrique, et d'exclure ainsi l'interrupteur automatique du circuit.

laquelle se produit le *courant induit*. Si les deux bobines sont placées dans le voisinage l'une de l'autre, au moment de la fermeture du courant primaire dans la bobine B il se développe dans la bobine secondaire B' un courant induit ou *choc d'induction de fermeture* de courte durée, dirigé en sens inverse du courant inducteur. Au moment de la rupture du courant primaire, il se développe dans la bobine secondaire un *choc d'induction de rupture*, plus bref et plus intense que le choc de fermeture, et dirigé dans le même sens que le courant inducteur. Plus on rapproche la bobine secondaire B' de la bobine primaire B, plus les chocs d'induction qui se produisent dans la première sont intenses. Ces chocs, dont l'intensité peut ainsi être graduée à volonté (la bobine B', qui porte un index, est mobile le long d'une règle graduée en unités de longueur, ou en unités de force électrique), sont amenés par deux fils métalliques, terminés par des électrodes appropriées, jusqu'au contact des tissus : nerfs, muscles, etc., qu'il s'agit d'exciter.

La rupture et la fermeture du courant dans le circuit de la pile et de la bobine primaire peut-être obtenu de deux façons :

1° Par l'intercalation dans le circuit primaire d'une *clef-levier* (clef de du Bois-Reymond), que l'on peut actionner à la main. Dans ce cas, les fils électriques se fixent directement aux extrémités des bornes *i* (une seule de ces bornes a été représentée fig. 40) de la bobine primaire, sans intercalation du trembleur A*a*E. On adopte cette disposition, lorsqu'on veut étudier l'effet produit par un seul choc d'induction (c'est-à-dire par une excitation unique), ou par des chocs d'induction très espacés, sur les tissus vivants.

2° Par l'intercalation dans le circuit primaire, d'un interrupteur ou trembleur automatique, qui se trouve fixé à l'appareil dans le voisinage de la bobine primaire. Dans ce cas, les fils qui viennent de la pile s'attachent aux bornes A et A'. Cet interrupteur est formé par un petit marteau horizontal *a* E, dont la tige vient s'appliquer, en vertu de son élasticité, contre la pointe de la vis *v*, et ferme ainsi le circuit électrique primaire. Mais aussitôt que le courant passe, la tête en fer doux E du marteau est attirée par l'électroaimant D, ce qui produit l'interruption du courant au point *v*, et par suite, la désaimantation de l'électroaimant et le relèvement élastique du marteau. Le marteau, en se relevant, ferme de nouveau le courant en *v* : la fermeture du courant est le point de départ d'une nouvelle rupture du courant, et ainsi de suite.

A chaque mouvement du trembleur, le courant se trouve fermé, puis interrompu, d'où production dans la bobine secondaire de chocs d'induction de fermeture, alternant avec des chocs de rupture.

Cette disposition du chariot de du Bois-Reymond est généralement adoptée, quand il s'agit de soumettre un nerf, un muscle aux excitations électriques pendant un certain temps.

Outre le trembleur, le circuit primaire doit comprendre encore une clef électrique L' (fig. 41), servant à l'ouvrir ou à le fermer à la main. Chaque fois qu'on ferme la clef, le courant passe, le trembleur se met à vibrer, et la bobine secondaire fournit des chocs d'induction qui peuvent servir d'excitant.

Il est facile d'enregistrer les moments de l'excitation : il suffit pour cela d'intercaler dans le circuit primaire le signal élec-

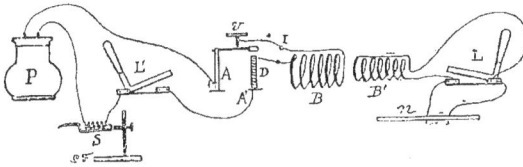

Fig. 41. — Schéma du chariot de du Bois-Reymond (disposition n° 2).

P, pile. — s, signal électrique. — L', levier-clef. — B, bobine primaire du chariot de du Bois-Reymond. — B', bobine secondaire. — L, clef en court circuit. — n, nerf qu'il s'agit d'exciter.

trique qui vibrera à l'unisson du trembleur, et inscrira ces vibrations sur l'appareil enregistreur, tant que la clef est abaissée, c'est-à-dire tant que dure l'excitation.

Il est d'usage d'intercaler une seconde clef L dans le circuit secondaire, entre la bobine induite et les électrodes excitatrices n. Cette clef est disposée comme l'indique la figure 41.

Quand elle est fermée, elle constitue un court circuit de faible résistance (résistance négligeable comparée à celle du long circuit dans lequel se trouve intercalé le nerf ou le muscle), à travers lequel les chocs d'introduction peuvent être considérés comme se déchargeant en entier, sans passer par le long circuit. Pour exciter le nerf ou le muscle intercalé, il faut donc ouvrir la clef, de manière à obliger les chocs d'induction à passer par le long circuit.

Interrupteur à lame vibrante de Kronecker. — Pour les expériences de précision, où l'on tient à avoir des interruptions rigoureusement identiques et dont on puisse à volonté varier le rhythme, on remplace l'interrupteur annexé au chariot de du Bois-Reymond par un trembleur spécial, dans lequel l'interruption est obtenue par les mouvements de va-et-vient d'une lame vibrante ou d'une branche de diapason.

La figure 42 donne une représentation schématique de l'interrupteur électrique Kronecker. Les interruptions sont obtenues en p par les vibrations de la lame L, vibrations qui font plonger la pointe p dans un petit godet renfermant du mercure, et intercalé dans le circuit électrique. La surface libre du mercure est protégée contre l'oxydation et lavée par un courant d'alcool (non représenté dans la figure 42), circulant à sa surface et fourni par un flacon de Mariotte. Les

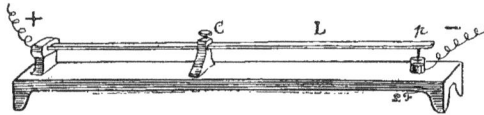

Fig. 42. — Schéma de l'interrupteur à lame vibrante de Kronecker.

vibrations de la lame L sont entretenues par un électro-aimant intercalé dans le circuit (électro-aimant qui a été également omis dans la figure 42). Le chevalet C, mobile le long de la lame, sert à obtenir les variations dans le nombre des vibrations, en limitant celles-ci à la partie libre de la lame Cp. Une des lames de l'appareil peut donner de quatre à dix interruptions par seconde ; l'autre, de douze et demie à quatre-vingts interruptions.

Enfin les lames peuvent être remplacées par des diapasons de cent ou deux cents vibrations.

L'interrupteur de Kronecker est en réalité un peu plus compliqué que ne l'indique la figure 42. Les interruptions du courant sont obtenues au moyen de deux pointes en platine ; de plus, l'extrémité p de la lame porte une troisième pointe de platine qui permet, à chaque vibration de la lame, d'ouvrir et de fermer un second circuit électrique, dans lequel on intercale le signal Marcel Deprez.

Électromètre capillaire. — L'électromètre capillaire se compose essentiellement d'un tube de verre vertical, ouvert à ses deux extrémités, et effilé inférieurement en pointe capillaire. Le tube renferme une colonne de mercure, qui y reste suspendue, et ne s'écoule point par le canal capillaire cylindro-conique de l'extrémité inférieure, à cause de l'étroitesse extrême de ce canal ($\frac{1}{100}$ de millimètre par exemple).

L'extrémité inférieure du tube capillaire plonge dans une cuve en verre, contenant un liquide conducteur de l'électricité : de l'acide sulfurique dilué (au 10ᵉ), ou une solution saturée de sulfate de magnésium.

Un fil de platine plonge dans le mercure du capillaire, et constitue l'électrode négative de l'instrument. Un second fil de platine, constituant l'électrode positive, est en rapport avec l'eau acidulée, par l'intermédiaire d'une petite nappe de mercure, reposant au fond de la cuve en verre, ou contenue dans la courbure inférieure d'un tube en J, la courte branche du J plongeant dans l'eau acidulée, la longue branche recevant le fil de platine.

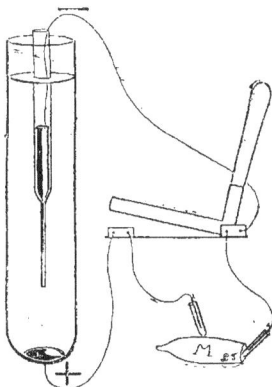

Fig. 43. — Schéma de l'électromètre capillaire de Lippmann.

L'extrémité supérieure du tube qui porte inférieurement le capillaire, est reliée par un tube de caoutchouc étroit et épais (contenant de l'air dans une partie de son étendue), avec un petit réservoir globulaire contenant du mercure, et que l'on peut à volonté élever ou abaisser.

En élevant la boule mobile du réservoir, on augmente la pression à l'intérieur du tube et le mercure est poussé de plus en plus dans le canal du capillaire. Une pression suffisante le force à s'écouler par l'extrémité inférieure du capillaire, chassant devant lui la petite colonne d'air qui y était renfermée au début. Dès que ce résultat est atteint, on laisse remonter le mercure à l'intérieur du capillaire, en diminuant la pression par la descente de la boule mobile. L'air chassé est à présent remplacé par de l'eau acidulée, et l'instrument est prêt à fonctionner.

Reliez les deux électrodes de l'instrument, avec la source d'électricité dont vous voulez étudier les manifestations. Intercalez une clef en court circuit. Observez le capillaire au microscope, la clef étant fermée. Employez un oculaire à réticule, afin de pouvoir noter exactement la position de la surface libre du ménisque mercuriel : c'est le zéro de l'instrument. Ouvrez la clef, de manière à faire agir sur cette colonne le courant de la source d'électricité : la colonne mercurielle se meut instantanément dans la direction du courant, et s'arrête dans une nouvelle position d'équilibre. Plus le courant est intense, plus le déplacement est considérable ; mais il n'y a pas proportionnalité rigoureuse entre ces deux valeurs. L'électromètre indique donc l'existence du courant, son sens, et approximativement son intensité ; mais il ne saurait servir à mesurer cette dernière.

Mais il peut servir à mesurer la force électromotrice que fournit le courant électrique. Il doit être muni à cet effet d'un manomètre à mercure en U, que l'on greffe latéralement sur le tube de caoutchouc qui réunit le réservoir mobile au tube du capillaire. Ce manomètre sert à mesurer la pression supplémentaire qui s'exerce sur le mercure du capillaire, quand on élève la boule mobile.

Pour faire une mesure de force électromotrice, opérez de la façon suivante :

Notez la position du ménisque, la clef étant en court circuit ; il est très commode de déplacer le ménisque jusqu'à ce que son bord soit exactement tangent à un trait du réticule situé au milieu du champ visuel. Il suffit pour cela de varier la pression qui agit sur le mercure. Notez la pression indiquée au manomètre. Levez la clef, de manière à permettre au courant de la force électro-motrice de pénétre rdans le circuit de l'électromètre. La colonne de mercure se déplace instantanément dans le sens du courant, c'est-à-dire vers le haut, si le capillaire fonctionne comme électrode négative, et l'eau acidulée comme électrode positive. Élevez graduellement la boule mobile, de manière à exercer sur le mercure une contre-pression telle qu'elle compense exactement l'action de la force électro-motrice, et que le ménisque soit de nouveau au zéro. Les deux forces se font alors exactement équilibre, et l'une peut servir de mesure à l'autre. En d'autres termes, la force électromotrice est ici proportionnelle à la pression qui lui fait équilibre. Notez cette pression.

Pour pouvoir utiliser le chiffre de pression et le convertir en unités de force électromotrice, il est nécessaire de graduer l'instrument au moyen d'une force électromotrice étalon. On peut employer un Daniell normal, dont la force électromotrice correspond à 1, 1 Volt environ. On note la pression qui fait équilibre à la force électromotrice du Daniell. Supposons qu'elle soit de 10 centimètres de mercure. Dans ce cas, chaque centimètre de pression vaut $\frac{1}{10}$ de Daniell, et un peu plus de $\frac{1}{10}$ de Volt ; chaque millimètre, un centième de Daniell ou un peu plus d'un centième de Volt.

L'électromètre de Lippmann est un appareil très simple et très facile à construire. Il suffit d'avoir un microscope à sa disposition, ainsi que les objets qu'on trouve dans tout laboratoire : tubes de verre et de caoutchouc, fils de platine, eau acidulée, mercure. Son apériodicité complète, et l'instantanéité des indications qu'il fournit, en font un instrument précieux, chaque fois qu'il s'agit de suivre des variations rapides d'intensité du courant électrique, ou de la force qui le produit. Il n'est applicable qu'à des sources d'électricité peu intenses.

Lorsqu'il s'agit de démontrer les phénomènes électriques devant un auditoire nombreux, on placera l'électromètre en regard de l'objectif du microscope à projection, et on projettera l'image du capillaire sur un écran (plaque de plâtre pour les projections par réflexion, toile mouillée pour les projections par transparence).

On pourra également recueillir des tracés des excursions de l'électromètre, en projetant l'image du capillaire sur une caisse noircie présentant une fente verticale, et renfermant, en regard de la fente, le cylindre enregistreur recouvert de papier photographique.

Boussole de Wiedemann. — Du Bois-Reymond a introduit en électrophysiologie l'usage de la boussole des tangentes, dans la modification de Wiedemann.

L'aimant de la boussole est un anneau d'acier léger, mobile à l'intérieur d'un cylindre en cuivre, sur lequel une glissière permet d'avancer à volonté des bobines à fil gros ou mince. Le même instrument sert donc à la mesure des courants provenant de sources à résistances très différentes. Le cylindre en cuivre est destiné à diminuer les oscillations de l'aimant, par les courants de sens opposé qu'y induit l'aimant lors de ses déplacements. On augmente et on diminue à volonté la sensibilité de l'instrument, en rapprochant plus ou moins les bobines de l'aimant (on peut intercaler une longueur plus ou moins grande des bobines).

Au-dessus de l'aimant, et mobile avec lui, est fixé un miroir très léger qui réfléchit sur une échelle graduée placée en regard, à un mètre de distance, l'image d'une source lumineuse dont le centre est marqué par une ombre très nette (fil vertical placé au-devant de la lumière). On voit à l'œil nu l'ombre se déplacer sur l'échelle. Ce procédé optique amplifie considérablement les déviations de l'aimant.

Généralement on préfère observer à travers une lunette braquée sur le miroir, l'image de l'échelle graduée, éclairée uniformément par la lumière artificielle, ou par celle du jour; l'image se déplace latéralement dans le miroir; le degré de la déviation est indiqué par le numéro de l'échelle qu'on voit au centre de la lunette.

La boussole est placée sur une console, et orientée de manière que l'anneau aimanté soit dans le méridien magnétique (la glissière en bois pour le déplacement des bobines, qui supporte tout l'instrument, est placée perpendiculairement au méridien magnétique). La lunette et le miroir (qu'on peut orienter à volonté par rapport à l'aimant) doivent être disposés de manière que le point zéro de l'échelle apparaisse au milieu de la lunette, quand aucun courant ne traverse la boussole. Si on n'emploie pas la lunette, l'orientation doit être telle que l'ombre au centre de la lumière artificielle soit réfléchie sur le point zéro de l'échelle. Les déplacements lents de l'aimant, sous l'influence des variations diurnes du magnétisme terrestre, seront corrigés par les déplacements latéraux d'un second aimant beaucoup plus fort, appelé barreau d'Haüy, ayant pour fonction de ramener toujours l'instrument au point zéro.

Finalement, il faut rendre l'instrument encore plus sensible, astatique ; ce qu'on obtient en rapprochant de lui le barreau d'Haüy (glissant le long d'une règle fixée à la console). Le barreau d'Haüy peut occuper diverses positions par rapport à la boussole. Généralement il est attaché latéralement ; il suffit qu'il soit dirigé suivant le méridien magnétique, le pôle boréal (celui qui tend à se diriger vers le sud) tourné vers le sud de la terre. On le rapproche de la boussole en tâtonnant ; on arrive ainsi à un point où l'aimant est non seulement à peu près astatique, mais où de plus (s'il est ébranlé par un courant) il va prendre du premier coup sa position d'équilibre, sans la dépasser et sans exécuter autour d'elle les oscillations si gênantes que présente l'aiguille aimantée des galvanomètres : la boussole est devenue *astatique* et *apériodique*. Pour plus de détails à ce sujet, voir dans du Bois-Reymond, *Gesammelte Abhandlungen.*

Mesure de la force électromotrice. — On comprend que l'étude des manifestations électriques des tissus organiques n'ait de l'intérêt en physiologie, que pour autant qu'elle renseigne sur la nature et l'intensité des processus physiologiques moléculaires ; nous n'y recherchons qu'un moyen d'étudier la mécanique de la molécule organique. Par exemple, il nous est assez indifférent de savoir que les courants musculaires donnent des étincelles, produisent des phénomènes d'électrolyse, peuvent activer des électroaimants, etc. Nous nous attacherons uniquement à celles des manifestations électriques dont les divers degrés d'intensité reflètent le mieux l'intensité des processus physiologiques.

Il est facile de voir que l'*intensité* du courant, mesurée par le degré de déviation de l'aiguille du galvanomètre par exemple, n'est pas dans ce cas. La formule $I = \dfrac{E}{R}$ montre qu'elle varie en raison inverse de la résistance du circuit. Dans un conducteur quelconque, par exemple dans un nerf ou dans un muscle, la résistance est en raison directe de la longueur, et en raison inverse de la section transversale. Or il est impossible d'intercaler dans deux expériences successives la même longueur et la même épaisseur de muscle ; la résistance totale du circuit différera donc d'une expérience à l'autre, d'autant plus que celle des tissus organiques est toujours considérable par rapport à celle des conducteurs métalliques employés en même temps.

Les intensités de courants obtenus dans des recherches successives ne sont donc pas comparables, d'une manière absolue, bien qu'elles servent à donner une idée générale de la marche des phénomènes. La détermination de la force électromotrice échappe à ces objections. A priori elle reflète, mieux que l'intensité du courant, la nature des processus physiologiques intimes. Aussi du Bois-Reymond s'est-il évertué et a-t-il pleinement réussi à perfectionner les méthodes destinées à mesurer cette force dans les tissus organiques. On comprendra du premier coup la portée de ces recherches, si nous disons qu'on peut déterminer la force électromotrice dans un tissu organique, indépendamment de sa longueur, de son épaisseur, et même des variations pouvant survenir dans sa conductibilité.

Le principe du procédé repose sur la compensation du courant à mesurer, par un autre courant d'intensité connue, et qu'on peut graduer à volonté, à l'aide du rhéocorde (méthode de Poggendorff). Soit (fig. 44) *e* le tissu organique, par exemple un muscle intercalé dans le circuit *emAa*, renfermant également la boussole *a*. S'il y a une différence de tension électrique entre les deux points dérivés (à l'aide de deux électrodes impolarisables) du muscle, l'indicateur du rhéoscope *a* sera dévié dans un sens ou dans l'autre, selon la direction du courant. Il s'agit de ramener cet indicateur à zéro, en lançant dans le circuit un courant en sens opposé au premier, mais de force électromotrice connue. Ce courant est obtenu à l'aide du rhéocorde simple AB, intercalé dans le circuit d'un élément

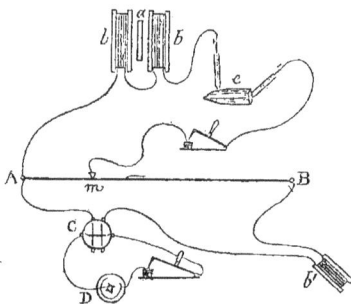

Fig. 44. — Disposition générale de l'expérience pour la mesure des force électromotrices à l'aide de la boussole de Wiedemann (Fredericq et Nuel, *Physiologie*).

de pile D (de Daniell, parce que c'est le seul hydro-élément à courant constant).

Nous avons vu plus haut (voy. *Rhéocorde*), de quelle manière on lance à travers le circuit renfermant le nerf et le rhéoscope une fraction de plus en plus grande du courant de l'élément D, c'est-à-dire en éloignant *m* de A vers B.

Le gyrotrope C, permet de donner à cette fraction une direction opposée à celle du courant à mesurer. On éloigne donc *m* vers A, jusqu'à ce que l'indicateur de la boussole soit revenu à zéro; le courant à mesurer est alors compensé, annulé par un courant égal en sens opposé. On lit sur une échelle graduée la longueur du rhéocorde A*m* intercalée dans le circuit du muscle, ce qui suffit pour calculer la force électromotrice du muscle, en fractions d'élément de Daniell, et cela *d'une manière tout à fait indépendante des résistances plus ou moins variables du circuit* A*aem*A. Suivant l'expression pittoresque de du Bois-Reymond, « la mesure de la force électromotrice revient donc à une simple mesure de longueur, à peu près comme on mesure l'étoffe à l'aune ».

Nous résumons ci-dessous les opérations à effectuer pour la mesure des forces électromotrices, à l'aide de la boussole de Wiedemann. En comparant cet exposé avec celui donné par du Bois-Reymond, on remarquera que les calculs sont ici simplifiés d'une manière sensible.

De la loi d'Ohm : $\mathrm{I} = \dfrac{\mathrm{E}}{\mathrm{R}}$, nous tirons $\mathrm{E} = \mathrm{I} \times \mathrm{R}$: la force électromotrice est égale à l'intensité du courant, multipliée par la résistance totale du circuit.

Une loi de Kirchhoff porte : Dans un polygone fermé, dont un ou plusieurs côtés renferment des sources électromotrices, la somme algébrique des forces électromotrices est égale à la somme algébrique des produits qu'on obtient en multipliant les résistances de chaque côté par l'intensité du courant qui y circule : $\Sigma\mathrm{E} = \mathrm{I}\mathrm{R} + \mathrm{I}'\mathrm{R}' + \mathrm{I}''\mathrm{R}''$..... Appliquons cette dernière formule au cas de la figure 44, dans la méthode de compensation de du Bois-Reymond. Soit *e* la force électromotrice à mesurer (du muscle *e*), intercalée dans le circuit de la boussole A*m*B*ea*; soit E la force électromotrice qui sert de mesure, c'est-à-dire celle du Daniell normal D, intercalé dans le circuit ACDBA. Supposons que dans la position m de la pièce mobile, le courant à mesurer soit compensé; alors il n'y a plus de courant dans la portion AaemA du circuit de la boussole, seule la portion Am de ce circuit est traversée par un courant. Si donc on ne considère que le polygone fermé renfermant la boussole, on a :

(I) $$e = i \times \text{résist. A}m$$

(i étant l'intensité du courant en Am). Dans le circuit ou polygone ACDBA, l'intensité du courant I est partout la même, puisque dans le bout Am, la fraction de courant perdu pour E est restituée par une fraction égale fournie par e. Par conséquent :

(II) $$E = I \times \text{résist. ACDBA.}$$

Divisant I par II, on a :

$$\frac{e}{E} = \frac{i \times \text{résist. A}m}{I \times \text{résist. ACDBA}}.$$

Mais $i = I$; donc :

$$\frac{e}{E} = \frac{\text{résist. A}m}{\text{résist. ACDBA}}, \text{ ou } e = E \times \frac{\text{résist. A}m}{\text{résist. ACDBA}}.$$

La force électromotrice e est donc proportionnelle à la résistance Am, ou à la longueur de fil Am, puisque le fil AB est homogène dans toute sa longueur. Mr étant une portion de fil homogène, il suffit, pour graduer l'appareil, de déterminer une fois pour toutes le rapport de la résistance AB à la résistance ACDBA (voy. pl. loin). Supposons que $\frac{\text{résist. AB}}{\text{résist. ACDBA}} = \frac{1}{10}$. Si AB est divisé en 1000 parties, chacune de ces parties a offrira une résistance 1000 fois plus petite, c'est-à-dire $\frac{\text{résist. } a}{\text{résist. ACDBA}} = \frac{1}{10000}$. La différence de potentiel aux deux extrémités d'une fraction a, c'est-à-dire la force électromotrice du courant qu'on dérive à ces deux extrémités correspondra à $\dfrac{1}{10000}$ de Daniell.

La longueur Am se lit sur une échelle graduée fixée le long du fil AB. Supposons qu'on l'ait trouvée (lorsque la compensation du courant à mesurer est complète) de n parties de AB (qui en renferme 1000). La force électromotrice e sera égale à n dix-millièmes de Daniell : $e = E \times \dfrac{n}{10000}$.

Reste encore à déterminer par la boussole, le rapport $\dfrac{\text{résist. AB}}{\text{résist. ACDBA}}$, c'est-à-dire à *graduer l'appareil*. Cela s'obtient par des mesures absolues d'intensités I de courants électriques, à l'aide de la même boussole de Wiedemann : les intensités des courants sont directement proportionnelles aux tangentes des angles de déviation. On a intercalé d'une manière permanente dans le circuit ACDBA, fig. 44, une des bobines à gros fil b', de la boussole. Les deux obines b, b, de la figure 44 étant écartées de la boussole, on en rapproche celle à gros fil. On détermine d'abord l'intensité du courant fourni par la pile D, le fil AB étant compris dans le circuit. On a alors :

$$(\text{III}) \qquad I = \frac{E}{\text{résist. ACDBA}}.$$

On exclut ensuite le fil AB du circuit, en détachant de la borne B le fil AB, et en le reliant directement à la borne A du rhéocorde. La résistance devient alors : résist. ACDBA — résist. AB; on détermine la nouvelle intensité du courant :

$$(\text{IV}) \qquad I' = \frac{E}{\text{résist. ACDBA} - \text{résist. AB}}.$$

De III et IV on tire $\dfrac{I}{I'} = \dfrac{\text{résist. ACDBA} - \text{résist. AB}}{\text{résist. ACDBA}}$;

d'où $\dfrac{\text{résist. AB}}{\text{résist. ACDBA}} = \dfrac{I' - I}{I}$. L'appareil étant gradué, on éloigne de la boussole la bobine à gros fil, et on la place de manière à ce qu'elle ne puisse agir sur l'aimant, tout en restant intercalée dans le circuit de la pile (Fredericq et Nuel, *Éléments de physiologie*).

CHAPITRE IV

TECHNIQUE DE CHIMIE PHYSIOLOGIQUE

I. — MANIPULATIONS CHIMIQUES DES SOLIDES ET DES LIQUIDES.

Les procédés employés par les physiologistes pour préparer, pour rechercher ou pour doser les différentes substances contenues dans l'organisme animal, ne diffèrent guère de ceux qui sont usités dans les laboratoires de chimie générale. Comme ce petit livre s'adresse spécialement à des étudiants en médecine, qui ont passé par un laboratoire de chimie, je puis me dispenser de décrire en détail les manipulations élémentaires de chimie. Je me bornerai à rappeler brièvement quelques procédés et quelques recommandations qui s'appliquent aux travaux de chimie physiologique.

Division. Dissolution. Extraction. — Quand il s'agit de dissoudre une substance dans un liquide, ou d'extraire cette substance d'un mélange au moyen d'un dissolvant approprié, on accélérera singulièrement l'opération, en divisant autant que possible le corps à dissoudre, de manière à augmenter les surfaces de contact avec le liquide. Les tissus, muscles, foie, etc., seront coupés en morceaux au moyen de ciseaux, ou hachés. On réduira ultérieurement les morceaux en purée, en les triturant au pilon dans un mortier avec des morceaux de verre ou avec du sable (lavé au préalable). Une simple trituration par contusion dans le mortier suffira pour pulvériser les sels, les substances cristallisées, l'amidon, le sang desséché, les calculs biliaires, etc.

On accélère également la dissolution, en agitant le mélange de liquide et de solide, et en élevant sa température. On opère la dissolution dans des fioles ou des matras bouchés, chaque fois que l'on emploie comme dissolvants des liquides très volatils : alcool, éther, chloroforme. L'éther ne sera jamais manié dans le voisinage du feu.

Évaporation. Distillation. — On soumet les liquides à l'action de la chaleur, ou à l'*ébullition*, dans des vases en verre mince ou en porcelaine, que l'on chauffe au bain-marie ou à feu nu. Si l'on doit faire bouillir un liquide à feu nu dans un vase de verre, matras ou vase de Berlin, on interposera une toile métallique entre la flamme et le verre, et l'on chauffera d'abord avec une petite flamme. On aura soin d'essuyer les gouttelettes d'eau (provenant de la flamme), qui se condensent au début sur les parties encore froides du vase.

Les liquides albumineux seront constamment remués, soit avec une baguette de verre, soit avec un tube fermé aux deux bouts. On évitera ainsi la formation de grumeaux d'albumine coagulée qui adhèrent à la paroi du vase et peuvent en provoquer la rupture. Le mieux d'ailleurs est de verser, par petites portions, les liquides albumineux que l'on veut chauffer, dans une capsule contenant un assez grand volume d'eau en pleine ébullition.

Évaporation au bain-marie. — Les liquides sucrés (urine de diabétique) brunissent quand on les chauffe au delà de $+ 70°$: on les évaporera au bain-marie. Il en sera de même des liquides contenant de l'alcool ou de l'éther : on ne les chauffera jamais à feu nu. Enfin on achèvera également d'évaporer au bain-marie les liquides aqueux (tels que l'urine) qui, après avoir été concentrés jusqu'à un certain degré à feu nu, commencent à former des dépôts plus ou moins abondants.

Le bain-marie en cuivre rouge dont nous nous servons, est à niveau constant (voy. fig. 45); il a la forme d'un cône à pointe dirigée vers le bas. La base du cône, celle sur laquelle se placent les capsules ou vases de Berlin que l'on veut soumettre à l'action de la chaleur, est fermée par une série de diaphragmes, annulaires, mobiles, de grandeur décroissante, emboîtés les uns dans les autres. Par l'enlèvement d'un certain nombre d'anneaux centraux, on obtient toujours un orifice de dimensions appropriées à celles du vase à chauffer.

La pointe du cône communique par un tube horizontal en métal avec un tube vertical. C'est par l'orifice supérieur de ce dernier que se fait l'arrivée de l'eau destinée à alimenter le bain-marie. A cet effet, on fixe à demeure un tube de caoutchouc sur un robinet de la distribution d'eau ; ce tube se continue avec un petit bout de tube de verre recourbé en ∩. Le tube en ∩ s'accroche à l'orifice supérieur du tube vertical du bain-marie. Le tube vertical du bain-marie présente en son centre, suivant son axe, un tube de décharge faisant office de trop-plein.

L'évaporation des liquides très volatils, éther, chloroforme, peut être obtenue spontanément, sans intervention de la chaleur, lorsqu'il s'agit simplement d'extraire à l'état cristallisé une substance dissoute dans ces liquides (préparation de la cholestérine, de la bilirubine), et que l'on ne tient pas à recueillir le liquide. On versera les liquides à évaporer dans des vases à large surface (cristallisoirs) et on les protégera contre les poussières atmosphériques, en les plaçant dans une armoire fermée, et au besoin en les recouvrant de papier.

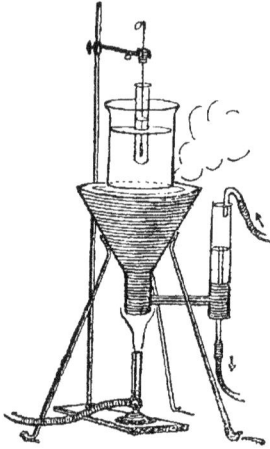

Fig. 45. — Bain-marie à niveau constant.

Distillation. — La distillation permet de recueillir les substances volatiles que l'ébullition a vaporisées. L'ébullition du liquide peut se faire dans un petit matras que l'on chauffe par un brûleur de Bunsen, avec interposition de toile métallique. Les vapeurs se condensent dans un réfrigérant de Liebig.

Le réfrigérant de Liebig consiste en un long tube de verre que traverse la vapeur qu'il s'agit de condenser (voir fig. 48). Ce tube est entouré d'un manchon de verre, dans lequel on entretient une circulation d'eau froide. L'eau froide est amenée de la distribution d'eau par un tube en caoutchouc qui se rend à la partie la plus déclive du réfrigérant; de là elle remonte vers le haut du manchon, où elle trouve un tube d'écoulement. L'eau circule donc en sens inverse des vapeurs qu'il s'agit de condenser. Les gouttelettes de liquide, condensées à la surface

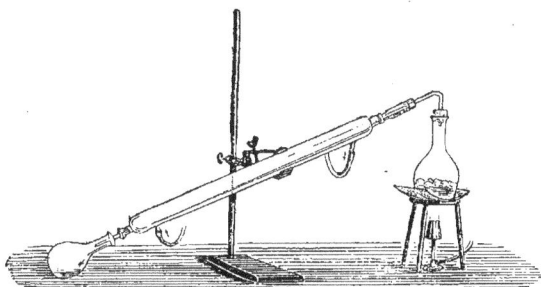

Fig. 46. — Distillation.

du réfrigérant, s'écoulent dans un second matras faisant office de récipient. On arrête la distillation bien avant que la plus grande partie du liquide en ébullition se soit volatilisée.

Dessiccation. — L'évaporation complète du liquide qu'un précipité ou une substance organique peut renfermer, la *dessiccation*, est commencée au bain-marie et achevée à l'étuve sèche ou bain d'air. La température du bain d'air est indiquée par un thermomètre : cette température doit être comprise entre + 100 et + 120°, ce qu'il est facile d'obtenir en réglant convenablement la flamme du brûleur qui chauffe l'étuve. Il n'est pas nécessaire de faire ici usage d'un régulateur de température. On évitera de dépasser + 130°, température à laquelle le papier à filtre et beaucoup de substances organiques commencent à roussir et à se décomposer.

Lorsque la dessiccation est complète, ce qui demande généralement plusieurs heures, on transporte la substance dans un *dessiccateur* (voir fig. 15), où elle peut refroidir à l'abri de l'humidité de l'air. Le dessiccateur est un vase de verre que l'on peut fermer hermétiquement au moyen d'une plaque, ou d'un couvercle en verre rodé et graissé. Le fond du dessiccateur contient la substance desséchante; acide sulfurique concentré, ou chlorure de calcium en morceaux. A mi-hauteur, il offre un trépied ou un triangle, sur lequel on dépose le creuset ou les verres de montre qui contiennent la substance à dessécher.

Calcination. — La *calcination*, telle qu'on l'emploie en physiologie, a généralement pour but de détruire et de brûler les matières organiques contenues dans un mélange naturel, afin de recueillir les cendres ou matières minérales fixes. La subtance est placée en petite quantité dans un creuset ouvert

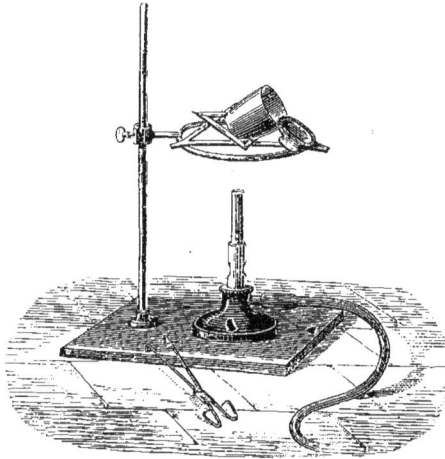

Fig. 47. — Incinération dans un creuset de platine (Jungfleisch).

en platine ou en porcelaine. Ce creuset est soutenu par un triangle en terre de pipe, sur lequel on l'incline légèrement (voir fig. 47). Le brûleur se place sous le fond du creuset, à l'intérieur duquel s'établit ainsi un courant d'air. On continue à chauffer jusqu'à incinération complète et disparition de toute trace de charbon.

On redresse ensuite le creuset à l'aide d'une pince, et on le met refroidir dans un vase à dessécher, après l'avoir recouvert de son couvercle.

Séparation mécanique par décantation. — On ne peut avoir recours à la filtration, pour séparer un liquide d'un solide

qu'il tient en suspension, lorsque ce dernier est tellement
ténu ou tellement mou, qu'il passe à travers les pores du papier
le plus serré. C'est le cas, par exemple, pour la séparation des
corpuscules solides et de la partie liquide du lait, du sang, etc.
Il faut alors abandonner le mélange des deux corps au repos,
afin d'attendre le *dépôt* du plus lourd, et procéder ultérieurement à la séparation par *décantation* du plus léger.

On emploiera pour le sang des vases à large surface, des
capsules par exemple, et on n'y versera qu'une couche peu élevée
du mélange à séparer. Il sera bon d'incliner les vases et de
les fixer dans cette position au moyen d'un support, en attendant
le dépôt, afin de n'avoir plus qu'un déplacement minime à effectuer au moment de la décantation.

Le dépôt effectué, on procédera à la *décantation* par épanche-
ment. On inclinera doucement et régulièrement le vase, jusqu'à
ce que le liquide clair arrive à son bord ou à son bec, en

Fig. 48. — Décantation (Jungfleisch). Fig. 49. — Pipette à décantation
(Jungfleisch).

évitant la moindre secousse. On recevra le liquide dans un
second vase, en le faisant s'écouler par suintement le long
d'une baguette de verre, tenue verticalement et appliquée
contre le bord du vase d'où il s'échappe.

On peut également *décanter* par *aspiration*, en se servant de pipettes. Ces pipettes présentent sur leur tube supérieur une ampoule, dans laquelle le liquide aspiré s'accumule avant de pénétrer jusqu'à la bouche, dans le cas où l'on a aspiré trop énergiquement ou trop longtemps (voir fig. 49). Le sérum sanguin provenant de la rétraction du caillot sera recueilli de cette façon.

Lorsque la densité des corpuscules solides n'est pas très supérieure à celle du liquide, et lorsque ce dernier est visqueux, le dépôt s'effectue fort lentement. C'est le cas pour le sang, et notamment pour le sang de bœuf, qui, en été, commence généralement à se putréfier, avant que la séparation en sérum et globules ait eu le temps de s'effectuer.

On active alors la séparation au moyen d'un *appareil à force centrifuge* (fig. 50). Le sang est placé dans des vases de verre renfermés eux-mêmes dans des boîtes de métal (C, fig. 50) que l'on fixe à la périphérie d'un disque **D**, animé d'un mouvement

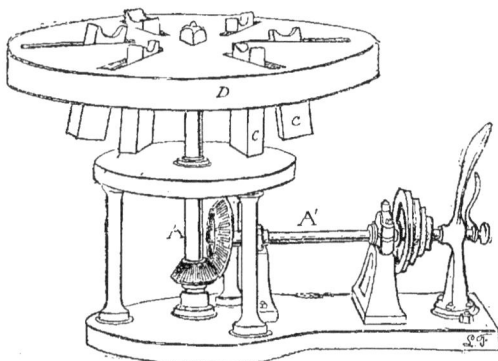

Fig. 50. — Machine à force centrifuge de Runne.

de rotation rapide (600 à 1000 tours par minute). Chaque boîte de métal est suspendue verticalement dans une fente quadrangulaire du disque, par un axe horizontal placé transversalement vers la partie supérieure de la boîte. Le disque est mis en mouvement par un petit moteur à eau (moteur Schmidt n° 1). Aussitôt que la rotation commence, le fond de chacune des boîtes s'incline en se relevant vers la périphérie du disque;

et lorsque le disque a atteint toute sa vitesse, les boîtes sont presque horizontales. Au bout de 30 à 60 minutes, la séparation des globules est généralement complète pour le sang de chien. La figure 50 représente la machine à force centrifuge construite par Runne, à Bâle.

Filtration. Colature. — Lorsqu'il s'agit de séparer grossièrement des grumeaux volumineux, ou des fragments de tissus nageant dans un liquide trouble, on a recours à la *colature* ou filtration à travers un carré de toile ou d'étamine. La toile est tendue à la main sur un cadre de bois, et fixée au moyen de quatre clous à pointe saillante disposés aux angles de ce dernier. Il suffit de poser le cadre de bois sur un vase large, une terrine par exemple, et de verser sur la toile tendue le mélange trouble, pour que le tissu se creuse sous le poids du liquide et forme une poche peu profonde remplie de liquide : on recueille le liquide dans la terrine, tandis que les grumeaux solides sont retenus sur la toile.

On achève la séparation par expression. On détache l'un des bords de la toile des deux clous qui le retenaient, et l'on applique ce bord contre le bord opposé. On fait deux ou trois plis longitudinaux réunissant ces deux bords, on détache complètement la toile du cadre, et saisissant de chaque main l'une des deux extrémités de l'espèce de rouleau ainsi formé, on les tord en sens inverse, de manière à augmenter de plus en plus la pression à l'intérieur de la toile, et à en faire sortir le liquide.

Le liquide peut être ultérieurement clarifié, par filtration au papier.

Filtration au papier. — Pour la filtration, on prendra un filtre à plis, s'il est nécessaire que le liquide s'écoule rapidement, et si l'on n'a pas à recueillir le dépôt ou le précipité qui reste sur le filtre. L'emploi du filtre sans pli est indiqué au contraire, lorsque l'on doit ultérieurement enlever le précipité du filtre, quand il est encore humide. On emploiera également de petits filtres sans plis, dans l'analyse quantitative. Dans les deux cas, il sera bon de procéder au préalable par dépôt et décantation, c'est-à-dire de faire passer d'abord la plus grande partie du liquide à peu près clair à travers le filtre, et de n'y

verser le dépôt délayé dans un peu de liquide qu'à la fin de
l'opération.

Le filtre sans pli se fait en prenant un rond (ou un carré) de
papier, que l'on plie sur lui-même en demi-cercle ; on plie une
seconde fois dans une direction perpendiculaire à la première,
de manière à former quatre secteurs d'un quart de cercle. Si
le papier était carré, on l'arrondit en rognant les bords aux
ciseaux. Les dimensions du filtre sans plis se règlent plutôt
d'après la quantité de précipité à recueillir, que d'après le volume
du liquide à filtrer. On place le filtre dans un entonnoir, en
écartant l'un des secteurs extérieurs, et en maintenant les trois
autres rassemblés, puis en appliquant exactement le cône ainsi
formé dans le cône de l'entonnoir. Les dimensions du filtre

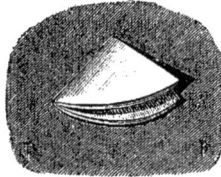

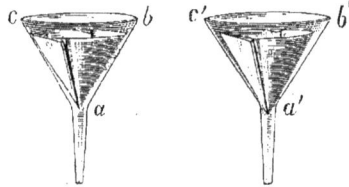

Fig. 51. — Filtre sans plis   Fig. 52. — Filtre sans plis, bien et mal
(Jungfleisch).   disposé dans l'entonnoir (Jungfleisch).

doivent être plus petites que celles de l'entonnoir, le bord
supérieur du premier ne pouvant jamais atteindre le bord supérieur de l'entonnoir. La pointe du cône de papier doit être
légèrement plus obtuse que celle du cône de verre de l'entonnoir : de cette façon, il reste un petit espace libre entre le verre
et le papier, espace par lequel le liquide filtré trouve à s'écouler ;
et la pointe du filtre ne vient pas boucher l'extrémité inférieure
de l'entonnoir. Enfin on mouillera l'entonnoir avec quelques
gouttes d'eau distillée, ou avec une partie du liquide clair
obtenu par décantation, avant d'y déposer le précipité. Les
fibres du papier gonflent ainsi et se tassent légèrement, avant
que les granules du précipité aient pu pénétrer entre elles et
aient pu obstruer les pores du filtre.

L'entonnoir à filtration se place sur un support, ou simplement sur l'orifice d'une éprouvette à pied, ou le col d'un ballon

à fond plat. Dans ce dernier cas, on interpose entre le goulot
et l'entonnoir, soit un coussin de papier à filtre replié plusieurs
fois sur lui-même, soit un bout de corde qu'on aplatit entre les
deux parois de verre. On cale ainsi l'entonnoir et l'on assure la
libre sortie à l'air du vase inférieur, qui, en se comprimant,
pourrait retarder la filtration du liquide.

Quand le vase inférieur présente une large ouverture, on
forcera le liquide filtré à suivre la paroi de ce vase, en appliquant contre elle l'extrémité en bec de flûte de la douille de
l'entonnoir. On évitera ainsi les projections qui pourraient se
produire, si les gouttelettes de liquide filtré tombaient d'une
certaine hauteur au milieu d'une surface liquide étendue.

Filtre à plis. — Les dimensions du filtre à plis varient suivant le volume de liquide à filtrer. Évitez surtout de filtrer de
petites quantités de liquide sur de grands filtres, qui absorbent
en pure perte une portion notable du liquide.

Si vous n'avez pas à votre disposition des filtres plissés tout
faits, prenez un rond, ou une feuille rectangulaire de papier à
filtre, que vous pliez
en deux par un pli
$a'OA$, puis en quatre
par un second pli Od
perpendiculaire au pre-
mier. Étalez la feuille
doublée, comme si le
pli Od n'avait pas été
fait. Superposez le pli
OA au pli Od, et for-
mez le pli OA″ qui
partage l'angle droit
AOd en deux angles
égaux de 45°. Étalez

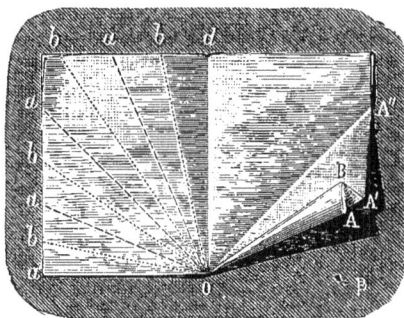

Fig. 53. — Plissage d'un filtre (Jungfleisch).

encore la feuille doublée et superposez exactement le pli OA au
pli OA″, de manière à former le pli OA′, qui divise l'angle AOA″
(45°) en deux angles égaux (22°5′).Tous ces plis sont ouverts dans
le même sens, c'est-à-dire vers le dessus du papier. Les plis Oa
sont faits de la même façon dans les autres secteurs. Divisez en
deux chacun des angles à 22° 5, en pliant le papier suivant les

lignes OB, O*b*, O*b*, mais par des plis ouverts dans l'autre sens, c'est-à-dire en dessous.

Le filtre plié présente finalement l'apparence donnée par la figure 54. Serrez les plis les uns contre les autres en appliquant *a'* sur A, et rognez d'un coup de ciseaux l'excédent du papier, c'est-à-dire le bord dépassant la distance OA, de manière à obtenir un filtre qui, si on l'étalait, représenterait un polygone à trente-deux côtés, se rapprochant par conséquent du cercle. Dans ce filtre, tous les plis, rayonnant du centre, sont alternés dans leur direction, à l'exception des plis OA et OB, ainsi que de ceux qui leur sont diamétralement opposés. Pour faire disparaître cette irrégularité, entr'ouvrez légèrement le filtre, et par un pli en sens contraire de OA et de OB, divisez le secteur AOB en deux parties égales : faites de même pour le petit secteur opposé ; vous obtenez ainsi un filtre de trente-quatre secteurs dont quatre sont plus petits de moitié que les autres (Voir : Jungfleisch, *Manipulations de chimie*).

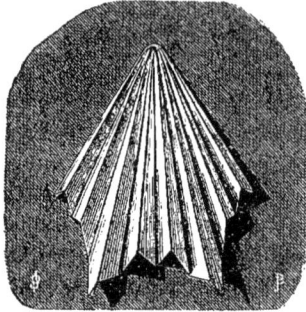

Fig. 54. — Filtre plissé (Jungfleisch).

Entr'ouvrez le filtre et étalez-le régulièrement à l'intérieur de la partie conique de l'entonnoir, en ayant soin que la pointe ne soit par trop engagée dans la douille de l'entonnoir. Versez le liquide à filtrer, en vous aidant d'une baguette, et en dirigeant le jet obliquement sur les parois latérales du filtre et non sur le fond du filtre, afin de ne pas déchirer le papier. Ne remplissez pas complètement le filtre, mais arrêtez le niveau du liquide à quelques millimètres au-dessous du point le plus bas des bords libres du filtre.

Le lavage des précipités sur le filtre se fait au moyen de la pissette ou fiole à jet : ici aussi il faut diriger obliquement le jet de liquide de manière à ne pas déchirer le papier.

Les liquides qui attaquent le papier doivent être filtrés sur des corps poreux minéraux. On forme un petit tampon d'amiante ou de verre filé, et on le place au fond du cône d'un entonnoir, en le poussant très légèrement dans le commencement de la douille. On verse le liquide filtré dans l'entonnoir. Les particules solides sont retenues sur les fibres minérales. C'est de cette façon que l'on sépare l'indigo précipité de l'urine de cheval, après traitement par l'acide chlorhydrique et l'hypochlorite de sodium.

II. — Manipulations des gaz.

Préparation de l'acide carbonique, de l'hydrogène, etc. — Les gaz qui s'obtiennent par la réaction d'un liquide acide sur une substance solide peuvent être préparés au moyen d'un grand nombre d'appareils. Nous nous servons généralement de celui de Kipp, qui présente l'avantage d'être toujours prêt à fonctionner et d'être d'un usage fort commode.

Cet appareil, dont nous empruntons la description détaillée au traité de *Manipulations de chimie*, de Jungfleisch, se compose de deux vases. L'un de ces vases est séparé par un étranglement, en deux parties sensiblement sphériques, B et C. La sphère supérieure porte deux ouvertures en G et en L ; la première est une tubulure latérale G, fermée exactement par un bouchon que traverse un tube à robinet R, servant à l'écoulement du gaz ; la seconde L, placée à la partie supérieure, est rodée à l'émeri et adaptée exactement à un tube en verre LP, qui

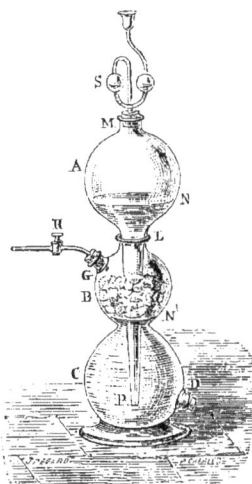

Fig. 55. — Appareil de Kipp pour la préparation des gaz (CO², H², etc.) (Jungfleisch).

est rodé à l'émeri extérieurement, et constitue la partie inférieure du second vase. La sphère inférieure C, un peu plus volumineuse que l'autre, est terminée vers le bas par un pied suffisamment large pour assurer la stabilité du système. Le second vase est formé d'une sphère A, qui porte un goulot M et le tube rodé LP, dont il a été question plus haut; la longueur de ce tube est telle que son orifice inférieur P est voisin du fond du vase C. Dans la sphère B, on introduit le réactif solide, le zinc en lames par exemple s'il s'agit de la préparation de l'hydrogène, le carbonate de calcium (marbre blanc), s'il s'agit de celle de l'acide carbonique, puis on adapte le vase supérieur de manière à fermer l'orifice L. Le zinc, qui a été pris en morceaux volumineux, ne peut passer dans l'espace annulaire compris entre le tube LP et l'étranglement, et reste dans la sphère B. Si, après avoir ouvert le robinet R, on verse par le goulot M le réactif liquide, soit de l'eau acidulée par l'acide sulfurique (préparation de l'hydrogène), soit de l'acide chlorhydrique (préparation de CO_2), la sphère C se remplit d'abord, puis le liquide arrivant en N' au contact du zinc, la réaction commence et l'hydrogène s'échappe par R, entraînant l'air de l'appareil. On ferme le robinet ; le gaz s'accumule aussitôt dans la sphère C, se comprime et refoule par le tube central LP, le liquide dans le vase A, ce qui met fin au contact du zinc avec l'eau acidulée, et aussi à la réaction. A chaque nouvelle ouverture de R, le gaz s'écoulera, le liquide descendra du vase A par LP, et s'élèvera jusqu'au zinc sur lequel il réagira ; inversement, à chaque fermeture du même robinet, la réaction cessera de se produire. La pression maximum du gaz que peut fournir l'appareil est donnée par la différence entre les niveaux N et N'.

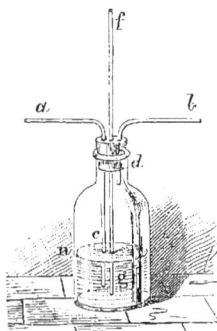

Fig. 56. — Flacon laveur de Woulf.

La tubulure D est ordinairement fermée par un bouchon; elle permet de laisser écouler de temps en temps les parties les plus denses du liquide, c'est-à-dire celles dont l'action est épuisée; on remplace ensuite la liqueur ainsi éliminée. Le tube à boule S contient une petite quantité d'eau; ce tube ferme le vase A, tout en livrant passage à l'air dans les deux sens, suivant que le liquide monte ou descend en N.

Avant d'être recueilli et employé, le gaz doit passer par un ou plusieurs flacons laveurs contenant de l'eau, ou mieux encore un liquide qui retienne chimiquement les vapeurs acides entraînées : on emploiera par exemple une solution de carbonate de sodium pour laver l'acide carbonique.

Préparation de l'oxygène. — Dans les grandes villes, on trouve facilement à se procurer de l'oxygène tout préparé, qui se débite renfermé dans des cylindres en métal, ou dans des sacs en caoutchouc.

On peut préparer l'oxygène, en décomposant le chlorate de potassium par la chaleur, en présence du bioxyde de manganèse, ou de l'oxyde de cuivre.

Il faut 125 grammes de chlorate de potassium, avec 6 grammes d'oxyde de cuivre, pour obtenir 35 litres d'oxygène. L'opération présente quelque danger, si elle n'est pas exécutée avec des précautions spéciales. On se servira de la chaudière en fonte (représentée fig. 57). Cette chaudière se divise en deux parties : une marmite et un couvercle. La marmite présente à son bord supérieur une cavité annulaire, une sorte de rainure, dans laquelle s'appliquent exactement les bords du couvercle. Ce dernier porte à son sommet un long tube à dégagement métallique. Après avoir introduit dans la marmite le mélange producteur d'oxygène, on dispose le couvercle au-dessus, et on coule dans la rainure du plâtre délayé dans de l'eau, lequel ne tarde pas à faire prise. L'appareil est alors fermé de manière à s'opposer à la

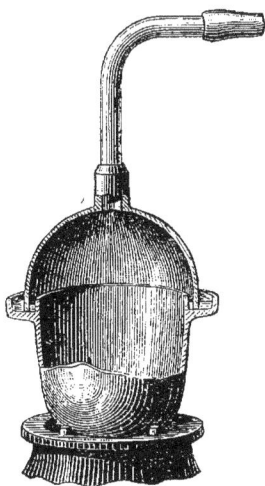

Fig. 57. — Cornue en fonte pour la préparation de l'oxygène (Jungfleisch).

déperdition de gaz; mais en cas d'obstruction du tube à dégagement, le lut en plâtre, qui ne peut résister très fortement, cède avant que la pression ne devienne dangereuse, et le couvercle se trouve soulevé. On rattache au tube de la cornue un

tube en caoutchouc large et épais, auquel fait suite un grand
flacon laveur contenant une lessive de soude (pour arrêter
les petites quantités de chlore qui se dégagent toujours), et
présentant également des tubes fort larges. Du flacon laveur,
un tube de caoutchouc conduit au gazomètre, ou au sac dans
lequel on recueillera le gaz. La cornue est placée sur un fourneau à gaz, et chauffée graduellement. Au début de l'opération,
on laisse échapper une partie du gaz, afin de chasser l'air contenu dans la cornue. Il faut surveiller le feu de très près, de
manière à le diminuer dès que le dégagement devient tumul-
tueux.

Il est bon d'essayer au préalable l'oxyde de cuivre, ou le
bioxyde de manganèse que l'on emploie, en en chauffant une
petite quantité, dans un tube à essai, avec du chlorate de potassium, afin de s'assurer qu'il n'a pas été par mégarde mélangé
avec de la poussière de charbon, ou d'autres corps combustibles.
Le mélange normal réagit régulièrement; mais s'il y a en
présence une matière combustible, cet essai donne lieu à une
petite explosion qui est sans danger, mais prévient l'opérateur (Jungfleisch).

Recueillement et conservation des gaz. — On recueille
les gaz sur la cuve à mercure ou sur la cuve à eau, dans
des cloches cylindriques, placées l'orifice en bas, et remplies
au préalable de mercure ou d'eau. Le tube qui amène le
gaz débouche sous l'orifice de la cloche : le gaz monte bulle
à bulle dans le haut de la cloche et déplace peu à peu le liquide
qui s'y trouvait.

Dès que le volume du gaz à conserver est un peu important, il est nécessaire de faire usage de récipients spéciaux,
auxquels on donne le nom de gazomètres.

Gazomètre de Regnault. — Le plus usité est le gazomètre
de Regnault, dont nous empruntons la description au *Traité
de manipulations de chimie* de Jungfleisch.

Il se compose d'un réservoir cylindrique MN (fig. 58) en
zinc, en tôle plombée ou mieux en cuivre, fermé de toutes
parts. Il est surmonté d'une cuvette également cylindrique et
de même diamètre CC', ouverte par la partie supérieure, et
maintenue au-dessus du réservoir par quatre colonnettes métal-

liques r, s, t et v. Les deux premières de ces colonnettes sont tubulaires. L'une s fait communiquer le haut du réservoir MN avec le fond de la cuvette, dans laquelle elle se termine par un ajutage K, disposé pour adapter un tube de caoutchouc; elle porte un robinet. L'autre r établit la communication entre le fond de la cuvette et le bas du réservoir, jusqu'au voisinage duquel elle se prolonge par le tube r'. Un troisième robinet b, terminé par un ajutage, est fixé latéralement à la partie supé-

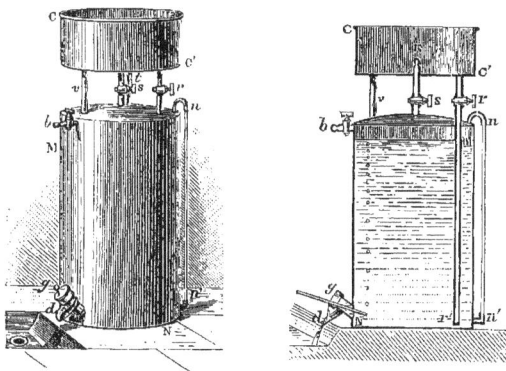

Fig. 58. — Gazomètre de Regnault. (A droite, coupe de l'appareil Jungfleisch.)

rieure du réservoir. Ce dernier porte vers le bas une tubulure inclinée g, que l'on peut fermer extérieurement par un bouchon métallique vissé; cette tubulure, destinée à l'entrée du gaz, doit servir en même temps à la sortie du liquide intérieur; aussi la garnit-on d'une collerette de métal d, qui dirige l'écoulement de ce liquide. Ajoutons enfin qu'en n et n', deux petits tubes recourbés sont fixés au réservoir; on les réunit par des caoutchoucs à un tube de verre nn' formant *niveau d'eau*.

Pour introduire un gaz dans cet appareil, on commence par le remplir d'eau complètement, en versant de l'eau dans la cuvette et en ouvrant les robinets r et s: l'eau entre par le premier, tandis que l'air intérieur s'échappe par le second. En ouvrant en même temps le troisième robinet b, on active le remplissage. Quand l'eau s'échappe en b, on ferme ce robinet, et bientôt après, lorsque l'air cesse de s'échapper par l'ajutage K, le remplissage est achevé. Ce fait est encore indiqué par le niveau d'eau. On ferme alors tous les robinets, et on dévisse le bouchon métallique en g : aucune ouverture n'existant dans le haut de l'appareil, celui-ci reste plein d'eau sous l'influence de la pression atmosphérique. Il suffit alors d'introduire, par l'ajutage incliné g, le tube qui amène le gaz en question et de le faire pénétrer dans le réservoir, comme cela est indiqué dans la coupe de l'appareil : le gaz dégagé gagne le haut du réservoir, tandis que l'eau dont il prend la place sort en g. Pour n'être pas gêné par l'eau qui s'échappe, il est bon de placer le gazomètre au-dessus d'une cuvette à écoulement d'eau. Le remplissage achevé, on replace le bouchon à vis, et le gaz peut alors être conservé.

Veut-on l'utiliser sous la forme d'un courant régulier? On adapte en b un tube de caoutchouc qui le conduira au point voulu, puis on remplit d'eau la cuvette CC' et on ouvre le robinet r : de l'eau pénètre par rr' dans le réservoir et comprime le gaz qui s'y trouve, jusqu'à une pression mesurée par la colonne d'eau s'élevant du niveau du liquide dans le réservoir, au niveau dans la cuvette. Si alors on ouvre le robinet b, le gaz s'écoule sous la même pression, et il est aussitôt remplacé par de l'eau, dont on a soin de maintenir la cuvette constamment garnie. A mesure que l'écoulement s'effectue, la pression dans le réservoir va en diminuant, puisque le niveau dans la cuvette ne peut varier notablement, tandis qu'il s'élève de plus en plus dans le réservoir. Finalement, cette pression sera limitée à la colonne d'eau qui sépare le plan horizontal passant par b, du niveau de l'eau dans la cuvette. C'est pour maintenir une pression suffisante dans le voisinage de cette limite, que la cuvette doit être à une certaine hauteur au-dessus du réservoir, cette hauteur mesurant la pression maximum sous laquelle l'appareil peut être employé.

Veut-on simplement remplir un flacon du gaz contenu dans le gazomètre? on garnit la cuvette d'eau, et on y plonge le flacon, plein d'eau et renversé. On ouvre le robinet r, ce qui établit la pression à l'intérieur, puis, après avoir placé l'orifice du flacon au-dessus de l'ajutage K, on ouvre le robinet s qui livre passage au gaz, et celui-ci monte dans le flacon. On ferme *s* et *r* dès que le vase est rempli.

Lorsqu'on n'a à conserver les gaz que pendant un temps très court, on peut se servir de grands sacs en caoutchouc munis de tubes d'arrivée et de sortie des gaz, et de robinets. Ces sacs présentent souvent des fuites, et n'empêchent pas absolument la diffusion vis-à-vis de l'atmosphère extérieure.

III. — Poids et mesures.

Pesées. — Les pesées grossières seront faites sur une balance de Roberval, ou tout autre balance du commerce, au moyen de poids en fonte pour les multiples du kilogramme, en laiton pour les sous-multiples.

Fig. 59. — Balance Roberval.

Une balance plus petite servira à peser au milligramme, ou tout au moins au centigramme près, de petites quantités de matière.

Balance de précision ou d'analyse. — Les pesées exactes seront faites au moyen d'une balance de précision (fig. 61). Pour tous les détails concernant la théorie de la balance, sa construction, sa sensibilité, etc., nous renvoyons au Traité de manipulations chimiques de Jungfleisch.

Nous nous bornons à rappeler ici quelques recommandations ayant trait à l'emploi de la balance de précision :

1° Les corps à peser se placent toujours sur le même plateau de la balance, celui de gauche. Le corps à peser ne doit jamais être posé directement sur le plateau; il faut le mettre dans un vase conve-

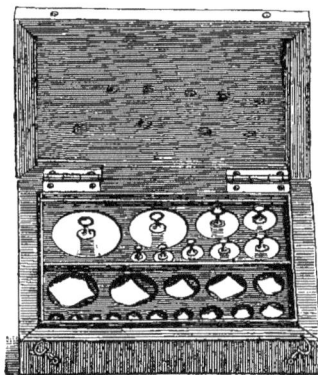

Fig. 60. — Boîte de poids (Jungfleisch.)

nable, aussi petit et aussi léger que possible : creuset, petite capsule, verre de montre, etc. Il ne faut employer dans ce cas ni carte, ni papier; car ceux-ci, absorbant l'humidité, changent constamment de poids. Le poids d'un corps correspond donc toujours à la différence entre deux pesées : celle du récipient vide et celle du récipient contenant le corps à peser.

2° Lorsque les substances à peser sont hygroscopiques, comme c'est le cas pour le papier à filtre et pour beaucoup de matières organiques, on les desséchera à l'étuve à + 110°, puis on les laissera refroidir complètement dans l'exsiccateur, et on les portera sur la balance dans des vases fermés (verres de montre accouplés par un ressort, gobelet en verre mince, recouvert d'une plaque de verre). Les pesées seront faites aussi rapidement que possible. Le poids ne sera considéré comme exact que s'il ne varie pas dans deux pesées successives. Entre les deux pesées, le corps sera remis dans l'étuve à dessécher, puis refroidi dans l'exsiccateur.

3° Le plateau droit de la balance est réservé aux poids : il ne faut jamais toucher ceux-ci avec les doigts pour les poser sur la balance, mais les manier à l'aide de la pince qui se trouve avec eux dans la boîte. On saisit les poids cylindriques par leur bouton, et les poids plats par l'un de leurs angles, qui est relevé légèrement à cet effet.

4° Pendant les pesées, il faut avoir soin d'arrêter complètement la balance, chaque fois que l'on pose un poids sur le plateau, ou qu'on l'enlève. On ne laissera les charges sur les plateaux que le moins de temps possible.

5° On commence par peser la substance au centigramme près, en déposant sur le plateau de droite les poids voulus, puis on ferme la cage de la balance et l'on achève la pesée au milligramme ou au dixième de milligramme, en manœuvrant de l'extérieur, au moyen du bouton h de la tige t' (fig. 61), le cavalier qui se trouve à cheval sur le fléau de la balance.

Le cavalier est un poids d'un centigramme ayant la forme d'une petite fourche. Chaque bras du fléau de la balance étant divisé sur le dessus en dix parties égales, le cavalier qui pèse un centigramme, placé à la dixième division, à l'extrémité du fléau, agit comme s'il était mis dans le plateau; mais si on le place sur la cinquième division, agissant sur un bras de levier moitié plus court, il produit un effet moitié moindre, c'est-à-dire le même effet qu'un poids de 5 milligrammes mis dans le plateau. De même ce poids d'un centigramme, superposé à

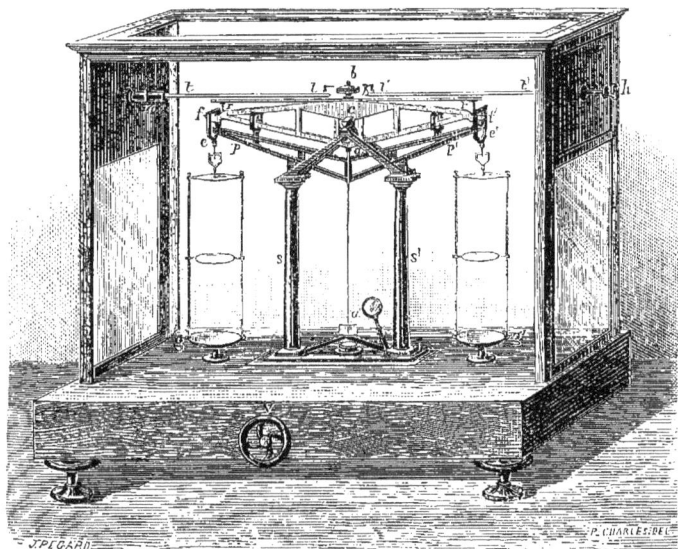

Fig. 61. — Balance d'analyse (Jungfleisch).

l'une quelconque des divisions de la règle, agit comme un nombre de milligrammes égal à celui du numéro de la division, mis dans le plateau.

6° L'équilibre ayant été obtenu dans une pesée, il faut reconnaître et noter les poids qui le produisent. On commencera par faire l'addition des poids qui manquent dans la boîte, et l'on contrôlera cette addition, en faisant celle des poids qui se trouvent sur la balance, et en les replaçant un à un dans la boîte. Ces poids seront immédiatement inscrits dans un livret de notes.

Mesures de volume. — Les analyses par pesées sont toujours longues, et ne fournissent de résultats satisfaisants que si elles ont été exécutées avec grand soin. Les analyses par les méthodes volumétriques ou optiques sont d'une exécution beaucoup plus rapide et plus commode : les personnes les moins exercées aux opérations chimiques, peuvent facilement se familiariser avec ces procédés analytiques expéditifs.

Soit à déterminer combien 100 c.c., d'un liquide A contient de grammes d'une substance a. L'analyse volumétrique se fera au moyen d'une liqueur titrée B, contenant en solution un corps b susceptible de former avec a, ou avec un des éléments (a') de a, une combinaison ab (ou $a'b$ ou $a'b'$). La liqueur B sera composée de telle sorte, c'est-à-dire contiendra par litre une quantité pesée de b, telle qu'un centimètre cube de cette liqueur sature exactement un centigramme (ou un milligramme) du corps a. La liqueur B sera versée dans une burette graduée jusqu'au trait zéro ; puis on mesurera, au moyen d'une pipette un volume connu, 10 c.c., par exemple, du liquide A, qu'on versera dans un petit gobelet. On laissera couler dans ce liquide A, au moyen de la burette graduée, la solution titrée B, tant que la combinaison ab continue à se former, et l'on s'arrêtera lorsque tout le corps a contenu dans le liquide A, aura été transformé en corps ab.

On sera averti de la fin de l'opération par une réaction secondaire servant d'indicateur. On aura par exemple introduit dans le gobelet contenant a, une certaine quantité d'un troisième corps c, capable de former avec b une combinaison facile à reconnaître par sa coloration tranchée ; c sera un corps ayant pour b moins d'affinité que a, de sorte que bc, qui sert d'indicateur, ne pourra commencer à se former, que lorsque la dernière trace de a aura disparu, et aura été transformée en ab.

Ainsi, dans la détermination volumétrique d'un acide, on se servira d'une liqueur titrée de soude, et de papier de tournesol rouge comme indicateur. Le papier de tournesol deviendra bleu dès que tout l'acide aura été saturé par la soude, et que celle-ci pourra se porter sur le papier indicateur.

Dans la détermination volumétrique du chlore par la solution titrée de nitrate d'argent, on se sert de chromate de potassium comme indicateur de la fin de la réaction. Tant qu'il reste des chlorures dans le liquide à analyser, le nitrate d'argent y produit un précipité blanc de chlorure d'argent. Dès que tout le chlore a été précipité, le nitrate d'argent se porte sur le chromate, et forme du chromate d'argent qui est rouge. L'apparition d'une coloration rouge au sein du précipité blanc indique donc ici la fin de la réaction.

Les vases dont on se sert pour mesurer exactement les liquides dans les analyses volumétriques sont :

1° Les éprouvettes ou cylindres gradués et les ballons jaugés. Ils sont gradués *secs*, c'est-à-dire qu'ils contiennent, jusqu'au

Fig. 62. — Éprouvette graduée.   Fig. 63. — Ballon jaugé.

trait d'affleurement, la quantité de liquide indiquée en ce point. La graduation est faite de bas en haut pour les éprouvettes graduées.

Les ballons jaugés servent à préparer les liqueurs titrées. Ainsi, pour la liqueur au nitrate d'argent servant à doser les chlorures, et dont 1 c.c., doit précipiter exactement 1 centigramme de chlorure de sodium, on pèsera 29^{gr},063 de nitrate d'argent fondu, pur et sec ; on les dissoudra dans une certaine quantité d'eau distillée. La solution sera versée dans le ballon jaugé d'un litre : on lavera à deux reprises, à l'eau distillée, le vase dans lequel on aura fait la solution de nitrate d'argent. On réunira ces eaux de lavage à la solution dans le ballon jaugé, et on continuera à ajouter de l'eau distillée jusqu'au trait de jauge. Il faudra mélanger convenablement le liquide avant de l'employer. Il sera bon aussi de vérifier son titre, au moyen d'une liqueur titrée de chlorure de sodium, contenant par exemple 10 grammes par litre. Les deux solutions (nitrate d'argent et chlorure de sodium) doivent se correspondre volume à volume.

2° Les pipettes jaugées de 1, 5, 10, 15, 25, 50 c.c. et les burettes graduées. Elles sont graduées à *l'écoulement*, et la graduation est faite de haut en bas, de telle sorte que, lorsqu'on les vide, elles laissent écouler un volume de liquide égal à celui qui est indiqué par les traits gravés sur l'instrument.

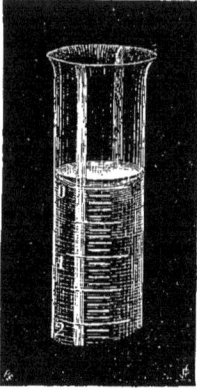

Fig. 64. — Partie supérieure de la burette de Mohr.

Pour vider une pipette dans laquelle on vient d'aspirer 5, 10, c.c., on laisse couler le contenu dans le vase destiné à le recevoir, en ayant soin d'appliquer contre la paroi de ce dernier l'orifice inférieur de la pipette, afin d'éviter une perte de liquide par projection. Le trait de jauge de la pipette correspond au volume qui s'écoule par le simple effet de la pesanteur, sans qu'il soit nécessaire de faire tomber, en soufflant dans l'instrument, la dernière goutte adhérente.

La manière de faire les lectures des volumes dans les vases gradués présente une grande importance. On enlèvera les bulles qui pourraient se trouver à la surface libre du liquide. Cette surface sera parfaitement horizontale, et l'œil sera placé dans le même plan que le niveau du liquide. La lecture se fait toujours contre le bord inférieur de la zone noire courbe qui limite le ménisque concave de la surface du liquide. C'est cette limite que l'on distingue avec le plus de netteté. Elle doit donc être tangente au trait horizontal de la graduation.

IV. — MÉTHODES OPTIQUES.

Spectroscope. — Le spectroscope est un instrument qui permet d'analyser la lumière, de déterminer sa nature, c'est-à-dire la longueur d'onde des différents rayons dont elle se compose. Or comme la nature de la lumière dépend de celle des corps lumineux d'où elle émane, et de celle des milieux qu'elle a traversés, cette analyse peut nous fournir des indications précieuses sur la composition des sources de lumière, ou sur celle des milieux traversés par la lumière. C'est principalement à ce dernier point de vue, que nous utilisons le spectroscope en physiologie. Deux modèles de cet instrument sont d'un usage courant : le grand modèle représenté figure 65, qui permet la détermination en valeur absolue de la longueur d'onde, et le petit modèle de spectroscope à vision directe.

Le spectroscope représenté figure 65 se compose :

1° D'un prime fortement réfringent, servant à réfracter et à

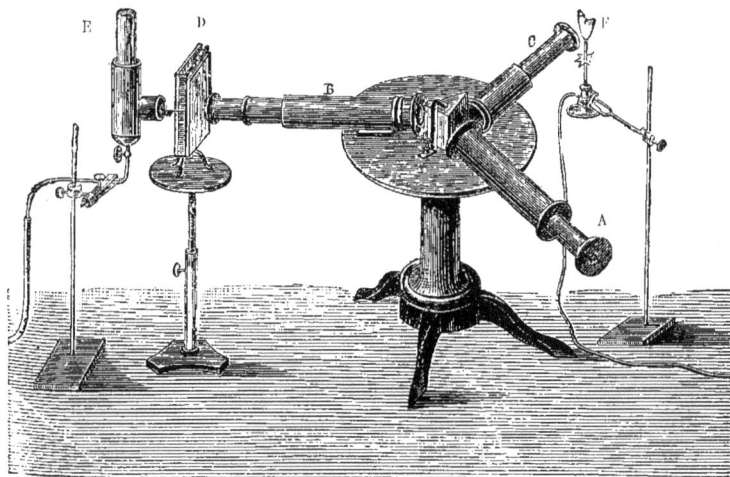

Fig. 65. — Spectroscope disposé pour l'examen du spectre d'absorption de l'hémoglobine (Landois, *Physiologie*).

disperser les rayons lumineux émanés d'une lampe à gaz E, de manière à les étaler en leur spectre.

2° D'un tube B dirigé vers la source lumineuse E. Le tube B est fermé du côté de la lampe E par une plaque opaque, percée d'une fente verticale destinée à laisser pénétrer la lumière dans le tube. A l'autre extrémité du tube, celle qui regarde le prisme, se trouve une lentille qui a pour fonction de rendre les rayons lumineux parallèles. Une vis de réglage permet de varier la largeur de la fente. Il est bon d'opérer avec une fente aussi étroite que possible, tout en conservant assez de lumière pour que le spectre apparaisse suffisamment éclairé.

3° D'une lunette astronomique A, dans laquelle pénètrent les rayons lumineux émanés de E, et qui ont traversé le tube B et le prisme. Cette lunette permet à l'œil qui se place devant l'oculaire, d'apercevoir le spectre grossi environ six fois. L'oculaire est mobile de manière à s'adapter aux différentes vues. On le fera mouvoir dans sa gaine, jusqu'à ce que les bords limitant le spectre supérieurement et inférieurement présentent leur maximum de netteté.

4° D'un tube C, dont l'emploi permet de déterminer, s'il y a lieu, la position des différentes régions du spectre. Le tube C porte, à son extrémité tournée vers F, sur une lame de verre, une échelle horizontale divisée en millimètres ; cette lame graduée est recouverte d'une feuille d'étain opaque présentant au niveau de l'échelle, une fenêtre horizontale rectangulaire. On éclaire l'échelle au moyen d'une petite flamme de gaz, ou d'une bougie. L'image de l'échelle est réfléchie à la surface du prisme, dans la direction de la lunette A, et vient se superposer à l'image du spectre.

Dans certains instruments, l'échelle fournit directement la longueur d'onde des rayons des différentes régions du spectre. Dans ce cas, l'échelle doit être ajustée de telle sorte que la raie D du spectre (1), dont la longueur d'onde est de 589 millionièmes de millimètre, corresponde au trait 58,9 de l'échelle. Les autres divisions numérotées de l'échelle indiquent pareillement des 100 millièmes de millimètre de longueur d'onde. Voici les longueurs d'ondes en millionièmes de millimètre des raies de Frauenhofer :

A   760.4   B   687.4   C   656.7   D   589.4   E   527.3   F   486.5.

La source de lumière employée avec cet instrument est ordinairement une lampe à gaz E. Dans ce cas, l'œil aperçoit par la

_____

(1) Raie jaune unique, obtenue en éclairant le spectroscope au moyen de la flamme incolore d'un brûleur de Bunsen, dans laquelle on plonge une perle de chlorure de sodium fondu, maintenu par une anse d'un fil de platine.

lunette A, un spectre continu ; rouge, orangé, jaune, vert, bleu, violet, indigo. Si l'on interpose entre la source de lumière E et le tube B, un liquide coloré contenu dans un vase à faces parallèles D (hématinomètre de Hoppe-Seyler), une partie des rayons lumineux sera arrêtée. Pour beaucoup de matières colorantes, et notamment pour celles du sang, les régions du spectre absorbées ainsi par la solution colorée sont nettement délimitées, et constituent des bandes obscures (bandes d'absorption) à situation caractéristique.

Une forme de spectroscope plus maniable, c'est le petit spectroscope à vision directe, ou spectroscope de Browning. C'est un tube long d'un décimètre environ, présentant à l'une de ses extrémités la disposition du tube B du spectroscope représenté figure 65, c'est-à-dire une fente verticale à diamètre variable, et à l'autre extrémité, la disposition de la lunette A. Dans le milieu du tube, se trouvent les prismes destinée à réfracter et à décomposer la lumière. On tourne l'extrémité du tube portant la fente, vers une portion éclairée du ciel (ou vers la flamme d'une lampe), et on regarde par l'autre extrémité. On règle la largeur de la fente et l'oculaire, de manière à apercevoir nettement les raies de Frauenhofer du spectre solaire (dans le cas où l'on emploie la lumière naturelle du jour); puis on interpose, à la main, au-devant de la fente, un hématinomètre, ou simplement un tube à essai renfermant le liquide coloré. Spectroscope et tube à essai peuvent être fixés au même support, que l'on tient à la main.

Le spectroscope de Browning permet l'observation simultanée de deux spectres, et leur comparaison. Il porte à l'extérieur de la fente, et sur la moitié inférieure de sa hauteur, un petit prisme à réflexion totale, qui permet de faire pénétrer dans l'instrument, les rayons lumineux qui ont traversé une seconde solution colorée, contenue dans un second tube à essai, placé sur les côtés de l'appareil.

Supposons que les tubes contenant les deux solutions colorées, aient été convenablement placés par rapport à l'instrument, l'un dans le prolongement de son axe optique, l'autre sur le côté, et que les deux solutions soient convenablement éclairées. On apercevra dans le champ de l'instrument, deux spectres superposés, celui d'en haut appartenant à la première solution, celui d'en bas, à la solution placée sur le côté. Les différentes régions correspondantes des deux spectres sont exactement placées les unes au-dessus des autres, ce qui facilite leur comparaison. On comparera, par exemple, le spectre d'absorption de l'oxyhémoglobine avec le spectre de la lumière solaire présentant les raies de Frauenhofer, ou avec celui de l'hémoglobine oxycarbonée.

Polarimètre. — Les solutions d'albumine, de sucres, d'acides biliaires et d'un grand nombre de substances organiques à poids moléculaire élevé, jouissent de la propriété de dévier le plan de la lumière polarisée. Les unes sont lévogyres et les autres dextrogyres. La valeur de la déviation spécifique est caractéristique pour chaque substance, et proportionnelle au nombre de particules de substance traversées par la lumière polarisée. L'emploi du polarimètre permet donc de reconnaître si un liquide comme l'urine, qui, normalement, n'a pas d'action sur le plan de la lumière polarisée, contient des constituants anormaux, déviant ce plan soit à droite (présence du sucre de diabète), soit à gauche (présence de l'albumine), et d'y doser ces substances.

Le polarimètre Laurent, représenté figure 66, est un des bons instruments employés dans ces recherches. L'éclairage doit être monochromatique. Il est fourni par la flamme incolore d'un bec de gaz, dans laquelle se trouve placée une cuiller en platine contenant du chlorure de sodium fondu. Nous avons substitué aux brûleurs ordinaires TV, TV, qui accompagnent l'appareil, un chalumeau à gaz actionné par une soufflerie. La flamme jaune obtenue ainsi fournit une lumière superbe.

On commence par diriger l'appareil vers la flamme éclairante, et l'on place au moyen de la manœuvre du bouton G, le zéro du vernier de l'oculaire en face du zéro qui se trouve tout en haut du grand cercle gradué C. Dans ces conditions, le champ visuel de l'appareil doit apparaître comme un cercle divisé par une ligne verticale en deux moitiés également éclairées. S'il n'en était pas ainsi, et si l'une des moitiés était moins éclairée que l'autre, il faudrait ajuster le zéro de nouveau au moyen de la vis F. Le zéro ayant été obtenu, introduisez entre le polariseur B et l'oculaire analyseur O, un tube rempli d'un liquide indifférent. Il ne changera rien à l'apparence du champ éclairé. Remplacez-le par un tube de 10 centimètres, contenant une solution à 5 p. 100 de sucre de raisin et observez l'image par

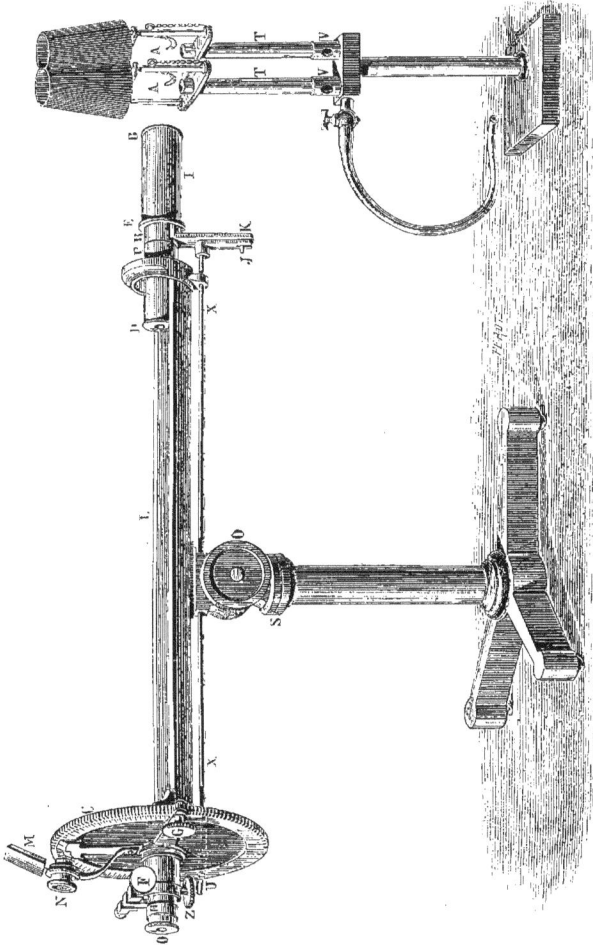

Fig. 66. — Polarimètre Laurent.

l'oculaire; la moitié droite de l'image est obscure; la moitié gauche est lumineuse. Rétablissez l'égalité d'éclairage du champ visuel, en tournant le bouton G, de manière à déplacer l'oculaire et son vernier vers la droite. Arrêtez-vous dès que cette égalité est atteinte, et faites la lecture de la déviation compensatrice, qui est d'un peu plus de deux degrés et demi (2°65′) dans l'exemple choisi. Le vernier est éclairé par la petite glace M, et l'oculaire N sert à faire les lectures.

La pièce UXJK permet de diminuer ou d'augmenter l'intensité de l'éclairage, sans toucher à la lampe. La sensibilité de l'appareil est d'autant plus forte que la manœuvre de la pièce produit un éclairage plus faible.

On est convenu d'appeler *pouvoir rotatoire* d'une substance la déviation qu'une couche de solution de 10 centimètres d'épaisseur, contenant 1 gramme de substance active par centimètre cube, imprime au plan de la lumière polarisée. Pour le sucre de raisin, cette déviation est de 53° vers la droite, pour la lumière jaune correspondant à la raie D de Frauenhofer, ce que l'on exprime par le symbole

$$\alpha[D] = +53°$$

Une solution à 1 p. 100, c'est-à-dire contenant 1 centigramme par centimètre cube, examinée sous une épaisseur de 10 centimètres, produira donc une rotation de +0°53.

V. — Trompe a eau.

Trompe à eau. — Si le laboratoire possède une distribution d'eau sous pression, dont on dispose actuellement dans les villes de quelque importance, on utilisera la pression de l'eau pour actionner la trompe à l'eau, dont la figure 67 nous montre un exemple.

L'eau de la distribution arrive par le tube E, et s'échappe par l'ajutage conique et étroit *a*. La veine liquide est projetée à ce niveau avec une vitesse considérable dans la direction du cône *b*, et de là dans le tube D, par lequel elle s'écoule. La veine liquide qui sort ainsi de l'ajutage *a*, exerce à ce niveau une action d'entraînement, une véritable aspiration sur l'air qui l'entoure. Il en résulte que l'air de l'espace C est refoulé en D, d'où diminution de pression et tendance au vide en C, et par contre, augmentation de pression en D.

Il suffit de relier C par un ajutage A avec le vase où le milieu dans lequel on veut produire une diminution de pression ou un vide : l'air de ce vase sera aspiré dans la trompe. Veut-on au contraire insuffler de l'air et produire une augmentation de pression, il faudra mettre le milieu ou le vase en communication avec l'espace D. La trompe représentée figure 67, est construite uniquement en vue de produire le vide. Légèrement modifiée, elle peut également servir à injecter de l'air.

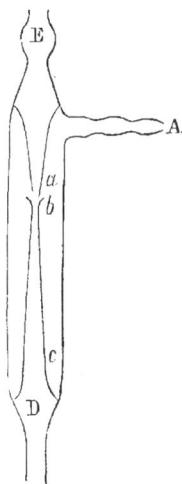

Fig. 67. — Trompe à eau d'Alvergniat.

La trompe est employée comme appareil d'aspiration pour faire le vide dans les récipients de la pompe à mercure lors de l'extraction des gaz du sang, pour faire également le vide dans les cloches sous lesquelles on dessèche des substances en présence de l'acide sulfurique, pour activer les filtrations par diminution de pression, etc., etc.

Elle est employée comme appareil soufflant, dans le chalumeau à gaz (elle remplace alors la soufflerie mue par le pied), dans la respiration artificielle, pour produire une agitation mécanique, etc.

Chacune des salles de l'Institut de physiologie de Liège possède sa trompe à eau installée à demeure (trompe à eau en métal du Dr Muencke, présentant un ajutage pour la soufflerie et un ajutage pour l'aspiration, avec manomètres métalliques).

TROISIÈME PARTIE

MANIPULATIONS DE PHYSIOLOGIE

CHAPITRE PREMIER

LE SANG ET LES MATIÈRES ALBUMINOÏDES

I. — Matières albuminoïdes.

1. Les matières albuminoïdes contiennent : C, H, O, Az et S. — Un petit fragment (un décigramme par exemple) d'albumine (blanc d'œuf séché à l'étuve) ou de fibrine sèche est chauffé avec précaution, au fond d'un tube à réaction bien sec, au-dessus de la flamme du brûleur de Bunsen. Une languette de papier de tournesol rouge et une seconde de papier à l'acétate de plomb (papier glacé) sont maintenues à l'entrée du tube. Il se dégage d'abondantes vapeurs empyreumatiques, noircissant le papier d'acétate de plomb (présence du *Soufre*), bleuissant le papier rouge de tournesol et sentant l'ammoniaque et la corne brûlée (présence de l'*Azote*), donnant sur les parties froides du tube, un dépôt de gouttelettes aqueuses (présence des éléments de l'eau, *Hydrogène* et *Oxygène*), et laissant au fond du tube un résidu de charbon noir et boursouflé (présence du *Carbone*).

2. Réactions générales des matières albuminoïdes. — Diluez 10 c.c. de sérum (1) de bœuf avec dix fois leur volume

---

(1) Nous employons le procédé suivant, pour obtenir à l'abattoir de Liège, le sérum exempt de matière colorante rouge : le sang de bœuf est reçu, au moment de la saignée, directement dans une série de petits gobelets (contenant chacun au maximum 1/4 de litre), *que l'on vient de la-*

d'eau ; ajoutez un peu de chlorure de sodium (3 à 5 c. c. de la solution saturée), afin de redissoudre éventuellement la paraglobuline, qui peut commencer à troubler le mélange, et pour ne pas abaisser la teneur en sels du liquide.

Pour exécuter chacune des réactions suivantes, il suffit de prendre environ 2 c.c. $^1/_2$ de sérum dilué (la moitié de la pipette de 5 c.c.), dans un tube à réaction.

Les réactions colorées (r. xantho-protéique, r. de Millon, r. du biuret) seront répétées avec un flocon de fibrine (1) suspendu dans 2 c.c. $^1/_2$ d'eau.

3. Coagulation par la chaleur. — Prenez trois échantillons de sérum dilué : *a*, *b*, *c* ; à chacun d'eux, ajoutez 3 à 5 gouttes de teinture de tournesol, ou une petite languette de papier de tournesol.

a est soumis directement à l'ébullition (agitez le tube au-dessus de la flamme, de manière à détacher le précipité d'albumine et à l'empêcher de coller au verre ; usez de la même précaution chaque fois que vous chauffez, à feu nu, un liquide albumineux) : il se forme un précipité peu abondant, nageant dans un liquide trouble. La coagulation de l'albumine est incomplète, à cause de l'alcalinité naturelle du sérum.

b est soumis à l'ébullition, après addition de 3 à 5 gouttes de soude. L'alcali empêche la coagulation de l'albumine, et la transforme en albumine alcaline, qui reste en solution. Neutralisez avec précaution. En ajoutant goutte à goutte de l'acide acétique dilué, l'albumine alcaline se précipite : elle est soluble dans un excès d'acide acétique.

---

ver avec une solution de chlorure de sodium à 5 p. 100 (afin que les gouttelettes d'eau qui se condensent pendant la saignée sur les parois froides des gobelets, se chargent d'assez de sel pour ne pas dissoudre de globules, au moment où elles se mélangent au sang). Les gobelets, remplis jusqu'au bord, sont laissés au repos à l'abattoir pendant 24 à 36 heures. Dès le lendemain, le sérum clair peut être recueilli, à la surface, dans chaque gobelet, au moyen d'une pipette.

A défaut de sérum, on pourrait employer le blanc d'œuf convenablement divisé au moyen de ciseaux, dilué avec un égal volume d'eau légèrement salée, et filtré.

(1) La fibrine est obtenue à l'abattoir, par le battage du sang de porc. On la malaxe sous un courant d'eau, jusqu'à ce qu'elle soit à peu près blanche. Elle peut être conservée dans la glycérine : au moment de s'en servir, on la débarrasse de la glycérine, par le lavage à l'eau.

c est acidulé légèrement par addition d'une à deux gouttes d'acide acétique dilué (1 : 5), puis soumis à l'ébullition : formation d'un précipité qui se rassemble, au bout de quelques instants, en flocons nageant dans un liquide clair ou légèrement opalescent.

Si vous ajoutez trop d'acide (5 à 10 gouttes ou davantage), l'albumine ne se coagule plus par la chaleur, mais se transforme en albumine acide, qui reste en solution. Il suffit alors de neutraliser le liquide par la soude, versée goutte à goutte, pour précipiter l'albumine acide : ce précipité se redissout dans un excès de soude.

Prenez deux flocons de fibrine pareils ; soumettez l'un à l'action de l'eau bouillante : il prend une teinte grisâtre, devient opaque, et perd une partie de son élasticité ; il n'a plus aucune action sur l'eau oxygénée ; tandis que le flocon non bouilli se couvre de bulles d'oxygène, quand on le plonge dans l'eau oxygénée.

4. Coagulation par l'alcool. — Le sérum dilué (2 c.c. $\frac{1}{2}$) est additionné d'alcool versé goutte à goutte (1/2 à 1 c.c. par exemple), jusqu'à ce qu'il se forme un précipité blanc à la partie supérieure du liquide. Au début, l'albumine est simplement précipitée (non coagulée) ; agitez vivement le liquide : le trouble se redissout complètement. Ajoutez ensuite un grand excès d'alcool (2 volumes au moins) : le précipité reparaît et persiste, même après dilution ultérieure par l'eau.

5. Coagulation par les acides minéraux. — 2 c.c. $\frac{1}{2}$ de sérum dilué sont additionnés de 10 à 20 gouttes d'acide chlorhydrique : il se forme un précipité d'albumine coagulée. Ajoutez un excès d'acide chlorhydrique (2 c.c. $\frac{1}{2}$), et faites bouillir le liquide : le précipité se redissout.

Dans les mêmes conditions, l'albumine de l'œuf, précipitée par HCl_3, ne se redissout pas ou se redissout avec difficulté.

6. Réaction xantho-protéique. — 2 c.c. $\frac{1}{2}$ de sérum dilué sont additionnés de 10 à 15 gouttes d'acide nitrique, puis soumis à l'ébullition : il se forme un coagulum qui se colore en jaune. Laissez refroidir (en agitant l'extrémité fermée du tube sous un filet d'eau froide), et ajoutez de la soude caustique, jusqu'à ce que le liquide et le coagulum prennent une belle couleur brun orangé.

Un flocon de fibrine se colore pareillement en jaune, puis en brun orangé quand vous le faites bouillir avec de l'eau et de l'acide nitrique, et que vous saturez (après refroidissement) par la soude caustique.

Il en est de même de plusieurs dérivés des matières albuminoïdes. Répétez l'essai avec une rognure d'ongle (matière cornée, kératine).

7. Réaction de Millon. — 2 c.c. $^1/_2$ de sérum dilué sont additionnés de liqueur de Millon (1 c.c.) ; il se forme un trouble ou un précipité blanc qui, par l'ébullition, se rassemble en grumeaux roses, puis bruns rougeâtres.

Répétez l'essai avec un flocon de fibrine, suspendu dans un peu d'eau : il se colore en rouge, puis en brun, par l'ébullition en présence de la liqueur de Millon. Si la liqueur n'est pas diluée, il n'est pas nécessaire de chauffer.

La liqueur de Millon non diluée colore également à froid, en moins d'une minute, la peau ou les ongles (matière cornée) en rouge foncé. Déposez une goutte de liqueur de Millon sur la paume de la main : il se forme une tache qui persistera pensant plusieurs jours.

La réaction de Millon est caractéristique des phénols et de tous

$$C—C$$

les corps renfermant le groupe (OH) fixé sur le noyau

$$C \quad\quad C$$
$$C = C$$

du benzol. Versez quelques gouttes de liqueur de Millon dans 2 c.c. $^1/_2$ d'eau phéniquée (eau saturée de phénol); le liquide se colore en rouge par l'ébullition. Si l'on ajoute beaucoup de liqueur de Millon (un égal volume), la coloration rouge se montre immédiatement, sans qu'il soit nécessaire de chauffer.

8. Réaction par le ferro-cyanure de potassium. — Le sérum dilué (2 c.c. $^1/_2$) est acidulé par l'acide acétique (1 c.c. d'acide dilué 1 : 5), puis additionné de quelques gouttes (1 c.c. au plus) de solution de ferro-cyanure de potassium : précipité blanc. Ajoutez un excès de ferro-cyanure : le précipité se redissout.

Cette réaction est commune aux matières albuminoïdes naturelles, aux albumines acides ou alcalines et à la propeptone, mais n'appartient pas à la peptone.

9. Réaction du biuret. — Le sérum dilué (2 c.c. $^1/_2$) est mélangé avec un égal volume de soude, puis additionné de 2 à 4 gouttes au plus d'une solution diluée (1 : 20) de sulfate de cuivre. Il se forme une liqueur d'un bleu violet, qui, portée à l'ébullition, vire légèrement au violet ou au rose violacé. La teinte rose violacée sera plus marquée, si vous faites bouillir le mélange d'albumine et de soude avant d'y ajouter le sulfate de cuivre.

Plongez un flocon de fibrine pendant une à deux minutes dans la solution de sulfate de cuivre, puis lavez-le rapidement à l'eau. Portée dans la solution de soude, cette fibrine prend une belle coloration violette. Faites bouillir le liquide : la coloration vire au rose ; la fibrine se désagrège et se dissout.

La peptone, la propeptone, le biuret, et plusieurs substances ayant une constitution moléculaire analogue à celle du biuret, donnent déjà à froid, avec le sulfate de cuivre et la soude, la coloration rose vineuse.

Une pincée de peptone commerciale (peptone de Witte ou autre), dissoute dans quelques gouttes d'eau, peut servir à cet essai.

Évitez d'employer un excès de sulfate de cuivre. Le sulfate de cuivre donne par la soude un précipité (ou une coloration) bleu d'hydrate cuivrique, qui noircit par l'ébullition (formation d'oxyde cuivrique noir). Exécutez cette réaction.

10. Précipitation par les sels des métaux pesants, par le tannin, par l'acide picrique, etc. — Le sérum dilué donne un abondant précipité, quand on y verse quelques gouttes de solution de bichlorure de mercure, d'acétate de plomb, de sulfate de cuivre, etc. Quelques-uns de ces précipités sont solubles dans un excès de réactif.

Esbach a basé sur la précipitation de l'albumine par l'acide picrique (solution 1 : 100), un procédé d'évaluation clinique de la quantité d'albumine contenue dans les urines pathologiques. (Voir plus loin au chapitre de l'urine.)

Pour l'action du suc gastrique sur les matières albuminoïdes, voir au chapitre de la digestion.

11. L'albumine ne diffuse pas. — Une partie (un tiers, par exemple) de la solution d'albumine saturée de sulfate de magnésium, ayant servi à préparer la paraglobuline (voir plus loin n° 14, p. 89), est versée par un petit entonnoir, dans un boyau (1) de papier parchemin, replié en U (fig. 68). Le boyau est suspendu au moyen d'une baguette de verre horizontale, comme le montre la figure 68, dans un gobelet renfermant de l'eau de la ville (eau ne contenant que des traces de sulfates). Attendez une heure au moins, puis prélevez, au moyen d'une pipette, un échantillon de l'eau extérieure au dialyseur.

Cette eau donne les réactions des sulfates et du magnésium, mais non celles de l'albumine :

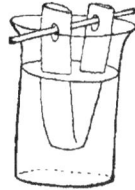

Fig. 68. — Dialyseur en forme de boyau.

précipité abondant par le chlorure de baryum, précipité par l'ammoniaque et le phosphate ammonique (précipité ne se formant pas toujours immédiatement); absence de précipité par l'ébullition en présence de l'acide acétique dilué; absence de précipité par le ferro-cyanure de potassium et l'acide chlorhydrique; pas de réaction xantho-protéique, par de réaction du biuret, etc.

La réaction de Millon ne pourrait servir à rechercher l'albumine que si le sulfate de magnésium avait été remplacé ici par le chlorure de sodium : en effet, le réactif de Millon précipite en jaune (sulfate basique de mercure) par le sulfate de magnésium.

12. Les matières albuminoïdes sont lévogyres. — Le polarimètre Laurent (fig. 66 et 69), est installé dans un local peu éclairé (ou dans la chambre obscure). La lumière monochromatique jaune est fournie par un chalumeau à gaz (actionné par

(1) Vérifiez au préalable si le boyau ne présente pas de trous. A cet effet, vous y verserez de l'eau : une goutte d'eau suintant à la surface du parchemin, indique un défaut. On peut badigeonner le trou avec une solution d'albumine et y passer ensuite un fer chaud. Il vaut encore mieux rejeter le boyau qui présenterait un trou, et le remplacer par un autre parfaitement étanche : leur prix est fort minime. Ils se fabriquent en grand à Ellwagen dans le Würtemberg (*künstliche Wurstdarm Fabrik*).

une trompe de Muencke), chauffant du sel marin fondu, renfermé dans une petite cuiller en platine (fig. 69, *c*) : la lumière est plus belle que celle des brûleurs ordinaires de l'appareil.

Cherchez à mettre l'appareil au zéro, en tournant le bouton (placé à droite, à la périphérie du grand cercle gradué) qui fait mouvoir l'oculaire analyseur (*o*), jusqu'à ce que le champ circulaire, que vous apercevez par l'oculaire, vous paraisse uniformément éclairé. Vérifiez si votre détermination est exacte : le zéro du vernier doit correspondre au zéro de la partie la plus élevée du cercle gradué fixe. Introduisez

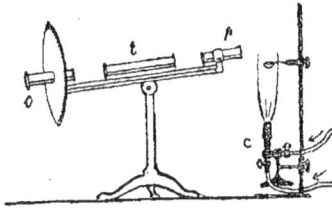

Fig. 69. — Schéma du polarimètre Laurent.

dans l'appareil un tube de 10 centimètres (*t*), rempli d'une solution de paraglobuline (2 à 6 p. 100) dans l'eau et le sulfate de magnésium (paraglobuline du sérum de bœuf, précipitée deux fois par le sulfate de magnésium. — Voir plus loin n° 14). Le champ circulaire est à présent divisé en deux moitiés inégalement éclairées, une moitié droite lumineuse, une moitié gauche obscure. Rétablissez l'égalité d'éclairage, en tournant l'oculaire de droite à gauche, de manière à suivre la rotation exercée par la paraglobuline ; lisez sur le cercle gradué la valeur de la rotation compensatrice, en vous servant du vernier (dont chaque division correspond à une minute, soit $\frac{1°}{60} = 0°,166...$).

Exemple : Une solution de paraglobuline examinée dans le tube de 10 centimètres produit une déviation de 1°15′, soit en fraction décimale 1°,25. Le pouvoir rotatoire de la paraglobuline α [D] étant $= -47°8$ (c'est-à-dire que la solution à 1 p. 100, considérée sous une épaisseur de 10 centimètres, dévie de 0°,478), il suffit de diviser 1°,25 par 0,478 = 2,6, pour avoir la quantité en poids de paraglobuline contenue dans 100 c.c. de liquide. Le liquide en contient 2,6 p. 100.

II. — Sérum de bœuf.

13. Couleur, odeur, saveur, alcalinité, densité du sérum de bœuf. — L'odeur musquée du sérum s'exagère quand on y verse une goutte d'acide.

Une bande de papier de tournesol rouge, plongée dans le sérum, bleuit fortement.

Remplissez (aux 4/5) de sérum un petit vase cylindrique et plongez-y un aéromètre ou pèse-urine, gradué de 1000 à 1060 : le liquide affleure vers le trait 1029.

14. Paraglobuline. — *Ancienne méthode de préparation.* Diluez 10 c.c. de sérum de bœuf dans un gobelet avec vingt fois son volume d'eau distillée; ajoutez goutte à goutte de l'acide acétique au 5ᵉ. Les premières gouttes d'acide font apparaître un précipité de paraglobuline; si vous ajoutez un peu plus d'acide, le précipité se redissout. Ce procédé ne fournit qu'une faible

Fig. 70. — Aréomètre ou pèse-urine.

partie de la paraglobuline contenue dans le sérum : aussi est-il abandonné.

Préparation par $MgSO^4$ (*méthode de Denis et de Hammarsten*) 50 c.c. de sérum sont saturés dans un gobelet avec du sulfate de magnésium en petits cristaux.

Ajoutez d'emblée assez de cristaux, pour que le sulfate occupe dans le fond du gobelet un peu moins de la moitié de la hauteur totale du mélange de sérum et de sulfate. Agitez pendant plusieurs minutes avec une cuiller en corne : ajoutez, s'il y a lieu, par petites portions, de nouvelles quantités de sulfate, tant que le sel se dissout, c'est-à-dire jusqu'à saturation complète.

Jetez le liquide avec le précipité de paraglobuline sur un filtre à plis, en laissant au fond du gobelet les cristaux non dissous de sulfate. La filtration demande plusieurs heures : il est bon de laisser égoutter le précipité sur le filtre pendant un jour ou deux.

Enlevez le filtre de l'entonnoir, ouvrez-le complètement, et étalez-le à plat sur une plaque de verre, le précipité de paraglo-

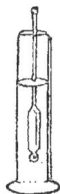

buline tourné vers le haut. Pliez le filtre en deux, glissez-le entre plusieurs doubles de papier à filtrer, et placez dessus la plaque de verre et un corps médiocrement pesant, faisant office de presse. Au bout d'un quart d'heure, d'une demi-heure..., le filtre est suffisamment sec pour que le papier se détache de la paraglobuline, et que le gâteau jaunâtre de paraglobuline puisse être plié sur lui-même en 2, en 4, en 8, et finalement ramassé en une seule masse pâteuse. Une partie de cette pâte est délayée dans un peu d'eau (50 à 100 c.c. dans un gobelet), au moyen d'une baguette de verre; la paraglobuline se redissout complètement, grâce au sulfate de magnésium qui l'imprègne. La solution est filtrée, puis réprécitée par $MgSO^4$: cette fois, le précipité est presque incolore.

Recueillez-le, dissolvez-en une partie, pour l'examen au polarimètre (voir n° 12), et, s'il y a lieu, pour répéter quelques-unes des réactions des matières albuminoïdes.

Une autre partie du précipité peut être abandonnée à la dessiccation spontanée sur le filtre ; puis recueillie sous forme d'une masse d'un blanc grisâtre, que l'on réduit facilement en poudre. Placez cette poudre dans un tube, avec l'étiquette : *paraglobuline de bœuf + MgSO⁴*.

Pour éliminer $MgSO^4$, il suffirait de soumettre à la dialyse, la pâte détachée du filtre. Au bout de deux à trois jours, la paraglobuline serait recueillie au fond du dialyseur, sous forme de grumeaux insolubles dans l'eau distillée.

15. Albumine. — Le sérum, privé de paraglobuline par $MgSO^4$, contient l'albumine. Mettez de côté le tiers du liquide pour exécuter l'expérience de dialyse indiquée au n° 11. Les deux tiers restants sont mesurés dans un cylindre gradué, et additionnés de quelques gouttes d'acide acétique non dilué (1 p. 100 du volume de la solution d'albumine) : l'albumine se précipite. Jetez-la sur un filtre à plis; vous la recueillerez le lendemain ou le surlendemain, sous forme d'une pâte jaunâtre. On peut purifier par redissolution et reprécipitation par $MgSO^4$ et acide acétique ; mais il vaut mieux précipiter la seconde fois, en saturant le liquide de sulfate ammonique; le précipité séché est recueilli et conservé dans un tube, avec l'étiquette : *albumine + MgSO⁴*, ou *albumine + (NH⁴)² SO⁴*, suivant le cas.

16. Sels et sucre du sérum. — Faites bouillir dans une capsule 40 c.c. d'eau avec 10 c.c. d'une solution saturée de NaCl (ou de $MgSO^4$), et deux gouttes d'acide acétique; versez-y goutte à goutte, au moyen d'une pipette, 10 c.c. de sérum, en ayant soin d'agiter avec une baguette. Filtrez sur un filtre à plis. Recherchez, dans le liquide filtré, les :

Chlorures, par le nitrate d'argent;

Sulfates, par le chlorure de baryum;

Phosphates, par l'ammoniaque et le sulfate de magnésium.

La recherche du chlore ne peut évidemment se faire que si on n'a pas employé NaCl; celle des sulfates, que si on n'a pas employé $MgSO^4$.

Recherchez le sucre par NaHO et quelques gouttes de $CuSO^4$; faites bouillir : précipité rouge d'oxyde cuivreux. Voyez plus loin, au chapitre de la digestion, les procédés pour la recherche du sucre.

17. Ferment de la fibrine. — Introduisez dans un petit matras 5 à 10 centimètres cubes de sérum, ou 5 à 10 c. c. de sang exprimé d'un caillot. Ajoutez 50 à 100 c. c. d'alcool, bouchez et mettez de côté. Au bout d'une, ou mieux de plusieurs semaines, vous recueillerez le coagulum sur un petit filtre, le laisserez sécher par évaporation spontanée de l'alcool, et le pilerez dans un mortier avec 5 à 10 c. c. d'eau; filtrez et recueillez le liquide. C'est une solution de ferment, qui sera utilisée dans les expériences de coagulation du fibrinogène. (Voir n°⁵ 22 et 23.)

III. — PLASMA SANGUIN ET COAGULATION DU SANG.

18. Expériences sur la coagulation du sang. — Un grand chien (10 à 15 kilos au moins), anesthésié par la morphine (30 à 50 centigr. de chlorhydrate de morphine en injection sous-cutanée), est attaché sur le dos, dans la gouttière de Claude Bernard. Les deux jugulaires externes A et B sont mises à nu, isolées avec précaution, liées aux deux extrémités par des ligatures doubles, extraites, et suspendues verticalement. Dans l'une A, on glisse un stylet de verre (corps étranger), obtenu en étirant une baguette de verre dans le flamme du brûleur de Bunsen; l'autre B, est abandonnée au repos. Au bout d'une heure, on ouvre A au moyen de ciseaux : on y trouve un caillot entourant le stylet. Au bout de plusieurs heures, on observe par transparence dans la veine B, la séparation du sang en plasma jaune clair, surnageant, et en globules, formant une couche profonde rouge sombre. En ouvrant la veine, on constate que le sang qu'elle contient est resté liquide ; le plasma qu'on en extrait ne tarde pas à se coaguler spontanément.

Une artère carotide est mise à nu : on lie le bout périphérique, et on introduit dans le bout central, une canule à laquelle fait suite un tube de caoutchouc. On saigne l'animal.

Chaque élève reçoit : 1° un échantillon de sang (20 à 30 c. c.) pour faire un dosage de fibrine (voir n° 19) ; et 2° un échantillon plus petit (une goutte), dans un tube de verre presque capillaire, effilé aux deux bouts (et scellé ensuite), afin d'observer ultérieurement la formation du sérum, et la rétraction du caillot.

Une goutte de sang, déposée sur une plaque porte-objet, et couverte d'une lamelle, sert pour l'examen microscopique.

D'autres échantillons de sang sont reçus respectivement :

a) Dans un gobelet de verre, sans aucune addition. Au bout de 6 à 12 minutes, le sang est pris en gelée cohérente : le gobelet peut être retourné, sans que le caillot se détache. Quelques gouttelettes de sérum ne tardent pas à se montrer à la surface du caillot, qui se détache du verre, et continue à se rétracter.

b) Dans un petit matras (exactement rempli) : observez ultérieurement la rétraction du caillot moulé sur le vase.

c) Dans des tubes de métal, entourés de glace (saupoudrée de quelques grains de sel) ; le sang, refroidi rapidement à 0°, reste liquide, mais se prend en gelée dès qu'on le réchauffe.

d) Dans un gobelet contenant de la solution saturée de $MgSO_4$ (le tiers du volume de sang à recevoir.) Le sang ne se coagule pas ; on attend le dépôt des globules (que l'on accélère par l'emploi de la machine à force centrifuge), pour recueillir le plasma surnageant. Il peut servir à répéter les expériences des n°ˢ 20, 21 et 22.

e) Dans une infusion de sangsue (sangsue tuée par le chloroforme, pilée avec quelques centimètres cubes d'une solution de NaCl à 3 p.100).

f) A l'abri de l'air, dans un tube renversé sur la cuve à mercure et rempli lui-même de mercure. La coagulation est légèrement retardée.

19. Dosage de la fibrine. — Pesez, au décigramme près (sur une balance ordinaire), un appareil à défibriner de Hoppe-Seyler (très petit gobelet recouvert d'une chape en caoutchouc, traversée par la baguette de baleine servant à défibriner — fig. 71); notez le poids. Recevez dans cet appareil, 20 à 30 cc. de sang (voir n° 18), remettez la chape en caoutchouc et défibrinez pendant dix minutes. Pesez à nouveau, pour avoir le poids du sang. La fibrine est recueillie sur la baleine et lavée à l'eau : malaxez jusqu'à ce que le flocon n'ait plus qu'une teinte rosée. Recueillez pareillement les flocons qui pourraient ne pas s'être attachés à la baleine, et flotteraient dans le liquide. A cet effet, diluez le sang, par

Fig. 71. — Appareil à défibriner de Hoppe-Seyler.

petites portions avec une grande quantité de solution de chlorure de sodium (1) à 1 p. 100 (une partie de solution saturée de NaCl pour 30 parties au moins d'eau). Une partie de ce mélange de sang défibriné et de solution de chlorure sodique, est abandonnée au repos dans une grande capsule, pour permettre aux globules de se déposer (voir plus loin n° 23).

Réglez la température de l'étuve, de manière qu'elle soit comprise entre 110 et 125° ; placez-y pendant une dizaine de minutes, d'une part, deux verres de montre avec leur ressort, d'autre part, un petit filtre exempt de cendres. Au bout de dix minutes, vous retirez le tout de l'étuve, vous introduisez le filtre entre les deux verres de montre, vous appliquez ceux-ci l'un contre l'autre, au moyen de la pince à ressort, et laissez refroidir complètement dans l'exsiccateur. Pesez, au milligramme près, sur une balance de précision.

Rappelez-vous que, dans ces pesées, l'objet à peser se place sur le plateau gauche de la balance, et les poids, que l'on manie au moyen d'une pince, sur le plateau droit; que la balance doit être arrêtée chaque fois que l'on enlève ou que l'on dépose

---

(1) Il vaut mieux diluer le sang avec de l'eau ; mais alors on ne peut plus employer le mélange pour en séparer les globules par décantation, comme cela est indiqué au n° 23.

un nouveau poids ; que le cavalier (fig. 72), placé sur le fléau de la balance, sert à remplacer les milligrammes (les poids servent pour les grammes, décigrammes et centigrammes) ; que chaque division du fléau correspond à un milligramme, dans la manœuvre du cavalier, etc. (voir p. 69). Notez le poids.

Fig. 72. — Ca-
valier.

Placez le filtre taré sur un petit entonnoir ; déposez-y le flocon de fibrine enlevé de la baguette, et ceux que vous auriez pu recueillir dans le sang défibriné ; lavez à l'eau distillée, à l'alcool, puis à l'éther.

Enlevez filtre et fibrine, pliez et déposez dans l'étuve sur les verres de montre ; séchez à + 110° pendant au moins trois à six heures. Quand la dessiccation est terminée, introduisez le filtre entre les verres de montre, refermez, laissez refroidir dans l'exsiccateur, et pesez. L'augmentation de poids représente le poids de la fibrine et des sels insolubles.

Pour avoir le poids des sels insolubles, incinérez filtre et fibrine dans un petit creuset ouvert (voir fig. 81, n° 32), placé sur un triangle. Couvrez le creuset, laissez-le refroidir dans l'exsiccateur, et pesez avec les cendres ; puis pesez de nouveau après en avoir retiré les cendres.

20. **Coagulation du plasma sanguin au MgSO⁴** $MgSO^4$ (1). — Diluez 5 c.c. de plasma de cheval au sulfate de magnésium, avec 20 volumes d'eau. Versez le mélange par portions à peu près égales, dans huit tubes à réaction $a, a', b, b', c, c', d, d'$. Ajoutez quelques gouttes de sérum incolore à b et b', quelques

_____

(1) *Procédé pour obtenir du plasma de cheval au $MgSO^4$.* — On porte à l'abattoir un grand bocal cylindrique renfermant (jusqu'au cinquième de sa hauteur) de la solution saturée de $MgSO^4$; on achève de le remplir avec du sang de cheval (sortant de la veine ou du cœur), jusqu'aux 4/5 de sa hauteur ; on mélange. On laisse reposer pendant deux jours ; ou mieux, on introduit le liquide dans l'appareil à force centrifuge, qui sépare les globules en quelques minutes. On recueille au moyen d'une pipette le plasma surnageant. Si le sang a été reçu directement de la veine dans le sulfate de magnésium, le plasma ne contient que peu de ferment, ou même pas du tout ; et les préparations a et a' du n° 20 n'ont que peu de tendance à se coaguler. Si le sang a été reçu d'abord dans un autre vase, puis versé dans la solution saline, le plasma contient du ferment et se coagule quand on le dilue avec beaucoup d'eau.

gouttes de sang exprimé du caillot à c et c', quelques gouttes de ferment de la fibrine à d et d'. Chauffez a, b, c, d, au bain d'eau à +40° (gobelet plein d'eau, chauffé au bain-marie, — voir fig. 73, n° 22) ; abandonnez a',b',c',d', à la température ordinaire. Notez le moment où la coagulation spontanée envahit chacun des tubes.

Les tubes c et d se coagulent les premiers.

21. Préparation du fibrinogène. — Saturez dans un gobelet, 50 centimètres cubes de plasma de cheval au sulfate de magnésium, avec du chlorure de sodium en poudre : il se forme un abondant précipité crémeux (mélange de fibrinogène et de paraglobuline); recueillez-le sur un filtre à plis (la filtration dure plusieurs heures). Exprimez filtre et précipité, entre plusieurs doubles de papier à filtre. Redissolvez le précipité dans 100 centimètres cubes d'eau ; filtrez, si le liquide est trouble. Des échantillons de ce liquide sont abandonnés à eux-mêmes ; d'autres sont additionnés de sérum ou de ferment; soumettez les uns à la température ordinaire, les autres à + 40°. Notez le moment de la coagulation de la fibrine, dans chacun de ces échantillons.

22. Détermination de la température de coagulation du fibrinogène. — Une partie de la solution de fibrinogène obtenue au n° 21 (10 centimètres cubes), additionnée du quart de son volume de solution saturée de $MgSO^4$, est placée dans un tube à réaction, et chauffée graduellement dans un gobelet rempli d'eau chauffé au bain-marie), à côté d'un thermomètre (fig. 73). Un précipité floconneux se forme vers +56° (fibrinogène); chauffez jusque vers + 58° à 60°, et filtrez sur un petit filtre; remettez le tube contenant le liquide filtré dans le bain d'eau, et continuez à chauffer.

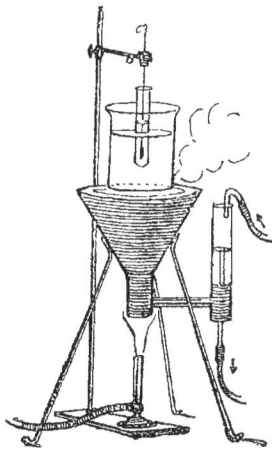

Fig. 73. — Appareil pour déterminer la température de coagulation des albuminoïdes.

Un second précipité floconneux (paraglobuline) se montre
vers + 75°.

IV. — Globules rouges.

23. Lavage des globules rouges. — Du sang défibriné
pris à l'abattoir (ou le sang provenant du dosage de la fibrine,
voir n° 19) est mélangé avec une grande quantité d'une solution
saline diluée, n'attaquant pas les globules (solution NaCl à
1 p. 100, — la solution saturée de NaCl contient environ
33 p. 100 de sel), et abandonné au repos dans une capsule.
Après dépôt des globules, on recueille ceux-ci en décantant le
liquide surnageant. On peut répéter le lavage une ou deux fois.

24. Dissolution des globules rouges dans l'eau. — Dans
chacun des deux tubes à réaction A et B, placez 5 centimètres cubes de sang défibriné, ou un peu de bouillie de globules. Achevez de remplir A avec de l'eau distillée, et B, avec
une solution diluée de chlorure de sodium (à 1 p. 100 par
exemple). Le liquide du tube A devient transparent comme
une laque, par suite de la dissolution des globules ; le mélange
reste opaque dans le tube B, les globules ne s'y dissolvant pas.

Pour faire une solution d'oxyhémoglobine, il suffit donc de
dissoudre le dépôt des globules obtenu au fond de la capsule,
dans l'opération n° 23.

25. Spectre de l'oxyhémoglobine. — Diluez la solution
d'oxyhémoglobine, de manière qu'elle présente une coloration
rouge cerise. Versez-en dans un tube à réaction jusqu'à mi-
hauteur, et achevez de remplir avec de l'eau distillée, en évitant de trop mélanger les deux liquides. La partie supérieure
doit tout au plus avoir la couleur rose, *fleur de pêcher*. Examinez les différentes régions du tube au moyen d'un spectroscope à vision directe ; observez dans la partie supérieure les
deux bandes de l'oxyhémoglobine (III, fig. 74) ; dans la partie
moyenne (II, fig. 74) vous n'apercevez que du rouge et du vert,
et dans le bas du tube, du rouge seul (I, fig. 74).

Refaites dans trois tubes, trois solutions de concentration
croissante, et correspondant chacune à une des apparences
spectroscopiques I, II, III.

Coloriez d'après nature à l'aquarelle, ou au crayon de couleur, les spectres de la figure 74.

La position de la raie D est facile à déterminer dans le spec-

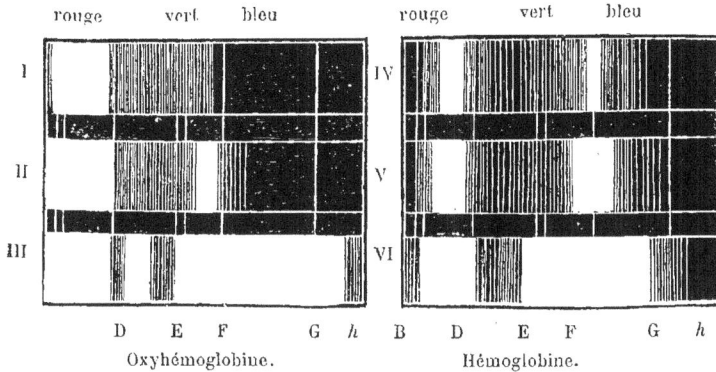

Fig. 74. — Spectres d'absorption des matières colorantes du sang.

I, Oxyhémoglobine en solution concentrée. — II, Oxyhémoglobine en solution diluée. — III, Oxyhémoglobine en solution très diluée. — IV, Hémoglobine en solution concentrée. — V, Hémoglobine en solution diluée. — VI, Hémoglobine en solution très diluée. (D'après Fredericq et Nuel, *Physiologie*.)

tre. Il suffit d'introduire dans la flamme éclairant le spectroscope, un fil de platine recourbé en anse, et que l'on vient de plonger dans du chlorure de sodium en poudre : apparition de la raie D du sodium.

26. Spectre de l'hémoglobine réduite. — Ajoutez au tube qui a servi à la première expérience du n° 25, 3 gouttes de sulfure d'ammonium ; mélangez, versez une partie du liquide, et remplacez-la avec précaution par une petite colonne d'eau distillée, dans le haut du tube ; attendez quelques minutes. Faites les mêmes observations que tantôt (n° 25), au moyen du spectroscope à vision directe. Dans le haut du tube : bande unique de l'hémoglobine réduite (VI, fig. 75) ; dans le bas, vous n'apercevez que la région rouge du spectre, et peut-être un peu de vert (IV, fig. 75).

Agitez vivement le liquide avec de l'air, pour faire réapparaître les bandes de l'hémoglobine oxygénée, et diluez s'il y a lieu.

27. **Spectre de l'hémoglobine oxycarbonée**. — Faites barboter du gaz d'éclairage pendant une heure, à travers du
sang ou une solution d'hémoglobine (dans un flacon laveur),
et examinez au spectroscope la solution diluée, présentant la

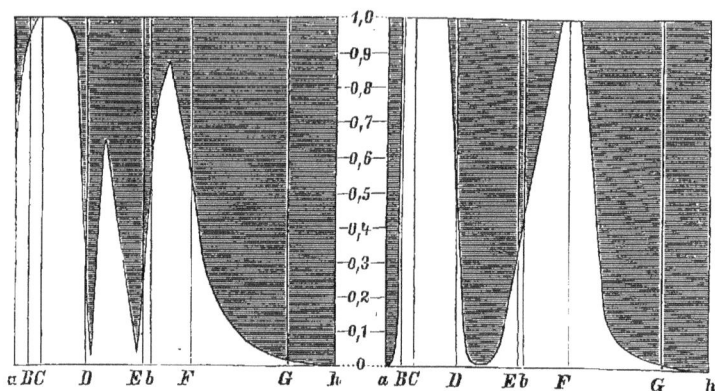

Fig. 75. — Absorption spectrale de l'oxyhémoglobine (à gauche), et de l'hémoglobine (à droite) à différents degrés de concentration. (D'après Beaunis,
Physiologie.)

teinte *fleur de pêcher :* bandes d'absorption analogues à celle
de l'oxyhémoglobine *fleur de pêcher*. Notez que la bande la plus
étroite ne touche pas D, mais laisse visible la région jaune du
spectre, tandis que, pour l'oxyhémoglobine, cette région jaune
est recouverte par la bande d'absorption la plus étroite.

28. **Comparaison de deux spectres superposés**. — Faites
la comparaison directe des deux spectres : A. *oxyhémoglobine*
et B. *hémoglobine oxycarbonée*, au moyen d'un petit spectroscope à deux prismes, qui superpose les deux spectres. Notez
que la bande d'absorption la plus étroite et la plus voisine de
D s'éloigne davantage du rouge, dans la direction du vert, pour
l'hémoglobine oxycarbonée B, que pour l'oxyhémoglobine A.
Il y a par conséquent plus de jaune visible dans le spectre de
l'hémoglobine oxycarbonée. Ces bandes des deux spectres ne
sont pas sur le prolongement vertical l'une de l'autre.

Ajoutez quelques gouttes de sulfure d'ammonium aux deux
tubes A et B : la réduction s'opère dans le tube A (bande uni-

que de l'hémoglobine réduite), tandis que le tube B continue à montrer les deux bandes de l'hémoglobine oxycarbonée.

29. Carmin et picrocarmin. — Examinez pareillement au spectroscope une solution ammoniacale de carmin (ou de picrocarmin), en la comparant à une solution d'oxyhémoglobine, et en faisant agir un corps réducteur : les deux bandes d'absorption persistent.

30. L'oxyhémoglobine se réduit par la conservation en vase clos, mais ne se détruit pas par la putréfaction, à l'abri de l'air. — Introduisez avec précaution dans un tube (*a*, fig. 76) au moyen d'un entonnoir très effilé (*c*, fig. 76), un peu de solution d'oxyhémoglobine modérément diluée; scellez-le à la lampe (*b*, fig. 76). Au bout de quelques jours, observez le changement de teinte, et la bande unique d'absorption correspondant à la réduction spontanée de l'hémoglobine.

Refaites la même expérience avec la solution oxycarbonée. Cette solution conserve sa belle teinte rouge, et son spectre caractéristique, malgré sa conservation à l'abri de l'air. Étiquetez les tubes, et mettez-les de côté.

Fig. 76.

a, introduction de la solution d'hémoglobine dans un tube à conserver. — *b*, le même tube rempli et scellé.

Toutes les expériences de spectroscopie sont répétées au moyen d'un grand spectroscope, installé à demeure dans la chambre obscure, et devant lequel on place successivement les solutions d'hémoglobine, d'oxyhémoglobine et d'hémoglobine oxycarbonée, à différents degrés de concentration. La méthémoglobine, l'hémochromogène et l'hématine, en solution acide et en solution alcaline, présentent également des spectres d'absorption intéressants.

31. Cristaux d'hémoglobine. — Chaque étudiant reçoit sur un porte-objet, trois gouttes d'une solution concentrée d'hémoglobine (1) de cobaye, que l'on conserve au laboratoire dans des

_____

(1) Sang de cobaye défibriné, soumis à la congélation, puis introduit après dégel dans des tubes de verre et conservé à l'abri de l'air (tubes scellés à la lampe). Il suffit de casser la pointe d'un des tubes et de l'incliner, pour laisser écouler à l'extérieur une goutte de sang.

tubes scellés. Cette hémoglobine passe au contact de l'air à l'état d'oxyhémoglobine, et commence à cristalliser. Recouvrez chaque goutte de sang d'une lamelle, et examinez au microscope à un grossissement moyen, tant à la lumière ordinaire

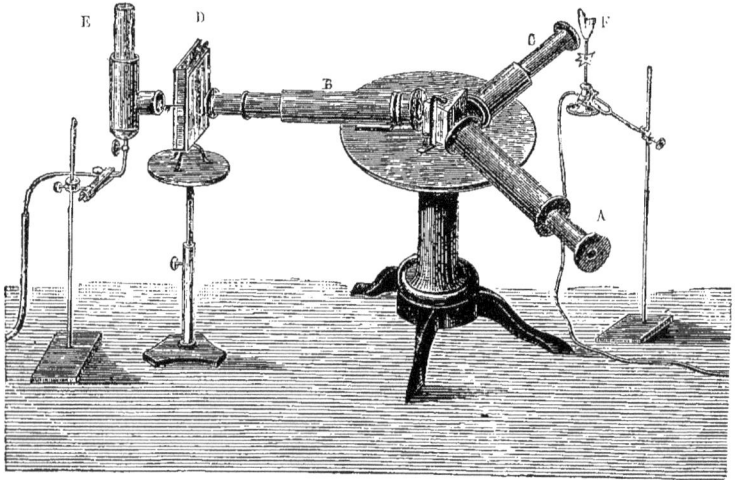

Fig. 77. — Spectroscope disposé pour l'examen du spectre d'absorption de l'oxyhémoglobine (D'après Landois, *Physiologie*).

Les rayons lumineux émanés de la lampe E traversent la solution rouge contenue dans le vase à faces parallèles D (hématinomètre de Hoppe-Seyler), entrent dans le tube B, par une fente étroite, sont dispersés et réfractés par le prisme, et arrivent à l'œil de l'observateur par la lunette A. La lampe F sert à éclairer une échelle graduée contenue dans le tube C. L'image de cette échelle se réfléchit à la surface du prisme et vient se peindre à côté du spectre d'absorption. (D'après Landois, *Physiologie*.)

qu'à la lumière polarisée (prisme de Nicol polariseur sous la platine du microscope, Nicol analyseur au-dessus de l'oculaire — interposez une plaque de gypse au-dessus du polariseur, et faites tourner l'oculaire analyseur — les cristaux d'hémoglobine prennent des tons pourpres, bleus, orangés, etc., du plus bel effet ; ces cristaux sont biréfringents).

On peut aussi déposer sur le porte-objet, une goutte de sang de cobaye, obtenue en faisant une légère coupure au pavillon de l'oreille ; la laisser sécher sur les bords, ajouter une goutte d'eau et recouvrir d'une lamelle au bout de quelques minutes. La cristallisation s'établit souvent tardivement.

32. L'hémoglobine contient du fer. — Une partie de la bouillie de globules (n° 25) est desséchée dans une capsule au bain-marie, puis incinérée avec précaution, dans un petit creuset (sous la cage d'évaporation). Il reste un résidu couleur de

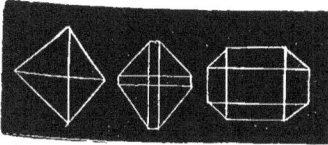

Fig. 78. — Cristaux d'oxyhémoglobine de cobaye (tétraèdre simple et tétraèdres modifiés). (D'après Frédéricq et Nuel, *Physiologie*.)

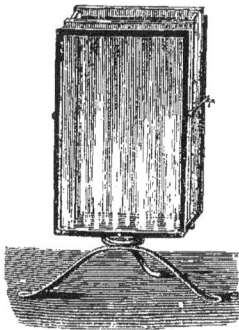

Fig. 79. — Hématinomètre.

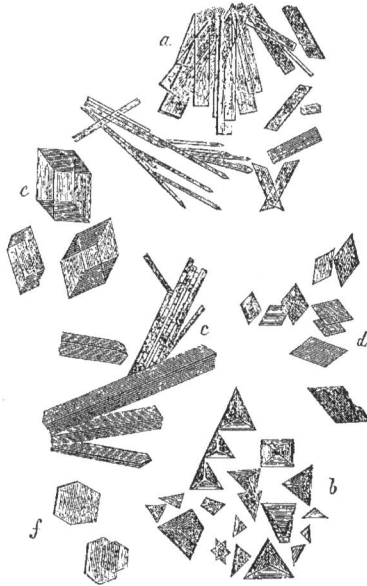

Fig. 80. — Cristaux d'oxyhémoglobine *.

* *a*, homme et chien. — *b*, cobaye. — *c*, chat. — *d*, homme (veine splénique). *e*, hamster. — *f*, écureuil. (D'après Funke.)

rouille (oxyde de fer). Laissez refroidir, ajoutez quelques gouttes d'acide chlorhydrique, pour dissoudre l'oxyde et y rechercher la présence du fer. A cet effet, diluez avec quelques centimètres cubes d'eau et divisez en deux portions. A l'une, ajoutez quelques gouttes de solution de ferro-cyanure de potassium = précipité de bleu de Prusse. A l'autre, ajoutez quelques gouttes de sulfo-cyanure de potassium = solution rouge.

33. L'hémoglobine se transforme à l'air en méthémoglobine. — Projetez quelques gouttes de sang sur du papier à filtrer. Au bout de quelques heures, l'hémoglobine prend un ton brunâtre sale (méthémoglobine).

34. L'hémoglobine transporte l'ozone de l'essence de térébenthine à la résine de gayac. — Faites dans un tube à réaction un mélange, à parties égales, d'essence de térébenthine (ozonisée : essence vieille) et de teinture de gayac fraîche (dissoudre un morceau de résine de gayac dans quelques centimètres cubes d'alcool); agitez vivement. Versez quelques

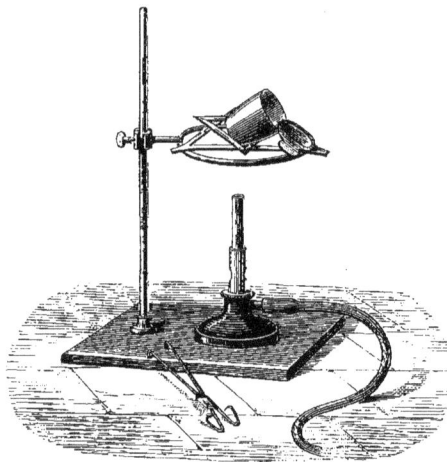

Fig. 81. — Calcination de l'hémoglobine dans un petit creuset en platine.
L'opération se fait également dans un creuset en porcelaine (Jungfleisch).

gouttes du liquide trouble ainsi obtenu, sur un morceau de papier à filtrer; attendez que le liquide ait été bu par le papier et se soit évaporé en partie. Laissez tomber sur le papier une ou plusieurs gouttes de sang (ou de solution d'hémoglobine) : chaque goutte de sang s'entoure d'une auréole bleue, et finit par bleuir elle-même complètement.

Ajoutez quelques gouttes de sang au tube qui contient le reste du mélange de gayac et d'essence, et agitez vivement; la masse prend d'abord une coloration brun verdâtre sale, puis franchement bleue.

Il est plus difficile d'obtenir la coloration bleue par l'action du sang seul (sans essence de térébenthine) sur la teinture de gayac.

35. Dosage colorimétrique de l'oxyhémoglobine, au moyen de l'hémoglobinomètre de Gowers (fig. 82).

L'instrument se compose :

a) D'une pipette très étroite, munie d'un tube aspirateur en caoutchouc, et destinée à mesurer 20 millimètres cubes de sang (aspirer jusqu'à la marque transversale);

b) D'un tube gradué, dans lequel on introduit les 20 millimètres cubes de sang, qu'on dilue par addition d'eau, jusqu'à ce que la teinte du mélange paraisse semblable à celle du liquide coloré contenu dans le tube étalon *d*;

c) D'une pipette à eau servant à diluer le sang à l'intérieur du tube *b*;

d) Du tube étalon rempli d'une solution de picrocarmin, correspondant comme teinte à du sang humain normal, dilué au centième;

e) D'un bloc de liège percé de trous ; c'est dans ce bloc que l'on fixe verticalement, l'un à côté de l'autre, le tube gradué *b* et le tube étalon *d*.

On place le tout sur fond blanc, devant une fenêtre.

Les divisions du tube gradué correspondant chacune à un volume (20 mm.) de sang ; elles indiquent par conséquent

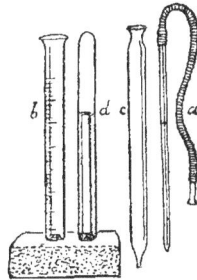

Fig. 82. — Hémoglobinomètre de Gowers.

a, pipette de 20 mm. c. — *b*, tube gradué pour le mélange du sang. — *c*, pipette pour diluer. — *d*, tube étalon, renfermant du picrocarmin correspondant à la dilation au 100ᶜ du sang normal.

le nombre de volumes d'eau qu'il a fallu ajouter à un volume de sang, pour que la teneur en hémoglobine soit la même que celle d'une solution de sang humain normal, au centième.

36. Hématine. — Versez de l'acide acétique dans une solution d'oxyhémoglobine : celle-ci est décomposée en albumine acide et en hématine, qui colore le liquide en brun café. La même réaction s'établit, quoique plus lentement, avec l'oxyhémoglobine et la potasse.

37. Hémochromogène. — La solution brune d'hématine, obtenue par l'action de la potasse sur l'oxyhémoglobine, est introduite dans un tube, scellée (voir fig. 76, n° 30), et conservée à l'abri de l'air : elle ne tarde pas, au bout de plusieurs jours, à se réduire, en se transformant en hémochromogène, qui est rouge. Cassez la pointe du tube, versez le liquide rouge sur fond blanc (assiette ou capsule de porcelaine), pour observer l'oxydation de l'hémochromogène et sa transformation en hématine brune.

Versez dans un grand tube une solution d'oxyhémoglobine ou de sang, introduisez-y également un second tube plus petit ouvert supérieurement, contenant une solution de soude, en évitant de mélanger les deux liquides. Scellez le grand tube à la lampe. Attendez quelques jours jusqu'à ce que l'hémoglobine se soit réduite spontanément, puis retournez le grand tube, de manière à provoquer le mélange de l'hémoglobine réduite et de la soude. Il se forme de l'hémochromogène (rouge), qui se transformera en hématine (brune), si vous ouvrez le tube, et si vous laissez le liquide exposé à l'air.

38. Hémine ou chlorhydrate d'hématine. — Pulvérisez dans le mortier un petit fragment de sang desséché ; déposez-en une très petite pincée dans un verre de montre ; ajoutez quelques gouttes d'acide acétique glacial, et dissolvez à une douce chaleur au bain-marie. Renouvelez au besoin une ou deux fois l'acide acétique ; évaporez jusqu'à consistance

Fig. 83. — Cristaux d'hémine en préparation microscopique. — Fort grossissement. (Beaunis, *Physiologie*.)

sirupeuse, puis versez une goutte du liquide épaissi, sur un porte-objet ; recouvrez d'une lamelle, et examinez à un fort grossissement : cristaux d'hémine. La préparation se conserve indéfiniment.

39. Détermination de la quantité totale de sang. — Un petit chien de 6 kilos, anesthésié par la morphine (injection sous-cutanée de 15 centigrammes de *chlorhydrate de morphine*) et le chloroforme (en inhalations), est fixé sur le dos dans la gouttière d'opération. On prépare la carotide et la jugulaire droites. Le bout périphérique de la carotide est lié, et une canule est introduite dans son bout central. On recueille directement, par la saignée de la carotide, la plus grande partie du sang (environ 300 c. c.), que l'on mesure dans un cylindre gradué, après l'avoir défibriné.

Au bout d'une dizaine de minutes, la canule carotidienne ne fournit plus une goutte de sang. A ce moment, on la relie au moyen d'un long tube de caoutchouc, formant siphon, avec une grande bouteille remplie de solution physiologique (NaCl à 0,7 p. 100) et placée sur une console, à une hauteur de $2^m,50$ au-dessus du corps de l'animal. Cette solution lave tout l'appareil circulatoire du chien, et entraîne avec elle le sang qui restait dans les vaisseaux. Pour recueillir ce mélange de sang et d'eau salée, on introduit, par la jugulaire droite, jusque dans le cœur droit, un tube de verre, auquel on rattache extérieurement un bout de tube de caoutchouc, conduisant les liquides de lavage dans un vase *ad hoc*.

Pour déterminer le degré de dilution des eaux de lavage, on a recours à un dosage colorimétrique d'hémoglobine (Voir : Hémoglobinomètre de Gowers, n° 35, fig. 82). On recueille, par exemple, 3 litres de liquide sanguinolent ; ce liquide doit être additionné de 12 litres d'eau pour présenter la même teinte qu'une solution de sang au centième (10 c. c. de sang défibriné $+$ 990 c. c. d'eau $=$ 1 litre). Ces 15 litres de liquide correspondent à 150 c. c. de sang.

L'animal, qui pesait 6000 grammes dans l'exemple choisi, contenait donc $300 + 150 = 450$ c. c. de sang, soit environ $\frac{1}{13}$ de son poids.

<hr />

CHAPITRE II

GAZ DU SANG ET RESPIRATION

I. — Gaz du sang.

40. Action de O_2 et de CO_2 sur les globules rouges. — Diluez du sang ou des globules rouges, obtenus par décantation, avec dix volumes d'une solution de NaCl (1 p. 100) ;

versez-en 50 ou 100 c.c. au fond d'un très grand gobelet; faites passer, alternativement, pendant cinq à dix minutes, un courant d'air (ou d'oxygène) fourni par la soufflerie d'une trompe à eau : formation d'oxyhémoglobine, coloration du sang artériel; et un courant d'un gaz inerte, tel que CO_2 ou H_2 : réduction de l'hémoglobine, coloration rappelant celle du sang veineux.

41. Pompe à mercure. Évacuation du ballon dans lequel se fera l'extraction des gaz du sang. — La figure 84 représente la pompe à mercure de Gréhant, généralement adoptée dans les laboratoires de physiologie français. C'est une copie simplifiée de la pompe de Pflüger, que l'on rencontre dans la plupart des laboratoires allemands (concurremment avec la pompe de Ludwig).

On y voit en R, le récipient destiné à recevoir le sang par le tube t; en AD, la pompe à mercure proprement dite, dont le rôle consiste à faire le vide au début de l'expérience par le jeu du récipient à mercure mobile D, puis à recueillir les gaz qui se dégagent du sang et à les introduire dans la cloche b, sur la cuve à mercure c.

La pompe à mercure AD se compose d'un tube barométrique vertical fixe A, contenant du mercure, et communiquant inférieurement par un tube de caoutchouc épais, avec un réservoir à mercure D, que l'on peut faire monter ou descendre, par le jeu de la manivelle M. La partie supérieure du tube barométrique est renflée en A, de façon à produire un espace vide de grande dimension. L'ampoule A se termine supérieurement, au niveau de r, par un tube bifurqué, la branche horizontale allant au récipient à sang R, l'autre, la verticale, débouchant dans la cuve à mercure c. Un robinet à trois voies, placé dans la position 1 (voir le haut de la figure, à gauche), empêche toute communication de l'ampoule A avec l'extérieur; dans la position 2, il la met en rapport avec la cuve c; dans la position 3, il la met en rapport avec le récipient R.

Il s'agit de faire le vide dans le récipient R, grand ballon dont le col, fort long, communique par un épais tube de caoutchouc avec la branche horizontale du tube bifurqué de la pompe. Une lanière découpée dans une feuille de caoutchouc élastique sert de lien pour serrer les deux extrémités de ce tube de caoutchouc sur les tubes de verre auxquels il se raccorde. Il est d'ailleurs bon d'entourer ces raccords en caoutchouc d'un manchon rempli d'eau, et de noyer pareillement sous l'eau ou le mercure, tous les joints de l'appareil.

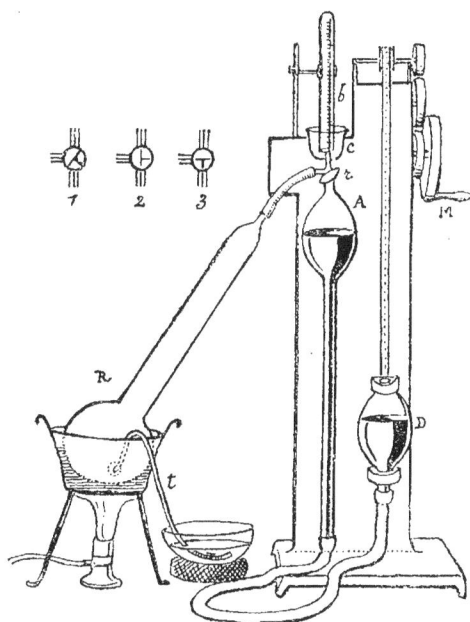

Fig. 84. — Pompe à mercure de Gréhaut, construite par Alvergniat.
(Fredericq et Nuel, *Physiologie.*)

D, boule mobile communiquant avec le tube barométrique terminé supérieurement par la boule fixe A. — r, robinet à trois voies, fermant A dans la position 1, faisant communiquer A avec la cuve à mercure c dans la position 2, faisant communiquer A avec le récipient à sang R dans la position 3. — t, tube pour l'introduction du sang, mesuré au préalable dans la pipette de la figure 85. — b, cloche graduée destinée à recueillir les gaz.

De cette façon, on est sûr de la fermeture hermétique de la pompe. Le ballon R est muni d'une tubulure latérale, avec tube t et robinet. Il plonge dans une casserole remplie d'eau, qui repose sur un fourneau à gaz. Allumez le fourneau de manière à chauffer graduellement l'eau. Rattachez le tube à robinet t du

grand ballon à la trompe à eau, par un tuyau de caoutchouc
très épais ou par un tuyau de métal. Faites fonctionner la
trompe à eau, et ouvrez le robinet de t, le robinet r étant dans
position 1. La trompe à eau aspire la plus grande partie de l'air
contenu dans R, et permet d'y atteindre une pression ne dépassant pas 30 millimètres de mercure. Fermez le robinet de t, et
supprimez la communication avec la trompe à eau. L'extrémité du tube t étant plongée sous l'eau, ouvrez légèrement son
robinet, de manière à faire entrer dans le récipient R quelques
centimètres cubes d'eau, puis refermez le robinet.

Achevez de faire le vide dans le grand ballon, par le jeu du
robinet à trois voies r, combiné avec les mouvements d'ascension et de descente de la boule mobile D de la pompe à mercure.
Le robinet r étant placé dans la position 2, relevez la boule D
jusqu'en haut au moyen de la manivelle M; le mercure coule
de D en A, et chasse l'air contenu en A; laissez cet air s'échapper à l'extérieur. Refermez le robinet r (position 1) et abaissez D.
Le mercure descend de A en D, mais reste suspendu dans le
tube A, à une hauteur correspondant à la pression barométrique (760^{mm} en moyenne, au bord de la mer). Le vide barométrique existe à présent dans l'ampoule A. Placez le robinet r
dans la position 3, une partie de l'air qui reste dans le récipient R se précipite dans A. Refermez r en position 1, remontez
le réservoir D; puis ouvrez r en position 2. Le mercure coule
de D en A, chassant l'air à l'extérieur. Refermez r (position 1),
abaissez D, puis placez r en position 3. Une nouvelle portion
de l'air de R pénètre dans A. Refermez r, remontez D, ouvrez r
en position 2, pour chasser l'air à l'extérieur, et recommencez
la même manœuvre, jusqu'à ce que tout l'air resté dans R ait
passé successivement dans A, et de là à l'extérieur.

Théoriquement, il faudrait répéter les mouvements d'ascension et de descente de la boule D un nombre infini de fois pour
purger complètement d'air le ballon R. La présence de la petite
quantité d'eau que l'on a introduite au début dans le ballon R,
abrège considérablement l'opération. Chaque fois que l'on
met r en position 3, de manière à faire communiquer R et A,
cette eau entre brusquement en ébullition, et la vapeur d'eau se
précipite dans A, en poussant l'air devant elle. Grâce à ce

phénomène, le vide complet peut être obtenu au bout d'une demi-douzaine de coups de pompe.

Il est bon de faire exécuter toutes les manipulations de l'extraction des gaz, par une personne habituée au maniement de la pompe à mercure. La moindre distraction dans la manœuvre des boules A et D ou dans celle du robinet peut faire perdre les résultats de l'expérience, et ce qui est plus grave, occasionner le bris de la boule A ou du robinet *r*.

Il faut éviter de laisser A en communication ouverte avec R, dès que l'on a commencé à chauffer. Le robinet *r* ne sera donc chaque fois placé en position 3 que pendant un instant fort court.

De plus, il est indispensable, lorsqu'on remonte la boule D, et que le mercure se précipite dans le réservoir A, de ralentir l'écoulement du mercure au moment où il achève de remplir la partie supérieure conique de la boule A, dans le voisinage de la clef *r*. On réglera l'arrivée du mercure dans la boule A, en pinçant entre les doigts le gros tube de caoutchouc qui relie D à A. Cette précaution présente une importance capitale lors des derniers coups de pompe que l'on donne, ceux où la boule A contient fort peu d'air ou de gaz, ou est même entièrement vide. Si on néglige d'y faire attention, on risque de voir voler la boule A en éclats, sous la projection violente du mercure qui se précipite dans cet espace vide.

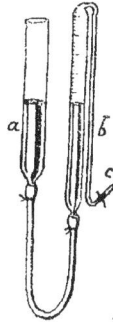

Fig. 85. — Appareil pour recueillir et mesurer à l'abri de l'air, le sang destiné à l'extraction des gaz (Fredericq et Nuel, *Physiologie*).

b, récipient jaugé et gradué, rempli de mercure, pouvant être mis en rapport, par la canule *c*, soit avec l'intérieur d'une artère ou d'une veine, soit avec le récipient de la pompe à mercure. — *a*, réservoir mobile communiquant avec *b*, par un tube de caoutchouc.

42. Extraction des gaz du sang par la pompe à mercure. — Le vide ayant été fait dans le ballon R, rattaché à la pompe à mercure, et l'eau qui entoure ce ballon ayant été chauffée à 50° à 55°, procédez à l'introduction du sang à analyser.

Mettez à nu la carotide et la jugulaire d'un grand chien anesthésié. Observez la différence de teinte du sang artériel et du sang veineux. Puisez dans le bout central de la carotide, au moyen d'une seringue graduée, ou d'une pipette à déplacement (fig. 85), remplie de mercure, 50 c. c. de sang artériel; faites-les pénétrer par le tube t dans le grand ballon R, où le vide a été fait. Observez l'ébullition du sang dans le vide, et la réduction de l'hémoglobine. Extrayez les gaz par la manœuvre combinée de la boule mobile D et du robinet r, comme il a été dit au numéro précédent. Faites-les passer dans un tube b, gradué en dixièmes de centimètre cube, rempli au préalable de mercure, et maintenu sur la petite cuve à mercure C, qui surmonte le tube vertical venant du robinet r de la pompe (fig. 84).

43. Analyse sommaire des gaz du sang artériel. — Le tube renfermant les gaz extraits du sang (n° 42) est bouché au moyen du doigt, et transporté sur la cuve à mercure (fig. 86). Il est maintenu immergé sous le mercure pendant cinq minutes, au moyen d'une pince fixée à un support. Notez la température du mercure, qui peut être considérée comme donnant celle du gaz à analyser. Soulevez le tube à analyse et placez-le verticalement, de manière que le niveau du mercure à l'intérieur du tube, coïncide avec le niveau de la cuve à mercure : le gaz est à la pression barométrique. Notez la valeur de cette pression au baromètre à mercure. Notez le volume du gaz : 1° avant toute manipulation; 2° après absorption de CO_2 par 1 à 2 c. c. de solution potassique introduite au moyen d'une pipette à bec recourbé (p, fig. 86); 3° après absorption de l'oxygène par 2 à 3 c. c. de solution d'acide pyrogallique introduits de la même façon.

Toutes les lectures de volume se font après immersion du tube pendant cinq minutes sous le mercure, et après que le tube a été replacé à la pression ordinaire de l'atmosphère.

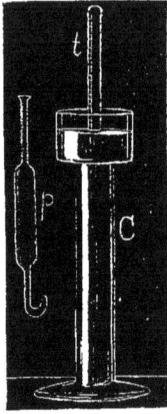

Fig. 86. — Cuve à mercure pour l'analyse des gaz extraits du sang, employée dans les laboratoires français. (Fredericq et Nuel, *Physiologie*.)

C, cuve à mercure en verre. — t, cloche graduée contenant le gaz à analyser. — p, pipette pour introduire la solution d'acide pyrogallique.

Le volume de CO_2 est obtenu en soustrayant le volume 2° du volume 1° ; celui de l'oxygène, en soustrayant le volume 3° du volume 2°; celui de l'azote correspond au volume 3°. On double les volumes trouvés, pour pouvoir les rapporter à 100 c. c. de sang, et on les réduit à 0° et 760^{mm} P., en se servant des coefficients des tables de réduction publiées par W. Hesse (Tabellen zur Reduction eines Gasvolumen. Braunschweig, 1879).

Répéter l'extraction et l'analyse pour 50 c. c. de sang veineux.

Exemple : Chien profondément anesthésié par la morphine, respirant lentement; 50 c.c. de sang artériel sont introduits dans la pompe à mercure, et fournissent 24 c.c. de gaz.

1° Volume primitif : 24,0

2° Après absorption par KHO : 10,2 d'où $CO_2 = 13,8$;

3° Après absorption par l'acide

            pyrogallique : 1,0 d'où $O = 9,2$;

                        d'où $Az = 1$.

La pression barométrique $= 766^{mm}$, la température des gaz $= 22°$.

D'après les tables de Hesse, il faut diviser toutes les valeurs trouvées par le coefficient 1.07076, ou en chiffres ronds 1.07.

Les 50 c. c. de sang contenaient :

    12,7 CO_2 à 0° et 760^{mm} P.

     8,6   O

     0,9   Az

100 c. c. contiennent :

$$12,7 \times 2 = 25,4 \ CO_2$$
$$8,6 \times 2 = 17,2 \ O$$
$$0,9 \times 2 = 1,8 \ Az$$

Dans l'exemple choisi, les valeurs trouvées pour CO_2 et O sont faibles, ce qui provient vraisemblablement de l'action de la morphine.

44. Les globules rouges, combinant leur action avec celle du vide et de la chaleur, décomposent le carbonate de

sodium. — Une solution de carbonate de sodium est introduite dans le récipient de la pompe contenant encore le résidu
de l'extraction des gaz du sang (n° 42).

Le carbonate est décomposé; et la manœuvre de la pompe
permet d'extraire du récipient une grande quantité de CO_2 (gaz
absorbable par KHO).

II. — Phénomènes chimiques de la respiration pulmonaire.

45. L'air de l'inspiration contient fort peu (3 à 4 dix-millièmes) **de CO_2.** — Faites passer un grand volume (20 à 50 litres)
d'air atmosphérique ordinaire, saturé d'humidité (par son passage sur une colonne de pierre ponce humide), successivement
à travers deux tubes renfermant un volume connu d'une solution

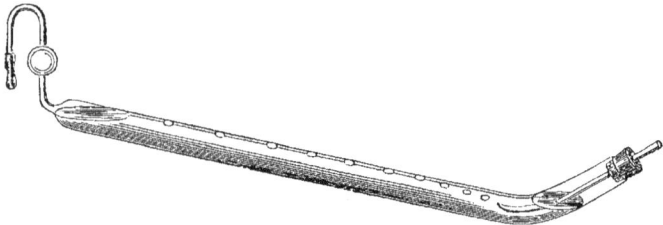

Fig. 87. — Tube à baryte de Pettenkofer (d'après Gilkinet, *Pharmacologie*).

de baryte titrée (tubes de Pettenkofer, fig. 87), au moyen d'un
aspirateur permettant en même temps de jauger le volume d'air
servant à l'analyse (1). La baryte se transforme partiellement
en carbonate, qui se dépose sous forme de précipité blanc.
A la fin de l'opération, la solution de baryte ainsi affaiblie est
recueillie, filtrée, et titrée. La différence de titre indique la
quantité de CO_2 absorbée.

Le titrage de la baryte s'exécute au moyen d'une solution

(1) L'opération dure trop longtemps pour être exécutée en entier devant les étudiants. On commence l'expérience 12 à 24 heures à l'avance,
de manière à en faire constater les résultats au cours d'exercices pratiques.

La solution de baryte qui sert aux analyses, est conservée à l'abri de
CO_2 de l'air atmosphérique, dans un flacon spécial (fig. 88).

également titrée d'acide oxalique (1). On verse l'acide oxalique
au moyen d'une burette graduée (fig. 5), d'abord par petites portions, puis goutte à goutte, dans un gobelet contenant un volume
connu de la solution barytique, jusqu'à ce que cette dernière
soit exactement neutralisée ; la neutralisa-
tion est atteinte, lorsque la solution barytique ne brunit plus le papier jaune de
curcuma.

Exemple. — On avait introduit dans les
deux tubes de Pettenkofer 50 c. c. de baryte,
correspondant à 100 c. c. de CO_2 (on contrôle le tirage de la baryte en analysant
le 1/5 : 10 c. c. exigent pour leur neutralisation 20 c. c. de solution d'acide oxalique). On a fait passer en 24 heures, à
travers l'appareil, 50 litres d'air. A la fin
de l'opération, nouveau titrage de la baryte.
Cette fois, 10 c. c. de baryte affaiblie n'exigent plus pour leur neutralisation, que
$16^{cc},4$ d'acide oxalique, soit $3^{cc},6$ en moins

Fig. 88. — Flacon spé-
cial pour la conser-
vation de la solu-
tion tirée de baryte
(d'après Gilkinet,
Pharmacologie).

qu'avant l'opération. Les 50 c. c. ont donc perdu de leur titre
l'équivalent de $5 \times 3,6 = 18$ c. c. de CO_2.

Les 50 litres d'air contenaient donc 18 c. c. de CO_2, soit environ 3,6 dix-millièmes de CO_2.

46. L'air de l'expiration contient beaucoup (4 à 5 p. 100) de
CO_2. — Exécutez un certain nombre d'expirations à travers
une pipette à robinet de 100 c. c., le robinet ayant été enlevé
(fig. 89). Refermez le robinet. Bouchez l'orifice inférieur de la
pipette, et portez-la sur une cuve à eau ou sur une cuve à mercure. Refroidissez le gaz de la pipette, à côté d'un thermomètre,
sous un robinet débitant l'eau de la ville ; faites la lecture du
volume (en *a*, fig. 89), en ayant soin d'égaliser le niveau du liquide à l'intérieur et à l'extérieur de la pipette. Notez ce volume
et notez la température. Versez quelques centimètres cubes de
solution de potasse caustique dans le tube *c*, au-dessus du

(1) La solution d'acide oxalique est composée de manière à ce qu'elle
corresponde à un égal volume de CO_2 ; elle renferme par litre : $5^{gr},6431$
d'acide oxalique cristallisé.

robinet *b*. Ouvrez ce dernier avec précaution, de manière à permettre à une partie de la potasse de pénétrer dans la pipette, dont vous bouchez l'orifice inférieur avec le doigt.

Continuant à boucher cet orifice, retournez la pipette plusieurs fois, de manière à promener la potasse à la surface interne du verre : introduisez au besoin une nouvelle quantité de potasse. Au bout de 5 minutes, l'absorption de CO_2 est terminée. Remettez la pipette sur la cuve à eau, sous le robinet débitant l'eau de la ville, puis égalisez les niveaux, et faites une nouvelle lecture en *a*. La différence des deux lectures correspond au volume de CO_2, contenu dans l'air analysé.

Exemple. — Volume d'air dans la pipette : $99^{cc},2$. Volume d'air après absorption de CO : $95^{cc},3$, d'où $CO_2 = 3^{cc},9$. — L'air de l'expiration contenait donc environ 4 p. 100 de CO_2.

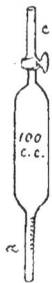

Fig. 89. — Pipette servant à doser CO_2 dans l'air de l'expiration.

Si vous voulez simplement constater que l'air de l'expiration contient des quantités notables de CO_2, soufflez, au moyen d'un tube de verre, dans une solution de baryte, renfermée dans un verre à pied ou un gobelet, de manière à faire barboter l'air de l'expiration à travers la baryte : il se forme, en peu d'instants, un abondant précipité blanc de carbonate de baryum.

47. L'air de l'inspiration contient 21 p. 100 d'oxygène. L'air de l'expiration en contient 17 p. 100. — Analysez sur la cuve à mercure, par le procédé sommaire indiqué au n° 43, un échantillon d'air atmosphérique ordinaire, et un échantillon d'air de l'expiration.

Il est utile de refaire ces analyses par un procédé plus exact, par exemple au moyen des burettes de Hempel, de l'appareil de Geppert, ou par la méthode de Bunsen.

48. Analyse des gaz au moyen des burettes et pipettes de Hempel. — La burette A (fig. 90), qui sert à mesurer le gaz, est un long tube vertical gradué en dixièmes de centimètres cubes. Elle communique inférieurement, par un mince tube de caoutchouc *c*, avec le réservoir mobile B, qui n'est autre qu'un long tube de verre que l'on remplit d'eau distillée. L'extrémité supérieure effilée de la burette A porte un tube de caoutchouc muni d'une pince à pression. Cette extrémité a peut être mise en rapport avec l'atmosphère extérieure, ou avec un récipient contenant le gaz à analyser; elle sert à introduire

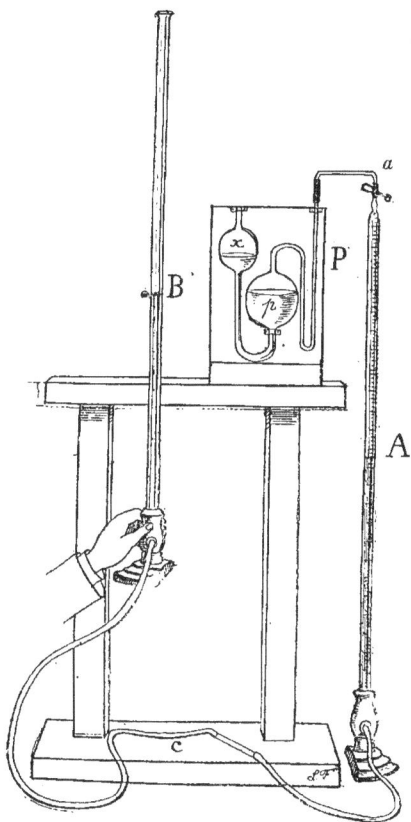

Fig. 90. — Burette de Hempel pour l'analyse de l'air et pipette à potasse pour l'absorption de CO_2.

le gaz dans A. Le gaz une fois mesuré, cette extrémité est mise successivement en rapport avec les pipettes (P, fig. 90 et fig. 91) qui contiennent les réactifs destinés à absorber l'oxygène, l'acide carbonique, etc. Le gaz qui a passé de la burette dans la pipette, retourne ensuite dans la première par le même chemin *a*, pour y être mesuré à nouveau. La différence de volume correspond à la quantité de gaz absorbé dans la pipette.

Toutes les mesures se font à la pression barométrique ordinaire, c'est-à-dire que l'on abaisse le tube B, jusqu'à ce que les niveaux soient à la même hauteur dans A et dans B. On augmente la précision de cette opération, en plaçant un miroir derrière les tubes A et B. Il est facile alors de donner à B une position telle que les niveaux de A, de B et de leurs images réfléchies soient sur le prolongement les unes des autres.

Toutes les mesures se font à la même température. A cet effet, la burette A est entourée d'un large tube de verre analogue au réfrigérant de Liebig, au moyen duquel on entretient autour de A un courant d'eau à température constante (eau de la ville par exemple). Ce réfrigérant n'a pas été représenté pour ne pas compliquer la figure.

48 *bis*. Analyse de l'air atmosphérique. — Ouvrez la pince *a* de A, et faites communiquer son extrémité supérieure avec l'air extérieur. Élevez B au-dessus de A : l'eau s'écoule dans A, et chasse à l'extérieur le gaz qui s'y trouvait. Abaissez fortement B, de manière à aspirer au delà de 100 c.c. d'air extérieur dans A. Pincez avec les doigts le caoutchouc *c*, et placez B sur la table à côté de A. Desserrez légèrement *c* de manière à permettre à l'eau de B de couler très lentement dans A ; arrêtez-vous au moment ou la partie convexe inférieure du ménisque liquide est exactement tangente au trait 100 de A. Attendez que cet air ait pris la température de l'eau du manchon, et mesurez de nouveau. A doit contenir 100 c.c. d'air à la pression barométrique extérieure et à la température de l'eau. Fermez la pince *a*, et desserrez le tube en caoutchouc *c*.

Versez supérieurement quelques gouttes d'eau dans le tube de caoutchouc qui surmonte A, et rattachez ce caoutchouc à la

---

(1) Les bâtons de phosphore auront 2 millimètres de diamètre. On les fabrique en faisant fondre du phosphore dans l'eau au fond d'une éprouvette. On fait entrer ce phosphore dans un tube de verre suffisamment conique, en plongeant dans le phosphore fondu l'extrémité la plus large du tube. On bouche avec le doigt, et on porte le tube dans l'eau froide. Le phosphore se solidifie instantanément et se détache facilement du tube. L'appareil à phosphore doit être conservé dans l'obscurité.

pipette qui contient des bâtons de phosphore noyés dans l'eau
(fig. 91). Chassez l'air de A dans la pipette; à cet effet, ouvrez
la pince *a* et soulevez B, de manière que l'eau de B pousse tout
le gaz de A dans la pipette, et ap-
paraisse à l'entrée de celle-ci. Laissez au contact pendant cinq minutes ; puis faites rentrer le gaz en
A, en ouvrant la pince *a*, et en
abaissant B, jusqu'à ce que l'eau
de la pipette apparaisse près de
la pince *a* : fermez celle-ci. Placez
B, de manière que les niveaux
coïncident en A et en B, après
avoir attendu que le gaz ait eu le
temps de prendre la température
de l'eau du manchon. Faites la
lecture du volume gazeux V. Répétez une seconde fois la même
manœuvre d'introduction du gaz

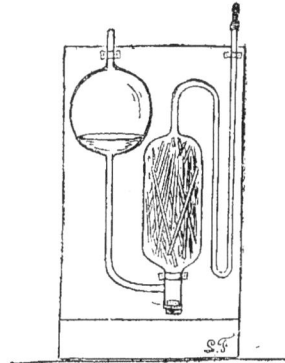

Fig. 91. — Pipette à bâtons de phosphore pour l'absorption de l'oxygène.

dans la pipette et d'aspiration ultérieure en A. Répétez également la lecture du volume V.

100 — V représente la proportion centésimale d'oxygène
= 20,9 environ.

L'analyse de l'air de l'expiration se fait de la même façon.
L'air est expiré dans un spiromètre, dans un gazomètre ou
dans un sac en caoutchouc, puis introduit dans le tube A et
mesuré. On procède d'abord à l'absorption de CO_2, au moyen
d'une pipette contenant une solution de potasse (au tiers). La
manœuvre de la pipette à potasse est la même que celle de la
pipette à phosphore. On mesure. On recommence une seconde
fois l'opération. On mesure de nouveau. Soit V' le volume
trouvé.

Puis on procède à l'absorption de l'oxygène et à sa mesure,
comme il a été dit plus haut. Soit V″ le volume.

100 — V' représente la proportion centésimale de CO_2.

V' — V″   —   —   —   d'oxygène.
V″   —   —   —   d'azote.

49. Un cobaye ou un pigeon (animal de petite taille) produit beaucoup plus de CO_2 qu'un homme (par unité de poids). — Introduisez un pigeon ou un cobaye dans le récipient A de l'appareil de la figure 92, à travers lequel vous faites passer

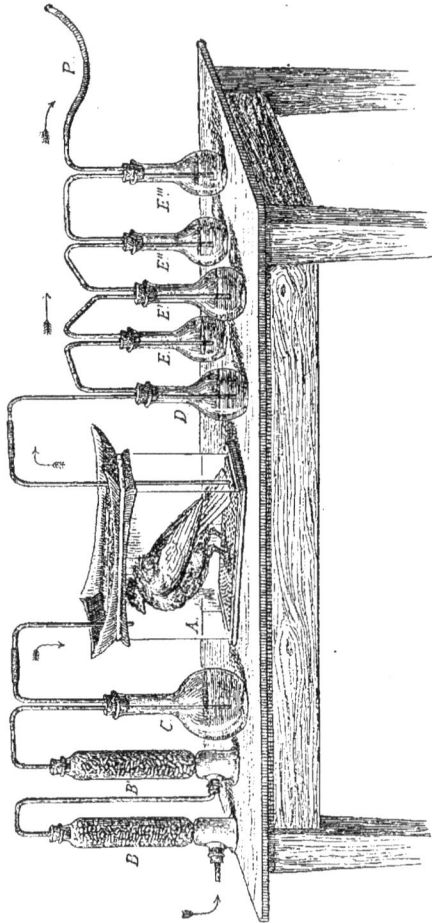

Fig. 92. — Appareil servant à doser CO^2 produit par la respiration du cobaye ou du pigeon (Corin et Van Beneden, *Régulation de la température chez les pigeons privés d'hémisphères cérébraux*).

B, B', vases à potasse destinés à retenir CO_2 de l'air qui entre dans l'appareil. — C, ballon témoin contenant de l'eau de baryte claire. — A, récipient en verre renfermant le pigeon ou le cobaye en expérience. — D, eau distillée. — E, E', E'', E''', ballons contenant chacun 125 à 150 c. c. d'eau de baryte titrée. — P, tube aspirant l'air à travers tout l'appareil.

un courant d'air énergique, au moyen d'un aspirateur (trompe à eau) agissant en P. L'air qui pénètre dans l'appareil est privé de CO_2 dans les cylindres à potasse B, B' : il ne doit plus troubler l'eau de baryte du ballon C. Le ballon D contient de l'eau ; les ballons E, E′, E″, E‴, renferment ensemble 500 cc. d'une solution concentrée de baryte titrée.

Faites fonctionner l'appareil tant que la baryte du ballon E‴ reste claire ; arrêtez l'expérience dès que cette baryte commence à se troubler, ce qui arrive au bout d'une demi-heure à une heure. Terminez l'expérience en chassant rapidement un très grand volume d'air à travers l'appareil, pendant deux ou trois minutes.

Après l'expérience, la baryte des ballons E′, E″, E‴, est réunie, mélangée et repassée une fois en entier à travers chacun de ces ballons, de manière à rendre le mélange bien homogène. Si vous êtes pressé, filtrez immédiatement une partie de cette baryte, puis déterminez-en le titre ; mais il vaut mieux attendre le dépôt spontané du carbonate de baryum, et enlever, au moyen d'une pipette, la quantité nécessaire du liquide surnageant.

Connaissant la durée de l'expérience (30 minutes, par ex.), le poids du cobaye (527 gr., par ex.), la quantité de baryte (500 c.c.), son titre avant l'expérience (10 c.c. correspondant à $28^{cc},8$ d'acide carbonique) et après celle-ci (10 c.c. correspondant à $22^{cc},1$ d'acide), il est facile de calculer la quantité de CO_2 produite par heure et par kilogramme d'animal. Dans l'exemple choisi, cette quantité

$$\frac{(28,8-22,1) \times 50}{527} \times 2 \times 1000 = 1270 \text{ c.c. de } CO_2,$$

c'est-à-dire plusieurs fois la valeur de l'exhalation de CO_2 (par kilogramme), chez l'homme.

50. Un lapin consomme moins d'oxygène à la température ordinaire du laboratoire, que s'il est refroidi par une aspersion d'eau glacée. — Un gros lapin (L, fig. 93) respire au moyen d'une canule trachéale (1), et d'un tube en caoutchouc

(1) Il n'est pas nécessaire d'attacher l'animal pour fixer la canule dans la trachée. L'opération ne paraît pas très douloureuse (on peut d'ailleurs anesthésier l'animal en lui injectant dans l'estomac 7 à 10 c.c. d'alcool, dilués avec deux fois leur volume d'eau — attendre que l'anesthésie se

court et épais, l'oxygène de la cloche graduée O de l'oxygénographe (fig. 93). Les deux flacons laveurs A sont intercalés
sur le tube qui va du réservoir d'oxygène à l'animal. Ils font
office de soupape, l'un servant à l'inspiration, l'autre à l'expiration. Les mouvements respiratoires de l'animal font ainsi
barboter l'air à travers la solution chargée d'absorber CO_2. Un
petit flacon de Woulff KHO, à potasse solide, humide, se
trouve encore intercalé sur le trajet du gaz respiré, et achève
de le débarrasser de CO_2. De cette façon, la diminution du
volume gazeux dans la cloche O correspond exactement à la
quantité d'oxygène consommée par l'animal : comme la cloche
est équilibrée par un contre-poids automatique, elle s'enfonce
progressivement dans le bain de chlorure de calcium R, à
mesure que le volume du gaz diminue : la consommation de
l'oxygène se lit directement par les changements de niveau
à l'intérieur de la cloche graduée.

Notez, de minute en minute (chaque fois que l'aiguille des
secondes d'une montre passe au-devant du trait 60), la position moyenne de la cloche (malgré les mouvements de va-et-
vient dus à la respiration de l'animal), en ayant soin que ces
annotations s'étendent sur une durée de 6, 10 ou 15 minutes.
Il suffit alors de multiplier le nombre trouvé par 10, par 6 ou
par 4, et de diviser par le poids de l'animal, pour avoir la
consommation d'oxygène du lapin par kilogramme-heure
(faire la correction de température et de pression du gaz,
d'après les tables de Hesse).

Refaites une seconde expérience dans les mêmes conditions,
mais en ayant soin de placer l'animal sous un robinet, permettant de l'asperger d'eau froide au début de l'expérience, ou
pendant une partie de celle-ci.

---

soit dissipée avant de commencer le dosage d'oxygène). Un aide maintient
les pattes du lapin de la main droite, et tient solidement la tête de la main
gauche, le pouce appuyé sur la mâchoire inférieure, tandis que les quatre
doigts s'appliquent sur la voûte cranienne. L'opérateur qui fixe la canule
dans la trachée, se place en face de l'aide, de manière à avoir le corps du
lapin à sa gauche, la tête à sa droite.

Pendant le dosage d'oxygène, le lapin n'est pas attaché; on l'empêche
seulement de se déplacer, en le maintenant à la main, ou en le plaçant
dans le petit chariot spécial imaginé par le professeur Michel.

L'animal consommera par exemple 600 à 800 c.c. par kilo-gramme-heure dans la première expérience, et 900 à 1000 dans la seconde.

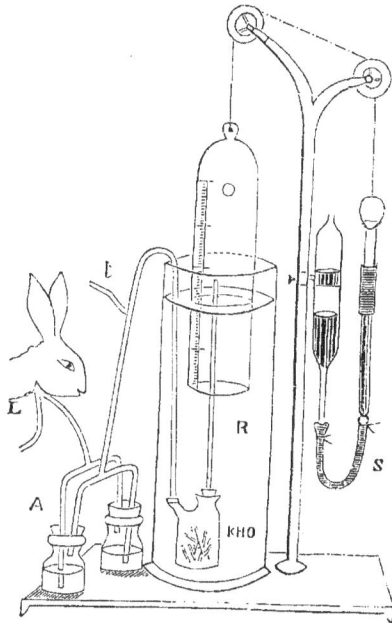

Fig. 93. — *Oxygénographe* de l'auteur. — Appareil destiné à mesurer et à enre-gistrer la consommation respiratoire d'oxygène du lapin (Fredericq et Nuel, *Physiologie*).

L'animal respire (à travers les flacons laveurs à solution de potasse, figurés en A, et le flacon à potasse solide KHO) l'oxygène contenu dans la cloche graduée O. La cloche O est équilibrée automatiquement dans toutes ses positions par le contre-poids à siphon S. — Tel qu'il est représenté figure 93, l'appareil fonc-tionne comme oxygénomètre : le signal électro magnétique, l'horloge et le cylin-dre servant à enregistrer la consommation de l'oxygène, ont été omis dans la figure.

51. L'homme consomme moins d'oxygène (250 à 300 c.c.) par kilogramme-heure que le lapin et les petits mammi-fères. — L'appareil représenté figure 94, sert à mesurer la consommation d'oxygène chez l'homme. Il est construit sur le même principe que l'oxygénographe pour lapin de la figure 93. Le sujet respire par l'embouchure E (les narines

étant fermées par une pince à ressort), l'oxygène contenu
dans la cloche mobile O, qui flotte sur un bain de chlorure de
calcium. Sur le trajet du réservoir d'oxygène à la bouche du
sujet, se trouvent intercalées les caisses *a* et *b*, contenant un
mélange de chaux et de soude caustique, destiné à absorber

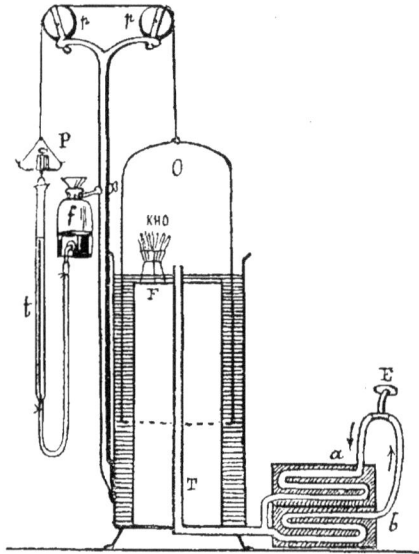

Fig. 94. — Appareil respiratoire de l'auteur applicable à l'homme (Léon Fredericq, *Régulation de la température chez les animaux à sang chaud*).

E, embouchure en métal. — *a* et *b*, caisses d'absorption remplies de chaux
et de soude. — *a*, trajet de l'air de l'expiration. — *b*, trajet de l'air de l'inspiration. — F, réservoir à double paroi renfermant une solution saturée de chlorure de calcium. — T, tube allant des caisses d'absorption à la cloche d'oxygène O.
La chaînette qui suspend la cloche O passe sur les poulies *p*, *p*, pour rejoindre
le contre-poids automatique P. — *t*, tube relié par un siphon au flacon *f* contenant du mercure. — KHO, potasse.

l'anhydride carbonique. L'inspiration se fait à travers l'une
des caisses *b*, l'expiration à travers l'autre *a*, le sujet comprimant lui-même au moyen des doigts alternativement le tube *a*,
ou le tube *b* (tubes en caoutchouc). La diminution de volume subie par le mélange gazeux renfermé dans la cloche O,
à la fin de l'expérience, représente la quantité d'oxygène
consommée; on ne mesure pas la quantité de CO_2 exhalée.

Je consomme par exemple, à jeun, en 15 minutes : 5 litres d'oxygène, soit par heure 20 litres. Comme mon poids est de 80 kilogrammes cela fait 250 c.c. par kilogramme-heure.

Il est essentiel, dans cette expérience, que les poumons du sujet soient au même état de distension (expiration forcée par ex.), au début et à la fin de l'expérience : le sujet fera une expiration profonde à l'air extérieur, avant de s'appliquer

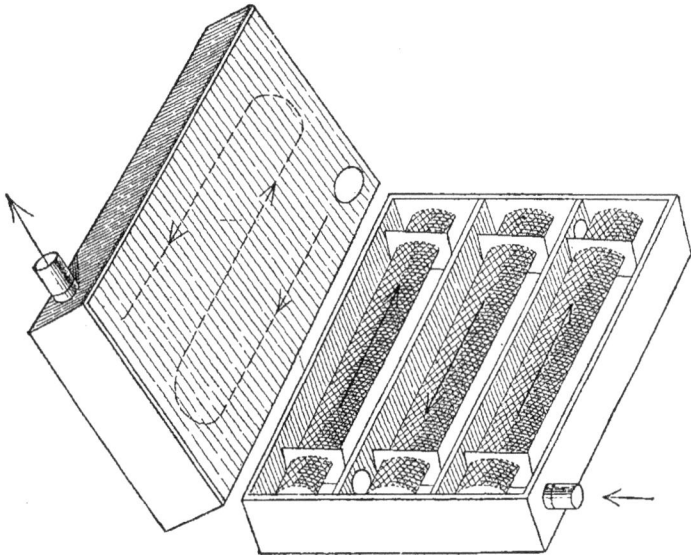

Fig. 95. — Caisse d'absorption de l'appareil représenté figure 94 (Léon Frede-ricq, *Régul. temp.*).

l'embouchure E, au début de l'expérience. Au bout de 15 minutes, il termine en faisant une expiration profonde dans l'appareil, puis il détache l'embouchure E et ferme les tubes *a* et *b*.

La figure 95 montre les détails de la construction d'une des caisses d'absorption (imaginée par Schwann, 1868) : l'air respiré traverse un long canal plusieurs fois replié sur lui-même, et creusé dans une bouillie de chaux et de soude. Les parois de ce canal sont soutenues par une toile métallique.

52. Un animal à sang froid produit plus de CO_2 à la tem-

pérature ordinaire qu'à 0°. — Pesez ensemble 3 à 5 grenouilles que vous introduisez dans le récipient central de
l'appareil, figure 96, construit sur le même principe que celui
de la figure 92. L'air est privé de CO_2 à son entrée dans l'appareil; CO_2 produit par l'animal est retenu par la baryte de

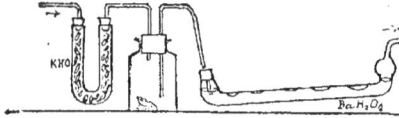

Fig. 96. — Schéma de l'appareil destiné à doser CO_2 produit par la grenouille. On n'a représenté qu'un tube à potasse et un tube à baryte

deux tubes de Pettenkofer. On titre la baryte
avant et après l'expérience. Faites deux expériences : l'une avec des
grenouilles conservées
au laboratoire depuis
plusieurs jours, et placées dans l'appareil à la
température du laboratoire ; l'autre avec des grenouilles conservées depuis la veille dans un vase entouré de glace. Placez-les
dans l'appareil respiratoire avec quelques morceaux de glace.

Les grenouilles produisent par exemple 40 c.c. de CO^2 par
kilogramme-heure à $+ 18°$, et seulement 5 c.c. à $+ 1°$.

53. Le quotient respiratoire $\dfrac{CO^2}{O_2}$ est inférieur à l'unité. —

Prenez un gros lapin portant une canule trachéale, rattachez-
le à l'*oxygénographe* (voir fig. 93), pour déterminer la consommation d'oxygène et la production de CO_2. L'oxygène disparu
est indiqué directement par la descente de la cloche ; CO_2 se
dose facilement pour une expérience de courte durée (6-10 minutes), au moyen de deux assez grands flacons à solution très
concentrée de baryte titrée, remplaçant les deux petits flacons
laveurs à potasse A de l'oxygénographe. Supprimez le flacon à
potasse KHO.

A la fin de l'expérience, détachez l'animal et remplacez-le
par une forte seringue fonctionnant sous l'eau, et rattachée
au tube de l'oxygénographe. Aspirez à différentes reprises le
contenu gazeux de la cloche O, réinjectez-le à travers les
flacons à baryte, de manière à faire absorber la petite quantité
de CO_2 qui peut-être restée dans l'appareil. Mélangez le contenu des deux flacons à baryte, et faites le titrage.

L'animal consommera par exemple 700cc O_2, par kilogramme-heure; il exhalera 600^{cc}, CO_2. Quotient respiratoire $\frac{6}{7} = 0,857 < 1$.

54. L'oxygène pur, comprimé à plus de 3 atmosphères 1/2 de pression, provoque des convulsions et la mort. — On introduit un moineau ou une souris dans le cylindre en verre de l'appareil de la figure 97. Après avoir fixé solidement le couvercle en métal, on fait arriver de l'oxygène par le tube t. On le comprime à cinq atmosphères (pression mesurée au manomètre m), au moyen d'une petite pompe à main; puis on ferme le robinet r. L'animal ne tarde pas à présenter des convulsions et à mourir.

55. La respiration d'un mélange gazeux privé d'oxygène provoque les symptômes de l'asphyxie. — Faites sur un lapin anesthésié par l'alcool, une inscription de pression sanguine (manomètre relié à la carotide, inscrivant le graphique de pression artérielle sur l'appareil enregistreur de Hering) et de respiration (sonde œsophagienne reliée à un tambour à levier, ou simplement tambour à levier relié au tube t de l'oxygénographe de la figure 93).

Fig. 97. — Appareil servant à comprimer l'oxygène à 5 atmosphères.

Une canule a été placée dans la trachée de l'animal; elle sert à le relier à l'oxygénographe, au moment où l'on commence l'expérience d'asphyxie. Pour cette expérience, l'oxygénographe (voir fig. 93) est rempli d'hydrogène, les flacons A renfermant de la potasse.

L'observation de l'animal et des graphiques permet de distinguer un premier stade *de dyspnée* (durée : 35 secondes), puis *de convulsions* (durée : 35 secondes également), pendant lequel les mouvements respiratoires deviennent convulsifs, et prennent le caractère de véritables accès d'expiration, auxquels participent presque tous les muscles du corps. En même temps la pression artérielle monte (resserrement des vaisseaux abdominaux, dilatation des vaisseaux cutanés), quoique les battements du cœur soient fortement ralentis (excitation du centre d'arrêt du cœur).

Au bout d'un peu plus d'une minute, le stade de *dyspnée* et de *convulsions* fait brusquement place au stade de *paralysie*, qui débute par un long arrêt de la respiration. L'animal perd connaissance, et tombe sur le flanc (quand il n'est pas attaché); la pression sanguine baisse brusquement; il y a constriction des vaisseaux de la peau (observer ceux de l'oreille), et dilatation de ceux de l'intestin; la pupille est contractée; il se produit encore, de loin en loin, quelques rares mouvements d'inspiration, qui vont en s'affaiblissant jusqu'à la mort. Les pulsations du cœur sont très accélérées, et persistent quelque temps après le dernier mouvement respiratoire. (Durée du stade de paralysie : 1^m30^s, jusqu'à la cessation des mouvements respiratoires; 3^m30^s, jusqu'à l'arrêt du cœur.)

56. Les symptômes de l'empoisonnement par CO_2 sont différents de ceux de l'asphyxie. — On introduit dans un grand sac en caoutchouc (fig. 98) un mélange contenant 20 à 30 p. 100 d'oxygène (au moins autant que l'air atmosphérique), 30 à 60 p. 100 de CO_2, et le reste d'azote. On vérifie la composition de ce mélange gazeux, en en faisant, sur la cuve à mercure, une analyse sommaire, d'après le procédé du n° 43.

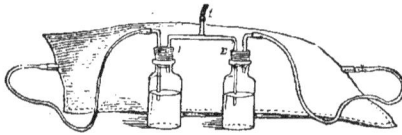

Fig. 98. — Sac en caoutchouc rempli d'un mélange de CO² et d'oxygène, que l'on fait respirer au lapin par le tube *t*, à travers les deux flacons laveurs E et I, contenant de l'eau. L'inspiration se fait par le flacon I; l'expiration par le flacon E.

On fait respirer ce mélange par une canule trachéale *t* (et par l'intermédiaire de deux flacons laveurs I et E contenant de l'eau et faisant office de valvules d'inspiration et d'expiration), à un lapin, dont on prend en même temps (comme dans l'expérience n° 55), un tracé de pression sanguine et un tracé de respiration.

Après une courte période d'excitation (35 secondes en moyenne), s'établit une narcose paisible, qui peut se prolonger pendant plusieurs heures.

III. — Phénomènes mécaniques de la respiration pulmonaire.

57. Mouvements des côtes. — Observez, sur vous-mêmes, le soulèvement des côtes et du sternum qui se produit à chaque mouvement d'inspiration, et le mouvement d'arrière en avant que la paroi abdominale antérieure exécute en même temps.

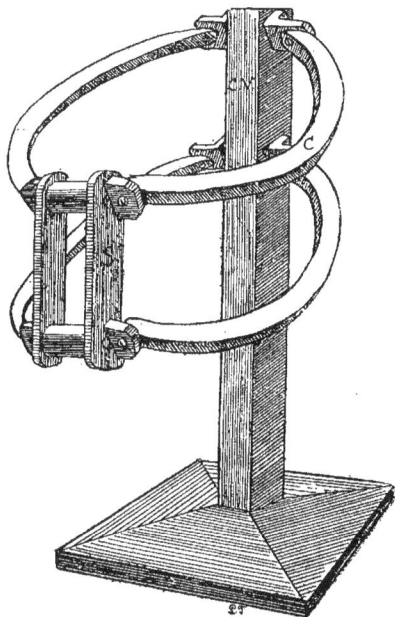

Fig. 99. — Modèle en bois destiné à démontrer les mouvements de soulèvement et de torsion des côtes lors de l'inspiration. — CV, colonne vertébrale. — S, sternum. — C, côtes.

Les mouvements de torsion et de soulèvement des côtes sont démontrés sur des modèles en bois (voir fig. 99).

58. Vide pleural. — Fixez un tube de verre dans la trachée d'un cadavre humain, ou mieux d'un cadavre de chien. Reliez cette canule trachéale, par un tube de caoutchouc, avec un manomètre à air libre (tube en U, contenant de l'eau colorée). La réunion doit être hermétique. Percez à droite et à gauche un ou deux espaces intercostaux : l'air extérieur se précipite dans la poitrine, pour combler le vide virtuel (*vide pleural*) qui y régnait avant l'ouverture de cette cavité.

Le poumon n'étant plus soumis, sur sa face externe, à cette succion qui s'exerçait tant que le thorax était fermé, s'abandonne à sa rétractilité élastique, et comprime la masse d'air qu'il contient, d'où ascension de la colonne d'eau dans la branche libre du manomètre. Cette ascension peut servir de mesure à l'élasticité pulmonaire.

59. **Schéma de la ventilation pulmonaire**. — Fixez un tube de verre T dans la trachée d'un chien récemment sacrifié ; ouvrez largement le thorax, et isolez avec précaution trachée, bronches et poumons, en évitant de blesser ces derniers. Suspendez pou-

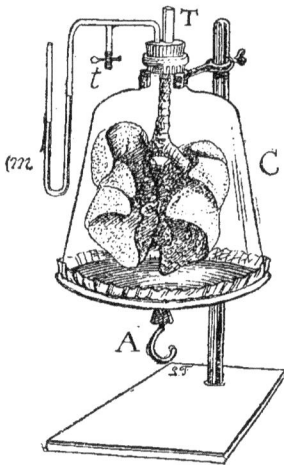

Fig. 100. — Schéma de la ventilation pulmonaire (Fredericq et Nuel, *Physiologie*).

mons, bronches et trachée dans la cloche tubulée C de l'appareil représenté figure 100. Le bouchon de la cloche est percé de deux trous : l'un livrant passage au tube T, sur lequel est liée la trachée ; l'autre traversé par un tube, qui établit une communication entre l'intérieur de la cloche et le manomètre à eau (eau colorée) *m*. Sur ce tube se trouve greffée une branche de bifurcation *t* munie d'un robinet. Fermez l'ouverture inférieure de la cloche par une feuille de caoutchouc souple, fixée hermétiquement au pourtour de la cloche. Cette feuille de caoutchouc, qui représente le diaphragme, porte en son milieu un crochet A, qui permet d'exercer une traction vers le bas. Par le tube *t*, aspirez une partie de l'air contenu dans la cloche, de manière à y produire un vide de quelques centimètres d'eau, vide indiqué au manomètre *m* ; refermez le robinet. Les poumons se dilatent sous l'influence de cette succion exercée sur leur face externe, et le diaphragme en caoutchouc bombe vers l'intérieur de la cloche.

L'appareil étant disposé comme il vient d'être dit, imitez le jeu du diaphragme dans la respiration naturelle, en exerçant sur le crochet A des tractions rythmées (inspirations) alternant avec des relâchements (expirations).

Observez à chaque abaissement du diaphragme, la dilatation des poumons et l'exagération du vide pleural mesuré au manomètre *m*.

60. Enregistrement des mouvements respiratoires de l'homme. — Le pneumographe de Marey est attaché autour du thorax. Dans cet appareil, la capsule à air sur laquelle agit

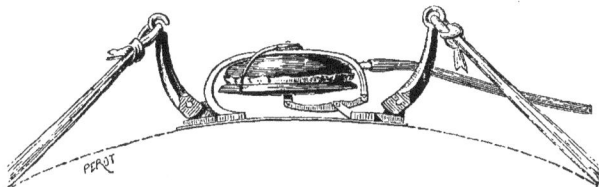

Fig. 101. — Pneumographe de Marey (Marey, *Méthode graphique*)

l'ampliation du périmètre thoracique, est disposée de manière que sa membrane se trouve déprimée pendant l'expiration.

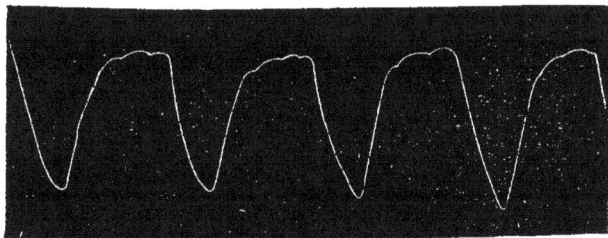

Fig. 102. — Graphique respiratoire de l'homme pris au moyen du pneumographe de Marey (d'après Marey).

Les mouvements transmis au tambour à levier tracent des graphiques comparables à ceux fournis par les manomètres inscripteurs.

61. Enregistrement des mouvements respiratoires du lapin. — Fixez une canule (tube de verre légèrement étranglé à deux centimètres de son extrémité) dans la trachée d'un lapin. Il n'est pas indispensable d'attacher l'animal pour cette opération : on peut le faire tenir par un aide, comme il est dit page 17.

Faites une incision sur la ligne médiane antérieure du cou, comprenant la peau et le peaucier ; ou, ce qui revient au même, enlevez d'un coup de ciseaux un lambeau de peau elliptique mettant à nu la région de la trachée. Séparez, au moyen de pinces à dissection, les muscles sterno-hyoïdien et sterno-thy-roïdien de droite d'avec ceux de gauche, et mettez à nu la tra-chée dans l'interstice ainsi créé. Isolez-la, en évitant de blesser

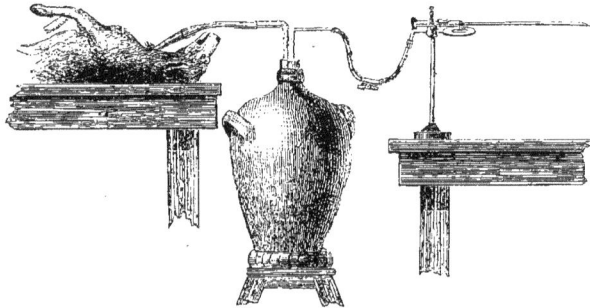

Fig. 103. — Enregistrement direct de l'air respiré par le chien
(Paul Bert, *Respiration*).

les récurrents. Passez un gros fil sous la trachée ; puis faites, d'un coup de ciseaux, à la partie antérieure de ce canal, une boutonnière dirigée vers la poitrine, suffisamment large pour y faire pénétrer le bout effilé de la canule de verre. Liez la trachée sur la canule, au niveau de l'étranglement de cette dernière. Reliez au moyen d'un tube de caoutchouc court et large, la trachée de l'animal avec un tube de verre (court et large), traversant le bouchon d'une grande bouteille (4 à 6 li-tres de capacité). Un second tube traverse pareillement le bouchon, et établit une communication entre l'atmosphère li-mitée de la bouteille et un tube de caoutchouc allant à un tam-bour à levier de Marey. A chaque inspiration, il se produit une dépression dans la bouteille, et une descente de la plume du tambour à levier. A chaque expiration, le tracé de la plume se relève. La figure 103 représente un appareil analogue appliqué au chien.

C'est ce procédé d'enregistrement des mouvements respiratoires qui est employé dans les expériences n°⁵ 66, 68, 69.

62. Enregistrement des mouvements respiratoires du chien. — Nous enregistrons les mouvements respiratoires du chien par deux procédés différents :

1° Par le pneumographe de Marey, ou toute autre capsule ou poche à air, placée contre le thorax. Si l'on fait simplement usage d'une poche en caoutchouc, fixée contre le thorax, par un lien circulaire, et reliée à un tambour à levier, la ligne d'ascension du tracé respiratoire correspond à l'inspiration, et la ligne de descente à l'expiration. Avec le pneumographe de Marey, la signification du tracé est inverse.

2° Par le procédé de la bouteille. Ce procédé n'est applicable qu'aux chiens de taille petite ou moyenne, les bouteilles ou bonbonnes dont nous disposons étant trop petites pour des chiens de grande taille.

63. Spiromètre. Capacité vitale. — Familiarisez-vous avec les détails du mécanisme du spiromètre. Le spiromètre de Hutchinson n'est autre qu'une grande cloche graduée C (fig. 104), flottant sur un bain d'eau, et équilibrée par un contre-poids p rattaché à la cloche par une corde passant sur une poulie. Le réservoir C porte un index i, qui marque, sur une échelle graduée, le volume gazeux contenu dans l'appareil. L'embouchure E communique avec l'intérieur du réservoir gradué, et permet de souffler de l'air dans l'appareil, ou d'en aspirer.

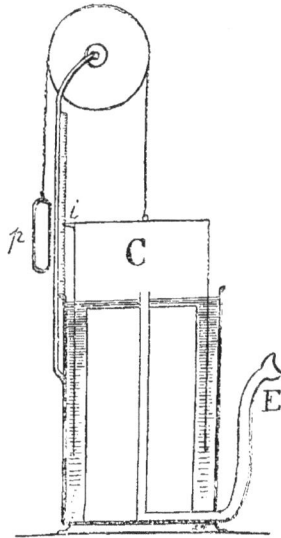

Fig. 104. — Schéma du spiromètre.

Faites à l'air extérieur une inspiration forcée, poussée à ses dernières limites, bouchez les narines, puis exécutez dans le

spiromètre (l'embouchure E étant appliquée hermétiquement
aux lèvres) un mouvement d'expiration poussé également à ses
dernières limites. Lisez le volume gazeux introduit dans le
spiromètre (3 à 5 litres) : il correspond à la *capacité vitale
d'Hutchinson*, c'est-à-dire à la plus grande masse d'air qu'un
individu puisse faire sortir de la poitrine, après avoir fait au
préalable une inspiration aussi profonde que possible.

Faites quelques mouvements respiratoires paisibles, se rapprochant autant que possible des mouvements normaux, en
ayant soin d'appliquer l'embout E à la bouche, et de fermer
les narines, de manière à pouvoir lire sur l'échelle graduée, la
valeur du volume d'air déplacé à chaque mouvement respiratoire. Ce volume correspond à un demi-litre environ.

IV. — RÉGULATION DE LA RESPIRATION.

64. Apnée chez l'homme. — Faites pendant une ou plusieurs minutes des mouvements respiratoires fréquents, mais
surtout extrêmement profonds, de manière à saturer d'oxygène
le sang qui circule dans les poumons, et à favoriser l'exhalation
de CO_2. Notez la facilité avec laquelle vous pouvez ensuite
suspendre tout mouvement respiratoire, pendant assez longtemps. Le besoin de respirer est complètement supprimé : vous
êtes à l'état d'apnée.

65. Apnée chez le lapin. — Fixez une canule en T dans
la trachée d'un lapin anesthésié, et attaché sur le dos sur le
support de Czermak. L'une des branches du T est reliée par
un tube de caoutchouc à un tambour à levier de Marey, qui
inscrit sur l'appareil enregistreur les variations de la pression
latérale dans la canule trachéale ; l'autre branche est mise en
rapport avec un tube de caoutchouc qui vient du petit soufflet
par lequel on pratique ordinairement les insufflations dans la
respiration artificielle. Ce tube de caoutchouc porte latéralement, tout près de la canule trachéale, un petit orifice destiné
à laisser échapper l'excédent de l'air et à permettre l'expiration à l'animal. Pratiquez des insufflations à intervalles régu-
liers, en actionnant le soufflet à la main, pendant quelques
minutes. Observez les mouvements des naseaux : leur rythme

s'accommode exactement à celui des insufflations. L'animal répond par une expiration (affaissement des narines), à chaque insufflation qui distend son poumon : il exécute un mouvement d'inspiration (dilatation des narines), à chaque affaissement des poumons qui survient dans l'intervalle entre deux insufflations. A mesure que les insufflations se prolongent, les mouvements des naseaux s'affaiblissent, pour disparaître complètement, au bout de peu de minutes : l'animal est à l'état d'apnée, il cesse de respirer; les naseaux sont immobiles; immobile aussi la plume du tambour à levier qui est reliée latéralement à la trachée. Au bout de quelques secondes, l'apnée cesse, les premiers mouvements respiratoires apparaissent, d'abord fortement affaiblis, puis croissant graduellement en énergie. Ces mouvements s'inscrivent sur l'appareil enregistreur.

66. Effets de la section des pneumogastriques sur le rythme respiratoire. — Prenez chez le lapin un graphique respiratoire, d'après le procédé de la bouteille. Coupez les pneumogastriques, et prenez un second graphique : notez le ralentissement des mouvements respiratoires. Le même animal peut servir à répéter les expériences du numéro précédent. Notez, après la section des pneumogastriques, l'absence de concordance entre les mouvements des naseaux et ceux du soufflet qui sert à pratiquer la respiration artificielle; enfin, la difficulté que vous éprouvez à obtenir l'apnée, malgré des insufflations énergiques et prolongées.

67. Expérience de Breuer-Hering. — **Arrêt respiratoire (en expiration) par insufflation pulmonaire.** — La trachée d'un lapin est reliée par une canule en T, avec le soufflet qui sert à la respiration artificielle, et avec un tambour à levier inscripteur, comme il a été dit au numéro 65. L'animal respire par l'orifice que présente le tube d'arrivée du soufflet. Prenez un tracé respiratoire normal. Pendant que le tracé s'inscrit, faites une insufflation pulmonaire au moyen du soufflet, et maintenez le poumon distendu, en comprimant le tube en caoutchouc à un point de son trajet situé entre la canule trachéale et l'orifice par lequel l'animal respire : la respiration s'arrête immédiatement en expiration, et ne reprend qu'au bout de peu d'ins-

tants. Il s'agit d'une action réflexe, ayant son point de départ
dans les terminaisons intrapulmonaires des pneumogastriques.

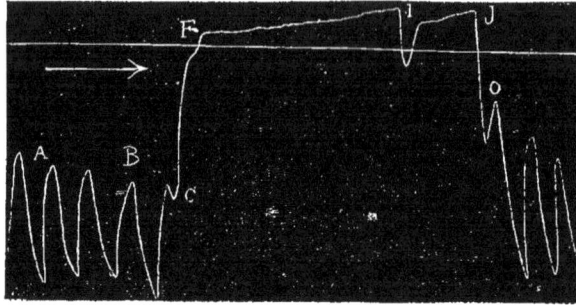

Fig. 105. — *Graphique respiratoire pris chez le lapin.* — Inspiration coupée (C)
et expiration prolongée (FI), par le fait de la distension pulmonaire. De A en
{B, respiration normale; en C, une insufflation en F, on ferme le tube d'arrivée
de l'air, pour maintenir les poumons distendus; de F en I, expiration; en J,
première inspiration; en O, on ouvre de nouveau le tube qui part de la canule
trachéale (Fredericq et Nuel, *Physiologie*).

Coupez ces nerfs et répétez l'expérience d'insufflation. L'arrêt en expiration ne se produit plus.

68. Excitation du pneumogastrique. — Enregistrez les
mouvements respiratoires d'un lapin portant une canule tra-

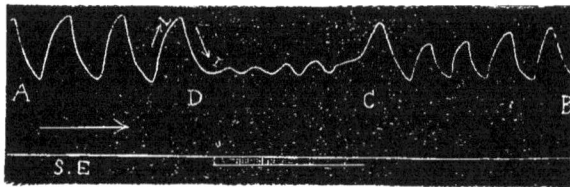

Fig. 106. — *Graphique respiratoire pris chez le lapin.* — Effet ordinaire de l'ex-
citation électrique du pneumogastrique (bout central). Arrêt en inspiration;
SE, tracé du signal électrique. De D en C, excitation du pneumogastrique
(Fredericq et Nuel, *Physiologie*).

chéale; reliez celle-ci avec une grande bouteille pleine d'air
communiquant avec un tambour à levier (voir n° 60). Isolez
un pneumogastrique. Ce nerf est situé à côté de la carotide
sous le sterno-mastoïdien. Coupez le pneumogastrique au

cou, aussi près de la poitrine que possible : déposez le bout
central du nerf sur deux électrodes excitatrices, reliées à
la bobine secondaire du chariot de du Bois-Reymond. La
bobine primaire est intercalée dans le circuit d'une pile électrique ; dans le même circuit se trouvent une clef-levier et le
signal Marcel Deprez. Excitez le pneumogastrique avec des
courants faibles (en écartant suffisamment les deux bobines). La
respiration s'inscrit sur l'appareil enregistreur, en regard du
tracé du signal électrique qui marque les moments d'excitation.
L'effet ordinaire de l'excitation du bout central du pneumogastrique est un effet d'inspiration (tétanos du diaphragme ou
accélération des inspirations, comme le montre la figure 106).

Excitation du pneumogastrique chez le lapin empoisonné par
CO_2. — Refaites l'expérience du numéro précédent sur un lapin
respirant un mélange renfermant de 40 à 60 p. 100 de CO_2, outre

Fig. 107. — *Graphique respiratoire.* — Lapin chloralisé. Excitation électrique
d'un pneumogastrique. Arrêts respiratoires en expiration. Le tracé est pris
au moyen de l'appareil de la figure 103. (Frédéricq et Nuel, *Physiologie.*)

la proportion normale d'oxygène, ou chez un lapin empoisonné
par une forte dose de chloral (2 à 3 grammes en injection intra-
péritonéale, 1 gramme à $1^{gr},50$ en injection intra-veineuse,
pour un gros lapin).

L'excitation du bout central du pneumogastrique produit
dans ces conditions un effet d'expiration.

Pour la technique de l'empoisonnement par CO_2, voir n° 56.

69. Excitation naturelle des branches nasales du trijumeau.
— Enregistrez les mouvements respiratoires chez un lapin
respirant par l'intermédiaire d'une canule trachéale, l'air contenu dans la bouteille de la figure 103.

Faites couler un mince filet d'eau sur les narines de l'animal :
l'excitation des nerfs sensibles des orifices nasaux provoque
immédiatement par voie réflexe un arrêt de la respiration.

L'expérience est plus démonstrative, si l'on emploie un canard au lieu de lapin : chez le canard, l'arrêt respiratoire peut atteindre cinq à dix minutes.

70. Arrêt de la respiration par section du bulbe. — Un des lapins qui a servi aux expériences précédentes peut servir pour celle de la section du bulbe, pratiquée au moyen d'une lame solide et étroite (couteau pour la section du bulbe). Fixez solidement la tête du lapin de la main gauche, de manière à fléchir fortement la tête et à présenter vers le haut la nuque de l'animal. Palpez, avec l'index de la main droite, la partie postérieure du crâne et le creux qui correspond à l'articulation occipito-altoïdienne ; puis, enfoncez vivement la pointe du couteau dans ce creux, de manière à diviser la moelle allongée dans le voisinage des centres respiratoires : la respiration thoracique de l'animal s'arrête immédiatement. La respiration nasale continue pendant quelques minutes, dans le cas où la section a porté en dessous des centres respiratoires.

CHAPITRE III

CHALEUR ANIMALE

I. — THERMOMÉTRIE.

71. Mesure de la température. — Prenez successivement sur vous-même la température dans le creux axillaire, dans la bouche, sous la langue, etc. Employez un thermomètre médical

Fig. 108. — Thermomètre.

à maxima, que vous laissez en place pendant au moins cinq minutes : température voisine de $+37$ degrés.

Prenez la température rectale sur un lapin, au moyen d'un petit thermomètre médical, dont vous enfoncez le réservoir (huilé au préalable) aussi loin que possible dans le rectum. Il est inutile d'attacher l'animal : maintenez-le immobile dans son attitude normale, sur le bord d'une table, entre votre corps et votre bras gauche, la main droite tenant le thermomètre : température supérieure à $+40$ degrés.

Notez la température à différents instants de la journée (minimum le matin au lever, maximum le soir), avant et après les repas, en hiver, en été, après un exercice musculaire violent, etc.

II. — CALORIMÉTRIE.

72. **Calorimètre à air de d'Arsonval.** — Le récipient calorimétrique proprement dit, dans lequel on introduit l'animal, source de chaleur, consiste en une boîte cylindrique couchée horizontalement, en cuivre rouge A (fig. 109), à double paroi, fermée par un couvercle vertical également à double paroi, représentant l'une des bases du cylindre. Les cavités comprises entre les doubles parois du récipient et de son couvercle communiquent par le tube T avec le manomètre à pétrole M. Ce manomètre indique la température de la masse d'air contenue dans l'espace annulaire du calorimètre. Chaque degré centigrade d'augmentation de cette température fait monter la colonne manométrique de 5 centimètres de pétrole (densité 0,8).

Comme le fait remarquer d'Arsonval, si l'on employait un manomètre à air libre, pour mesurer l'échauffement de A, il faudrait tenir compte des variations barométriques et thermométriques du milieu ambiant, pendant la durée de l'expérience. Pour éliminer à la fois ces deux corrections, on relie la seconde branche du manomètre à un second récipient B, en tout semblable au premier.

Avec cette disposition, le manomètre indique constamment la différence entre la température du calorimètre et celle du milieu ambiant, c'est-à-dire précisément la quantité à mesurer.

En effet, plaçons une source de chaleur, un lapin, dans l'appareil, puis attendons le moment où le nouvel équilibre de température se sera établi, celui où la colonne du manomètre ne monte plus (cet état stationnaire est atteint au bout d'une

heure et demie environ). A ce moment, l'appareil perd, par
rayonnement dans l'atmosphère extérieure, autant de chaleur
que le lapin lui en fournit. D'après la loi de Newton, la quantité
de chaleur rayonnée (c'est-à-dire dans le cas présent, produite
par le lapin) en un temps donné, est proportionnelle à l'excès

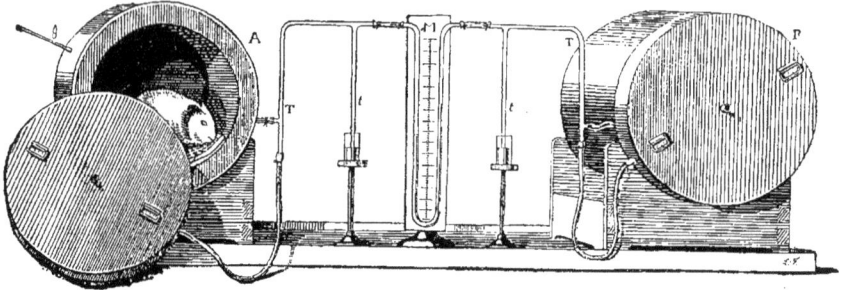

Fig. 109. — Calorimètre compensateur de d'Arsonval légèrement modifié
par l'auteur.

A, calorimètre ouvert. — B, récipient compensateur fermé. — θ, thermomètre
donnant la température de l'enceinte calorimétrique. — tt, tubes plongeant dans
les vases à mercure. — TT, tubes reliant le manomètre M avec la cavité annulaire
principale, et avec celle du couvercle du calorimètre.

de la température de l'objet sur le milieu ambiant (pour des
différences ne dépassant par 30°). La hauteur à laquelle s'arrête
la colonne du manomètre est proportionnelle à cet excès de
température, et par conséquent aussi, à l'intensité de la source
de chaleur contenue dans le calorimètre.

Pour que cet appareil puisse réellement fonctionner comme
calorimètre, c'est-à-dire donner des indications en calories, il
faut qu'il ait été gradué au préalable. Cette graduation empi-
rique est des plus simples : une source constante de chaleur,
d'intensité connue (fil de platine chauffé par un courant électrique), ayant été placée dans l'appareil, on attend le moment
où la colonne manométrique atteint un niveau stationnaire, que
l'on note. Cette graduation ayant été faite une fois pour toutes,
une simple lecture du manomètre donnera à chaque instant la
chaleur produite par l'animal en expérience.

Voici un exemple de graduation : la source de chaleur correspond à l'échauffement produit par le passage d'un courant

constant de 6-7 ampères à travers un fil de maillechort présentant une résistance de $0^{ohm},39$. L'intensité du courant fourni par une batterie d'accumulateurs Julien est réglée par un rhéostat industriel intercalé dans le circuit, et mesurée par un ampère-mètre étalon de sir William Thompson.

D'après la loi de Joule, on a

$$W = \frac{I^2R}{9.81 \times 424} \times 3600 = \frac{6,72 \times 0,39}{9,81 \times 4,24} \times 3600 = 153 \text{ calories par heure.}$$

Ce dégagement de chaleur produit au bout de deux heures une dénivellation stationnaire de 275,4 mm. au manomètre à pétrole, soit donc par calorie-heure, 18 mm.

Le dégagement d'une calorie-heure donne donc une hauteur manométrique de 18 millimètres : chaque millimètre de pression indique la production de $0^{cal},055$ par heure.

73. Calorimétrie chez le lapin ou le cobaye. — Dans l'intervalle des expériences, les tubes tt s'ouvrent à l'extérieur. On empêche ainsi l'action déformante que des variations considérables de la pression barométrique ou de la température extérieure pourraient exercer sur la paroi métallique des récipients, et l'on prévient le refoulement du pétrole dans un des récipients, au cas où l'autre serait soumis à une élévation notable de température. Une heure ou deux avant le commencement de toute expérience, on ferme l'appareil en plongeant les extrémités ouvertes des deux tubes dans les vases cylindriques renfermant du mercure (fig. 109).

L'animal est placé à l'intérieur du récipient A, sur un petit grillage, et l'on referme le couvercle. La ventilation à l'intérieur est suffisamment assurée par deux orifices placés aux extrémités de l'axe du calorimètre. Un troisième orifice, percé latéralement, donne passage à un thermomètre coudé θ, indiquant la température de l'enceinte interne où se trouve l'animal. Ce thermomètre, dont la lecture peut se faire à distance, est placé de façon à ne point subir le contact direct de l'animal en expérience.

Au bout d'une heure et demie d'expérience, vous observerez la hauteur de la colonne manométrique; vous la noterez, après avoir constaté qu'elle reste stationnaire.

Il est intéressant d'étudier, à l'aide de cet appareil, les variations de la thermogenèse chez le lapin ou le cobaye, sous l'influence de variations dans l'action des agents extérieurs, notamment de la température. M. Ansiaux a constaté, dans mon laboratoire, que chez le cobaye et le lapin, le rayonnement calorifique présente un minimum entre 20 et 25 degrés. Le rayonnement calorifique augmente, chaque fois que la température extérieure s'écarte de cette température, soit en plus soit en moins.

CHAPITRE IV

CIRCULATION

I. — Cœur de grenouille.

74. Mise à nu du cœur de la grenouille. — Immobilisez une grenouille par la destruction du système nerveux central. A cet effet, saisissez l'animal de la main gauche entre le pouce et les trois derniers doigts, de telle sorte que son ventre repose sur la face palmaire des trois derniers doigts et la paume de votre main, et que sa tête soit dirigée vers votre indicateur. Appuyez le bout de l'indicateur resté libre sur l'extrémité antérieure de la tête de la grenouille, de manière à la fléchir fortement et à faire saillir l'articulation du crâne avec la colonne vertébrale. Faites pénétrer transversalement la pointe d'un petit scalpel dans cette articulation et tranchez la moelle allongée. L'incision doit être faite à un ou deux millimètres en arrière de la ligne idéale qui joint les bords postérieurs des deux tympans (*abc*, fig. 110).

Par la petite plaie que vous venez de faire, introduisez un stylet mousse (bout de fil métallique rigide ayant un peu moins de deux millimètres de diamètre) ; poussez-le dans la cavité cranienne d'abord, puis dans le canal vertébral, de manière à détruire successivement, par compression et par dilacération, l'encéphale et la moelle épinière. Arrêtez l'hémorrhagie, en fixant dans la plaie, un petit coin de bois (allumette suédoise taillée en pointe, bouchant le trou occipital et coupée transversalement au ras de la peau).

Placez la grenouille, la face dorsale en bas, sur une plaque de liège, pour mettre le cœur à nu. Faites à la peau sur la ligne médiane, au devant du sternum, une incision longitudinale; '

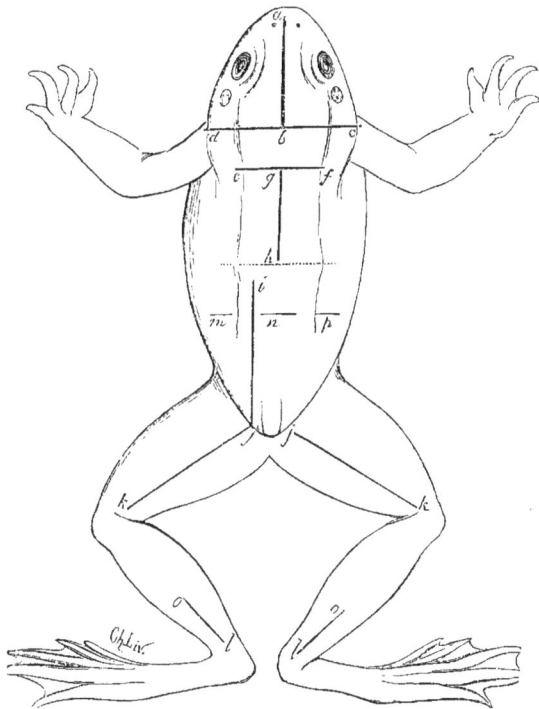

Fig. 110. — Face dorsale d'une grenouille montrant la direction et la position des incisions nécessaires dans diverses opérations (Livon, *Vivisection*).

faites une seconde incision transversale, croisant la première vers son milieu. Disséquez, puis rabattez les quatre petits lambeaux de peau. Saisissez le bord inférieur du sternum avec une pince, et séparez-le de la paroi abdominale par quelques coups de ciseaux, en évitant de blesser la veine abdominale. Soulevez le sternum entre les mors de la pince, et détachez-le complètement au moyen des ciseaux, par deux sections longitudinales suivant les bords latéraux du sternum, et divisant les parties molles et les os (coracoïdiens et clavicules). Un coup de ciseaux transversal achève la séparation du sternum.

Le cœur, recouvert du péricarde, occupe toute la partie antéro-supérieure de la fenêtre réalisée par l'enlèvement du sternum. Sa pointe s'insinue entre les lobes latéraux du foie, qui laissent également voir entre eux la vésicule biliaire.

Saisissez le péricarde entre les mors d'une pince, et divisez-le, de manière à mettre à nu les différentes parties du cœur. Divisez également un petit pont fibreux qui réunit la face postérieure du ventricule au péricarde (le frenulum).

Observez la disposition anatomique du cœur, et l'ordre de succession des pulsations dans le sinus, les oreillettes, le ventricule et le bulbe aortique, d'abord sur la face antérieure du cœur, immédiatement accessible à l'observation, puis sur la face postérieure, qui devient visible quand on soulève le ventricule par l'intermédiaire du frenulum.

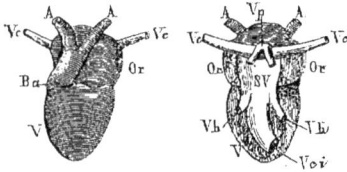

Fig. 111. — Cœur de grenouille. Face ventrale à gauche; face dorsale à droite (Livon, *Vivisection*).

AA, aortes. — Vc, Vc, veines caves supérieures. — Or, Or, oreillettes. — V, ventricule. — Ba, bulbe aortique. — SV, sinus veineux. Vci, veine cave inférieure. — Vh, Vh, veines hépatiques. — V p, veines pulmonaires.

Les différentes veines du corps aboutissent au *sinus veineux*, par l'intermédiaire de deux veines caves supérieures et d'une veine cave inférieure. Le sinus veineux débouche dans l'*oreillette droite*.

A l'*oreillette gauche* aboutit le tronc commun des deux veines pulmonaires (v. pulmonaire droite, v. pulmonaire gauche).

Les deux oreillettes déversent leur sang dans le *ventricule unique* : de celui-ci part le *bulbe de l'aorte*, qui se divise en deux *troncs* ou *arcs aortiques* (droit et gauche). Les arcs aortiques fournissent le sang aux artères pulmonaires et à celles de la grande circulation.

75. Observation des battements du cœur de la grenouille.
— Le cœur de la grenouille, mis à nu, comme il a été dit au
n° 74, permet d'observer directement l'ordre de succession des
différentes phases de chaque pulsation cardiaque.

La face ventrale, directement accessible, montre les contractions des oreillettes, du ventricule, du bulbe et d'une petite
partie du sinus, visible à gauche de l'oreillette gauche.

A chaque pulsation cardiaque, vous observez quatre phases
actives, puis une phase de repos ou pause :

1° *Contraction de l'extrémité antérieure de la veine cave inférieure et du sinus*, progressant à la façon d'une onde péristal-
tique dans la direction de l'oreillette droite, et poussant le sang
dans cette dernière cavité. Une partie du sinus peut se voir à
gauche de l'oreillette gauche, lorsqu'on observe le cœur par sa
face ventrale mise à nu. Mais la plus grande partie du sinus
n'est accessible à l'observation que si l'on soulève le ventricule par le frenulum, et surtout si l'on rabat complètement le
cœur du côté de la tête, de manière à montrer la face postérieure.

2° *Contraction simultanée des deux oreillettes*, succédant immédiatement à celle du sinus. La contraction des oreillettes a
pour effet de chasser le sang dans le ventricule. Celui-ci augmente brusquement de volume, et devient très rouge.

3° *Contraction du ventricule.* — Le ventricule, gonflé de sang
par la contraction des oreillettes, se contracte à son tour. Mou,
aplati et affaissé pendant la diastole, il tend à prendre une
forme globulaire au moment de la systole. Son tissu pâlit
brusquement, et se durcit. La portion médiane du ventricule se
soulève, ce qui donne lieu à un véritable mouvement d'érection
de la pointe ; les bords latéraux se rapprochent.

Au moment où le ventricule se contracte, l'ondée sanguine
pénètre dans le bulbe aortique, qui se trouve brusquement
dilaté.

4° *Contraction du bulbe aortique.* Le bulbe aortique, un instant dilaté par la systole ventriculaire, se contracte immédiatement après, et clôt ainsi la série des phénomènes qui constituent
la partie active d'une pulsation cardiaque.

5° *Repos du cœur ou pause.*

Ces phases se succèdent assez lentement, pour qu'on puisse les désigner chacune, en comptant à haute voix : *Un, deux, trois, quatre, cinq ; un, deux, trois, quatre, cinq...*

76. Le cœur de grenouille isolé continue à battre. — Influence de la température. — Le cœur ayant été mis à nu, soulevez la pointe par l'intermédiaire du frenulum, et détachez le cœur par quelques coups de ciseaux divisant la veine cave inférieure, les deux veines caves supérieures, la veine pulmonaire et les deux arcs aortiques.

Placez le cœur sur un verre de montre, et observez les différentes phases de ses pulsations (n° 75).

Action du froid. — Comptez le nombre des pulsations, et notez la température. Recouvrez le cœur d'un second verre de montre, et entourez de quelques morceaux de glace : le nombre des pulsations diminue.

Action de la chaleur. — Placez le verre de montre sur un bain-marie dont vous commencez à chauffer l'eau. Observez l'accélération des pulsations du cœur, à mesure que la température s'élève. Vers 40°, les pulsations s'arrêtent : le cœur est tué.

77. La pointe du cœur isolée cesse de battre, mais se contracte à chaque excitation. — Période latente. — Séparez au moyen d'un coup de ciseaux la pointe du cœur, c'est-à-dire les deux tiers ou les trois quarts inférieurs du ventricule. Ce petit sac musculaire, ainsi isolé du reste du cœur, cesse de battre. Il permet d'étudier les propriétés du muscle cardiaque séparé de ses connexions nerveuses.

Il répond à chaque excitation, mécanique, électrique, etc., par une contraction ou pulsation unique. Piquez la substance du ventricule au moyen de la pointe d'une aiguille : le ventricule se contracte.

La contraction obtenue ainsi n'est pas instantanée. Entre le moment de la piqûre, c'est-à-dire de l'excitation, et celui de la contraction, il s'écoule un temps appréciable, au moins un dixième de seconde : *période latente.*

78. Inscription des pulsations du cœur de grenouille ou de tortue. — Mettez à nu le cœur d'une grenouille (Voir n° 74). Placez l'animal sur la plaque de liège du myographe double de François Franck, de manière que les deux leviers O et V soient mis en mouvement par les pulsations du cœur.

L'un des leviers O repose sur l'oreillette, l'autre V, sur le ventricule, par l'intermédiaire de deux petites pièces articulées, très légères, qui se terminent par une plaque étroite en aluminium. En faisant glisser ces deux pièces le long des leviers, on rapproche plus ou moins du centre de rotation, le point d'application de la puissance, représentée par les parois du

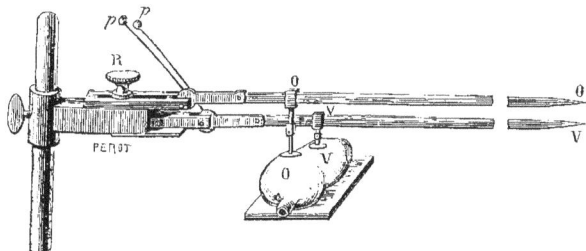

Fig. 112. — Cardiographe double de Nuel pour le cœur de la grenouille ou de la tortue (modèle François Franck).

On n'a représenté dans cette figure que le cœur isolé, pour mieux montrer la place des deux myographes du cœur.

cœur. Il est possible de régler la position des leviers l'un par rapport à l'autre, en déplaçant, à l'aide de la vis à pression R, la pièce qui supporte la base du levier de l'oreillette. On supprime plus ou moins complètement la pression qu'exercent les leviers sur le cœur, en inclinant à angle variable les petites tiges pp qui servent de contre-poids.

La seule précaution à indiquer pour l'application de l'instrument, consiste à éviter de mettre le levier de l'oreillette sur le bulbe aortique, qui croise la face antérieure de la masse auriculaire. Il est bon aussi de s'opposer aux déplacements latéraux du ventricule, en le calant sur une petite plaque en métal mince, creusée en gouttière, que l'on glisse sous la pointe du cœur jusque contre le sinus.

Le cylindre enregistreur, convenablement enfumé, est placé verticalement dans le voisinage du support du cardiographe, afin que l'extrémité effilée des leviers, faisant office de plume,

gratte le noir de fumée, et laisse sur le cylindre un trait blanc
sur fond noir.

Les plumes doivent être exactement sur le prolongement
vertical l'une de l'autre. Il est essentiel d'ailleurs de contrôler
cette position respective des deux plumes, en prenant de temps
en temps des lignes de repère. Le procédé le plus simple consiste à arrêter un instant la marche du cylindre enregistreur :
les traits verticaux par lesquels les deux plumes inscrivent sur
place le soulèvement des oreillettes et celui du ventricule, nous
indiquent alors leur position respective, et servent de lignes de
repère.

La vitesse de rotation du cylindre est contrôlée par l'inscription du temps, au moyen d'une horloge à secondes.

On prend successivement plusieurs tracés doubles, les uns
en dessous des autres, de manière à utiliser toute la feuille qui
recouvre le cylindre. La feuille est ensuite détachée, passée
au vernis et séchée ; les tracés sont découpés et distribués
aux étudiants qui ont assisté à l'expérience.

La figure 113 nous montre un exemple des tracés fournis
ainsi par le cœur de grenouille. La ligne supérieure O corres-

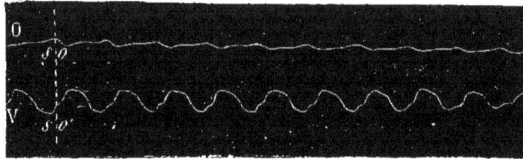

Fig. 113. — Double tracé simultané des pulsations de l'oreillette (O) et du
ventricule (V). La systole de l'oreillette *so* se retrouve en *s'o'* dans le tracé du
ventricule (d'après François Franck, *Trav. labor. de Marey*).

pond aux pulsations de l'oreillette, l'inférieure V, à celles du
ventricule.

Le tracé des oreillettes présente un soulèvement *so*, qui correspond à la systole auriculaire, puis un affaissement dû à la
déplétion des oreillettes, au moment où elles vident leur
contenu sanguin dans le ventricule. La réplétion graduelle des
oreillettes, pendant la systole ventriculaire et pendant la pause,
se traduit par une ligne d'ascension continue.

Le tracé du ventricule montre le soulèvement principal important, qui est dû à la systole ventriculaire, et au-devant de ce soulèvement, une ondulation présystolique (s'o', fig. 113) correspondant à la systole des oreillettes.

L'inscription des mouvements des oreillettes et du ventricule peut également se faire chez la tortue, au moyen de leviers

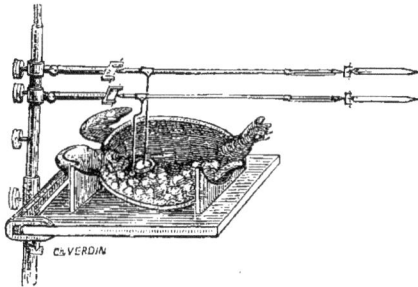

Fig. 114. — Appareil pour l'inscription des battements du cœur de la tortue
(Modèle du D' Soukanoff, construit par Ch. Verdin).

cardiographiques analogues à ceux qui servent pour la grenouille. La figure 114 nous montre la disposition de l'expérience.

79. Procédé pour étudier les propriétés physiologiques du muscle cardiaque. — Mettez à nu le cœur de la grenouille. Séparez la pointe par une section pratiquée un peu en dessous du sillon auriculo-ventriculaire.

Cette pointe du cœur, privée de ganglions, ne bat pas spontanément. Mais elle se contracte chaque fois qu'elle est excitée par l'électricité. Elle permet d'étudier quelques-unes des propriétés du muscle cardiaque. Fixez solidement, au moyen de deux épingles, un bouchon de liège (L, fig. 115) sur la planchette du cardiographe François Franck. La face supérieure du bouchon est recouverte de cire à cacheter; deux fils métalliques isolés passent à travers le bouchon, et peuvent être reliés à une source d'électricité. Les extrémités de ces fils dé-

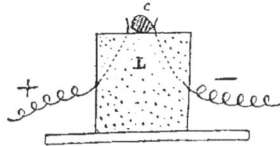

Fig. 115. — Appareil pour l'excitation de la pointe du cœur de la grenouille (d'après Stirling).

passent légèrement la couche de cire à cacheter, et servent
d'électrodes excitatrices pour le muscle cardiaque. Elles sont
distantes l'une de l'autre de trois à quatre millimètres : on peut
ainsi déposer la pointe du cœur *c* entre elles, de manière que
la base touche l'une des électrodes, et le sommet, l'autre électrode.

L'un des leviers du cardiographe François Franck est appliqué sur le muscle cardiaque ; il sert à enregistrer, sur le cylindre enfumé, les contractions musculaires provoquées par
l'excitation électrique. L'autre levier, qui n'est pas utilisé pour
l'expérience, est relevé.

80. **Phases de la contraction du muscle cardiaque.** — Disposez la pointe du ventricule comme il est dit au n° 79, de
manière à inscrire sa contraction sur le cylindre enregistreur. Reliez les fils + et — à la bobine secondaire du chariot
de du Bois-Reymond. La bobine primaire est reliée directement, sans interposition du marteau trembleur (disposition
n° 1 indiquée page 40), à une pile électrique. Une clef se
trouve intercalée dans le circuit primaire. Chaque fois que l'on
ferme, ou que l'on ouvre la clef du circuit primaire, il se développe dans le circuit secondaire un choc d'induction, qui agit
comme excitant sur le muscle cardiaque, et provoque sa contraction.

Inscrivez cette contraction, en ayant soin d'enregistrer en
même temps le tracé d'un signal, indiquant le moment de
l'excitation, c'est-à-dire le moment de la fermeture ou de la
rupture du circuit primaire (signal électrique Marcel Deprez
intercalé dans un circuit électrique indépendant, dont la rupture ou la fermeture est produite en même temps que celle du
circuit primaire du chariot de du Bois-Reymond, par la manœuvre d'une clef-levier double).

Remarquez la durée considérable (0^s,15) de la période latente,
c'est-à-dire du temps qui s'écoule entre le moment de l'excitation et le début de la contraction musculaire.

81. **La contraction du muscle cardiaque est toujours
maximale.** — Placez la pointe du cœur (humectée d'une
goutte de sang) sur les électrodes excitatrices reliées à la
bobine secondaire du chariot de du Bois-Reymond, et appliquez

le levier cardiographique sur la substance musculaire, comme il a été dit au n° 80.

Excitez, par un choc d'induction très faible, en éloignant au maximum la bobine secondaire de la bobine primaire du chariot de du Bois-Reymond : pas de contraction.

Rapprochez peu à peu la bobine secondaire de la bobine primaire, tout en ouvrant et fermant le circuit primaire, de manière à augmenter graduellement la force de l'excitation électrique. Il arrive un moment où cette excitation est suffisante, et où elle produit une contraction qui s'inscrit sur le cylindre de l'appareil enregistreur. La contraction provoquée ainsi par une excitation très faible, est d'emblée *maximale*. Cela veut dire qu'une excitation plus forte, et même très forte, ne sera pas capable d'augmenter l'énergie de la contraction, qui, du premier coup, a atteint son maximum d'amplitude.

82. Addition latente d'excitations inefficaces agissant sur le muscle cardiaque. — Disposez la pointe du cœur sur les électrodes reliées à la bobine secondaire du chariot de du Bois-Reymond, comme pour les expériences n° 80 et n° 81. Déterminez le minimum d'excitation électrique qui provoque encore une contraction, c'est-à-dire la plus grande distance à laquelle vous pouvez éloigner la bobine secondaire de la bobine primaire, sans cesser de provoquer une contraction à chaque rupture du courant primaire.

Éloignez davantage (d'un demi-centimètre par exemple) la bobine primaire, de manière à obtenir, par la rupture du courant, une excitation trop faible pour provoquer une contraction. Produisez au moyen de la clef du circuit primaire, une série d'ouvertures et de fermetures du courant, se succédant à court intervalle (une demi-seconde par exemple). Au bout de quelques secondes, le muscle cardiaque se contracte. Chaque excitation faible agissant isolément est inefficace, mais l'addition de plusieurs excitations inefficaces peut provoquer la contraction.

83. Période réfractaire du muscle cardiaque. — Disposez la pointe du cœur sur les électrodes reliées à la bobine secondaire du chariot de du Bois-Reymond, comme pour les expériences n°s 80 à 82. Éloignez la bobine secondaire de manière à affaiblir suffisamment les chocs d'induction qu'elle fournit,

pour que le muscle cardiaque ne se contracte qu'à la rupture du courant primaire, et reste au repos lors de la production du choc de fermeture.

Provoquez un choc de rupture toutes les deux secondes environ : à chaque excitation correspond une contraction de la pointe du cœur. Diminuez l'intervalle des excitations, en imprimant à la clef électrique un mouvement de va-et-vient rapide : vous constatez que le muscle cardiaque ne se contracte pas à chaque excitation. Si deux excitations d'intensité moyenne se suivent à trop court intervalle, le muscle cardiaque ne se contracte qu'une fois, et cette contraction correspond à la première excitation ; le muscle est *réfractaire* à l'action de la seconde excitation.

Si les excitations électriques qui se succèdent à court intervalle, sont très fortes (glisser la bobine secondaire du chariot sur la bobine primaire), la période réfractaire disparaît : le muscle cardiaque exécute une série de contractions empiétant les unes sur les autres, et plus ou moins fusionnées en une contraction *tétanique*.

Il est intéressant d'exécuter cette expérience en ayant recours à la méthode graphique. Les contractions du ventricule s'inscrivent au moyen du levier cardiographique de François Franck : *les interruptions du circuit primaire, qui correspondent aux excitations, s'inscrivent par le signal électrique Marcel Deprez intercalé dans ce circuit.*

84. L'excitation continue du muscle cardiaque provoque une série de contractions séparées par des pauses. — Disposez la pointe du cœur sur les électrodes comme il est dit au n° 79. Reliez les électrodes à une pile électrique, et intercalez une clef dans le circuit électrique. Fermez la clef, de manière à faire passer le courant constant à travers la pointe du cœur. Celle-ci se met à exécuter des pulsations, séparées par des pauses se succédant à intervalles égaux. L'excitation continue du muscle cardiaque provoque donc une série de contractions isolées, et non une contraction continue. Étudiez l'influence de la température sur ce phénomène.

85. Phénomène de l'escalier. — Disposez la pointe du cœur sur les électrodes reliées à la bobine secondaire du chariot de du Bois-Reymond, comme il est dit au n° 79. Excitez le muscle cardiaque, à intervalles égaux (toutes les dix secondes environ), par un choc d'induction de rupture.

Inscrivez les contractions sur le cylindre enregistreur animé d'un mouvement lent. Remarquez que la première contraction est la moins énergique, et que les sommets des quatre à cinq premières courbes s'inscrivent *en escalier*, c'est-à-dire que les contractions augmentent graduellement en amplitude, jusqu'à la production d'un maximum qui n'est plus dépassé.

Le phénomène de l'escalier se montre chaque fois que l'on soumet ainsi le muscle cardiaque à des séries d'excitations succédant à une période assez longue de repos.

86. Circulation artificielle dans le cœur de la grenouille. — Mettez à nu le cœur de la grenouille vivante (n° 74). Coupez le *frenulum* et rabattez le cœur, la pointe vers la tête de l'animal, de manière à exposer sa face dorsale. Faites dans le sinus veineux, une petite incision, par laquelle vous introduisez l'extrémité de la canule de Kronecker (fig. 116). Poussez la canule jusque dans le ventricule, fixez-la par une ligature embrassant tout le cœur, immédiatement au-dessus du sillon auriculo-ventriculaire. Détachez le cœur par quelques coups de ciseaux.

Fig. 116. — Canule à double courant de Kronecker, pour le cœur de grenouille.

Placez la canule portant le cœur *v* dans le petit récipient en verre de l'appareil représenté figure 117. Cet appareil permet d'entretenir à travers le cœur une circulation artificielle de liquide nutritif; il peut également servir à prendre un tracé des pulsations.

La canule de Kronecker (fig. 116) est un petit tube en métal, présentant intérieurement une cloison longitudinale, qui subdivise sa lumière en deux canaux inégaux. Chacun de ces canaux se continue supérieurement avec un tube en métal. L'un sert à l'arrivée du liquide nutritif : il communique avec le plus petit des deux canaux de la canule; l'autre sert à l'écoulement du liquide qui a nourri le cœur.

Le liquide nutritif (1 partie de sang de bœuf, mélangée à 4 parties de solution physiologique de chlorure de sodium) est

contenu dans le réservoir R, d'où il est amené à l'une des branches de la canule Kronecker, par un tube sur le trajet duquel peut être intercalée une pince à pression p.

Le tube de sortie du liquide se bifurque; l'une des branches se continue avec un petit manomètre (en U) à mercure m. Un fil de verre, terminé inférieurement par une ampoule minuscule, sert à inscrire sur le cylindre enregistreur, les oscilla-

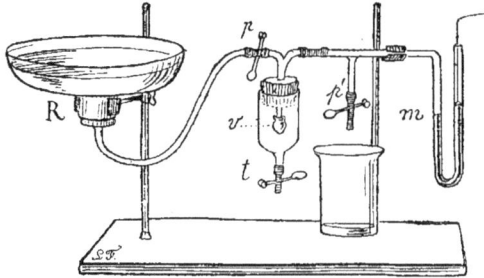

Fig. 117. — Appareil servant à entretenir une circulation artificielle dans le cœur de la grenouille.

tions de la colonne mercurielle dues aux contractions du ventricule. La seconde branche du tube de sortie peut être fermée au moyen de la petite pince p', et sert à l'écoulement du liquide dans un gobelet.

Cet appareil permet d'étudier l'influence des différents constituants du sang sur la nutrition du cœur. Il fonctionne convenablement, à condition que toutes ses parties aient été remplies de liquide et soient entièrement purgées d'air.

L'inscription des pulsations du ventricule peut être obtenue de deux façons :

1° D'une façon *continue*. On rattache l'extrémité inférieure du tube t, par un tube de caoutchouc court et étroit, avec un petit tambour à levier, dont la plume trace sur le cylindre enregistreur le graphique des variations de volume du cœur. Le ventricule diminue de volume pendant la systole, d'où abaissement du tracé; il se remplit de liquide et gonfle dans l'intervalle des pulsations, d'où ondulation positive du tracé.

2° D'une façon *intermittente*, au moyen du manomètre *m*. Dans ce cas, il est nécessaire d'interrompre momentanément la circulation artificielle, chaque fois que l'on procède à une inscription manométrique. On ferme les pinces *p* et *p'* : de cette façon, toute l'énergie déployée par la systole ventriculaire agit pour soulever la colonne mercurielle du manomètre. La hauteur de la courbe inscrite sert de mesure à l'énergie de la pulsation.

87. Expérience de Stannius. — Ligatures et sections de la substance du cœur. — Mettez à nu le cœur d'une grenouille vivante. Fendez le péricarde. Observez la succession rythmée des contractions dans le sinus, les oreillettes, le ventricule et le bulbe.

Première ligature. — Isolez les deux troncs aortiques qui partent du bulbe, en opérant au moyen de pinces sur la partie de ces arcs la plus éloignée du bulbe. Passez un fil entre les deux arcs et les oreillettes sous-jacentes. Soulevez le ventricule, saisissez le frenulum entre les mors d'une pince, et rabattez le cœur du côté de la tête, de manière à montrer la face ventrale du ventricule et des oreillettes. La limite entre les oreillettes et le sinus veineux est marquée par une inscription tendineuse, blanchâtre, en forme de croissant ou de V. C'est à ce niveau qu'il faut lier les deux chefs du fil passé sous les aortes, de manière à séparer physiologiquement le sinus veineux d'une part, les oreillettes et le ventricule d'autre part.

Les pulsations cessent immédiatement dans les oreillettes et le ventricule, tandis que le sinus continue à battre.

Seconde ligature. — Passez une seconde anse de fil autour de la pointe du cœur ; arrêtez-la au milieu du sillon auriculo-ventriculaire ; serrez la ligature : les oreillettes restent au repos, tandis que le ventricule se remet à battre.

L'expérience des ligatures de Stannius peut également être faite sur un cœur extrait du corps et complètement isolé (n° 86).

Enfin l'on peut remplacer les ligatures par des sections pratiquées au moyen de ciseaux. Le sinus séparé ainsi continue à battre, tandis que le cœur (oreillettes et ventricule), privé de ses connexions avec le sinus, reste au repos.

Une seconde section (remplaçant la seconde ligature) isolera le ventricule des oreillettes : les oreillettes restent au repos, tandis que le ventricule se remet à battre.

Troisième ligature ou section. — Si l'expérience est faite sur une grenouille d'assez forte taille, vous pourrez facilement isoler par une troisième ligature, ou mieux par une troisième section, la partie inférieure du ventricule. A cet effet, vous diviserez le ventricule, par un coup de ciseaux transversal, à l'union de son tiers supérieur avec ses deux tiers inférieurs. Le morceau supérieur du ventricule pourra continuer à battre, tandis que le morceau inférieur ou *pointe du cœur*, qui ne contient plus de ganglions, cesse de battre.

II. — Cœur des mammifères.

88. Observation des pulsations du cœur chez le lapin. — Anesthésiez un lapin par une injection intra-stomacale d'alcool dilué. Attachez-le sur le dos au support de Czermak. Faites une incision cutanée sur la ligne médiane, au-devant du sternum. Introduisez la pointe de forts ciseaux sous le bord de l'appendice xyphoïde, et fendez le sternum d'arrière en avant suivant toute sa longueur, de l'abdomen vers le cou, en ayant soin de rester exactement sur la ligne médiane pour ne pas blesser les artères mammaires (opération décrite par Gad, *Archiv für Physiologie*, 1878, p. 597).

Fendez le péricarde ; écartez les deux bords de la plaie à droite et à gauche au moyen de crochets, de manière à permettre l'inspection du cœur.

89. Inscription des variations de la pression intracardiaque, chez le cheval, au moyen des sondes de Chauveau et Marey. — Les sondes cardiographiques, qui servent à explorer la pression à l'intérieur du cœur du cheval vivant, sont formées chacune d'une ampoule en caoutchouc, soutenue par une carcasse métallique, et reliée par un long tube avec un tambour à levier. Ampoule, tube en caoutchouc et tambour à levier sont remplis d'air. Toute augmentation de pression, agissant sur l'ampoule, y comprime l'air, qui est chassé dans le tambour à levier, d'où soulèvement de la plume de ce dernier. Deux ampoules exploratrices, associées en un seul instrument, sont glissées par la veine jugulaire, respectivement dans l'oreillette et dans le ventricule droits.

On choisit pour cette expérience un vieux cheval destiné à être abattu. Il n'est pas nécessaire d'anesthésier ni d'attacher l'animal : on lui enfonce la tête dans un sac contenant de l'avoine : il est tellement absorbé par la mastication de ce repas inespéré, qu'il s'aperçoit à peine de l'opération, fort simple d'ailleurs, et peu douloureuse.

D'un seul coup d'un scalpel bien tranchant, on met à nu la veine jugulaire droite vers la partie inférieure du cou, le long du sillon qui se trouve sur le côté et en dehors de la saillie formée par la trachée et les muscles qui la recouvrent. On isole

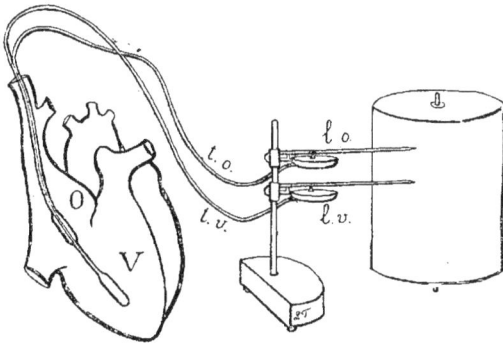

Fig. 118. — Schéma représentant la sonde cardiaque droite de Chauveau et Marey introduite dans le cœur.

L'ampoule du ventricule V transmet les variations de pression par l'intermédiaire du tube *tv*, au tambour à levier *l v*. L'ampoule de l'oreillette O agit pareillement sur un tambour à levier *lo*.

rapidement la veine, au moyen des doigts et de la pince ; on applique sur ce vaisseau une forte ligature vers le haut de la plaie ; puis on fait aux parois de la veine une incision longitudinale de 2 centimètres, immédiatement au-dessous de la ligature. On trempe la sonde et ses ampoules dans l'huile, pour les rendre glissantes, et on introduit l'ampoule V (fig. 118) dans l'ouverture de la veine ; on pousse alors la sonde, de manière à

engager successivement l'ampoule O et la grosse sonde, jusqu'à ce que l'ampoule O ait pénétré dans l'orcillette.

A ce moment, l'ampoule V est arrivée dans le ventricule,
à travers l'orifice tricuspide. La partie de la sonde qui réunit
les deux ampoules, présente une longueur telle, que l'ampoule V est dans le ventricule, lorsque O se trouve dans l'oreillette. Cette partie, mince et flexible, est située entre les lèvres
de la valvule tricuspide, dont elle ne gêne en rien les mouvements.

Une fois la sonde en place, on la fixe à la jugulaire par une
ligature.

Les deux tambours à levier inscrivent sur le cylindre enre-

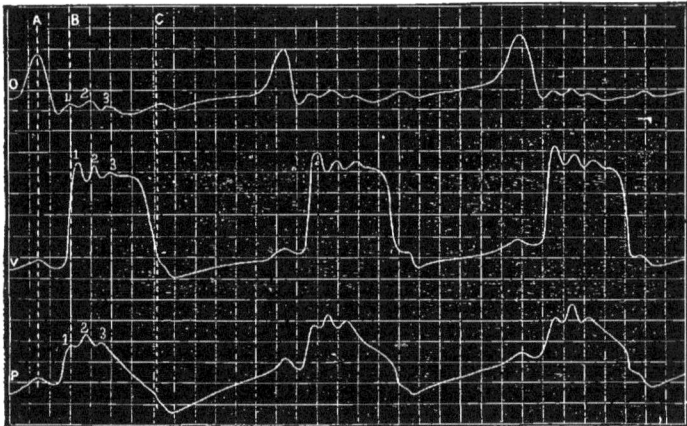

Fig. 119. — Tracés cardiographiques recueillis chez le cheval au moyen des sondes
de Chauveau et Marey (Marey, *Circulation du sang*).

O, tracé de l'oreillette. — V, tracé du ventricule. — P, tracé du choc du cœur.

gistreur le graphique de la pression à l'intérieur des cavités
droites du cœur. (Voir fig. 119.)

Le tracé V du ventricule nous présente : en A, une légère
élévation coïncidant avec la systole auriculaire, et correspondant au flot de sang lancé par l'oreillette dans le ventricule ;
en B, une brusque ascension correspondant au début de la
systole ventriculaire ; de B en C, un plateau systolique présen-

tant des ondulations légères 1, 2, 3, correspondant à la durée de la systole ventriculaire; en C, une chute brusque, corres-

pondant à la fin de la systole ventriculaire et au relâchement des parois ventriculaires.

Le tracé O de l'oreillette nous montre en A, l'ondulation correspondant à la systole auriculaire; et de B en C, des ondulations plus petites, provenant du ventricule.

La figure 120 nous donne en OD un tracé de pression intra-auriculaire recueilli chez le chien.

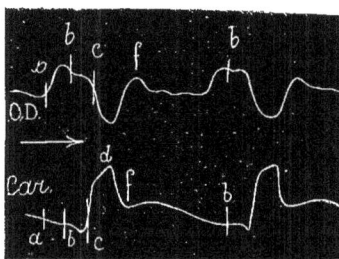

Fig. 120. — Tracés de pression pris simultanément dans l'oreillette droite (ligne supérieure OD) et dans la carotide (ligne inférieure, Car.) au moyen de deux sphygmoscopes, chez un chien morphiné.

90. Auscultation du cœur du cheval et inscription simultanée du tracé ventriculaire. — Appliquez l'oreille

ab, systole de l'oreillette. — *bc*, début de la systole ventriculaire. — *cd*, pénétration du sang dans le système artériel (Léon Frédericq, *Pulsation du cœur*).

contre la poitrine du cheval au côté gauche, au défaut de l'épaule (au niveau du point D de la fig. 121), là où le cœur se trouve directement au contact de la paroi thoracique. Notez le premier bruit sourd et prolongé, suivi du second bruit bref et clair. Cherchez à établir la coïncidence exacte de ces bruits avec les phases de la pulsation cardiaque. A cet effet, les sondes cardiographiques ayant été glissées dans le cœur, comme il a été dit au numéro précédent, reliez le tube du ventricule avec le tambour à levier, et prenez un tracé sur le cylindre enregistreur, placé verticalement.

Le cylindre et le tambour à levier doivent être placés devant les yeux de celui qui ausculte. Avec un peu d'attention, ce dernier reconnaîtra :

Que le premier bruit se produit au moment où le levier qui inscrit la pression intra-ventriculaire monte brusquement, c'est-à-dire au moment où le ventricule se contracte; que le second bruit s'entend, non pendant l'inscription de la partie horizontale ondulée, connue sous le nom de plateau systolique (comme l'ont affirmé Landois, Martius, etc.), mais au moment où la plume trace la ligne de descente brusque qui termine le plateau systolique.

Le cheval se prête beaucoup mieux que le chien ou l'homme

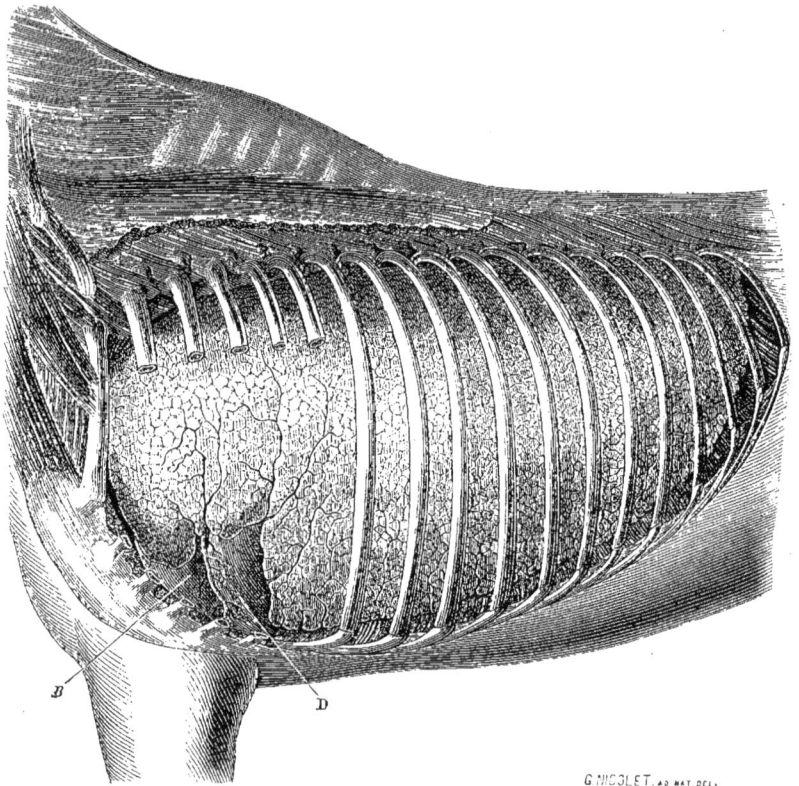

Fig. 121. — Thorax du cheval avec le poumon et le cœur, d'après G. Colin.

Le thorax est fenêtré par l'incision des intercostaux et la section des premières côtes gauches. Le poumon est dilaté comme au moment de l'inspiration. On voit l'échancrure qui laisse la partie inférieure de la face gauche du cœur en contact avec les parois costales. B, ventricule droit ; D, ventricule gauche.

à cette expérience, à cause de la lenteur de ses pulsations et de la longue durée de la systole ventriculaire. Malheureusement, on ne peut, chez le cheval, obtenir de bons tracés cardiographiques, au moyen d'un cardiographe appliqué à l'extérieur de la poitrine ; tandis que chez l'homme et chez le chien, il n'est pas nécessaire de pratiquer une vivisection pour recueillir un tracé du choc du cœur, en même temps que l'on pratique l'auscultation.

91. Auscultation et inscription simultanées du choc du cœur chez le chien. — Attachez un grand chien maigre sur le dos, dans la gouttière d'opération ; appliquez la main à gauche, au niveau de la région précordiale, de manière à reconnaître par la palpation, l'endroit précis où le choc du cœur se fait le mieux sentir. Si le choc du cœur était peu marqué, il faudrait faire exécuter à la gouttière contenant l'animal une rotation de 90° autour de son axe longitudinal, de manière que le chien soit incliné du côté gauche, ce qui amène un contact plus étendu du cœur avec la paroi thoracique. Comme le chien n'est attaché que par les pattes et la tête, il est nécessaire de soutenir le tronc, au moyen d'un ou deux essuie-mains embrassant à la fois l'animal et la gouttière.

Appliquez le bouton du cardiographe de Marey dans le creux de l'espace intercostal où l'ébranlement dû aux pulsations cardiaques est le plus marqué, et reliez-le par un tube de caoutchouc avec un tambour à levier. Le cardiographe peut être tenu à la main, ou fixé en place au moyen d'un lien élastique entourant le thorax de l'animal. Recueillez un tracé, et exercez-vous à suivre des yeux les excursions de la plume du tambour à levier, de manière à vous familiariser avec les différentes phases de son mouvement.

Appliquez l'oreille contre la poitrine du chien, soit directement, soit par l'intermédiaire du stéthoscope, et notez les particularités des deux bruits qui s'entendent à chaque pulsation du cœur.

Placez-vous, par rapport à l'appareil enregistreur, de manière à pouvoir facilement suivre des yeux, les mouvements de la plume qui trace le cardiogramme, tout en continuant à ausculter. Cherchez à vous rendre compte de la coïncidence exacte des bruits perçus par l'auscultation avec les mouvements du levier cardiographique. La principale difficulté provient ici de la rapidité avec laquelle se succèdent les pulsations du cœur, chez le chien.

92. Auscultation et inscription simultanées du choc du cœur chez l'homme. — Un homme est couché sur le dos, la poitrine découverte ; appliquez la main à la surface de la poitrine, au niveau du cinquième espace intercostal gauche, un peu en dedans et en dessous du mamelon. Observez le choc du cœur

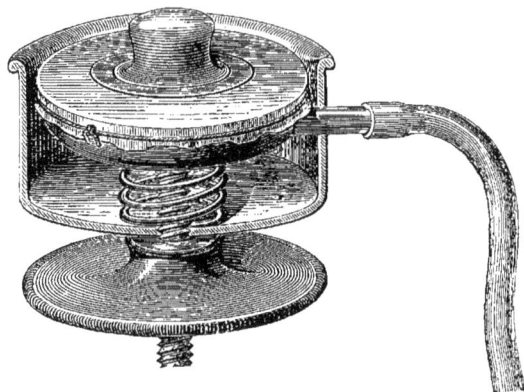

Fig. 122. — Cardiographe de Marey, destiné à recueillir le choc du cœur chez l'homme ou le chien (Marey, *Méthode graphique*).

à la palpation. Recueillez un graphique du choc du cœur, au moyen du cardiographe de Marey, dont vous appliquez le bouton à l'endroit où le choc présente le maximum de force. Les sujets maigres conviennent particulièrement pour cette inscription.

Auscultez en même temps les bruits du cœur au moyen du stéthoscope. Appliquez le petit entonnoir de l'appareil près de la pointe du cœur ; c'est là qu'on entend le mieux le premier bruit du cœur, tandis que le second bruit présente son maximum d'intensité, plus haut, au niveau de l'articulation sternale du second cartilage costal droit.

Il est intéressant de recueillir sur le même papier un tracé du choc du cœur et un tracé du pouls radial (au moyen du sphygmographe à transmission, voir nº 106).

93. Inscription du choc du cœur chez le lapin. — Le cardiographe représenté figure 123 peut être appliqué au lapin, sans que l'animal soit attaché. L'instrument est fixé contre la poitrine, soit à la main, soit au moyen d'un lien entourant le tronc, de manière que la saillie du sternum soit comprise entre les deux capsules à air de l'appareil, et que ces dernières

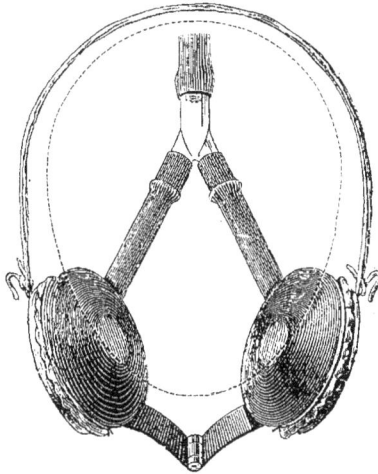

Fig. 123. — Explorateur du cœur du lapin (Marey, *Méthode graphique*).

recueillent le choc du cœur, l'une à droite, l'autre à gauche. Le cardiographe est mis en communication avec un tambour à levier de Marey.

94. Démonstration du jeu des valvules du cœur du bœuf, d'après le procédé de Gad. — La démonstration se fait sur une préparation anatomique du cœur du bœuf, dans lequel on entretient une circulation d'eau à travers l'oreillette et le ventricule gauches (fig. 124).

Deux fenêtres garnies de glaces transparentes permettent d'observer l'intérieur de l'oreillette et du ventricule, et de suivre le jeu des valvules. L'intérieur du ventricule est éclairé par une petite lampe à incandescence *l*.

La fenêtre *d* de l'oreillette a 7 centimètres de diamètre. C'est une plaque de verre circulaire qui s'applique sur une canule de métal longue de 5 centimètres, et fixée à demeure dans la paroi de l'oreillette. La même canule porte latéralement une tubulure de $0^m,015$ de diamètre et $0^m,026$ de long, tubulure

par laquelle l'eau est amenée au cœur, par l'intermédiaire
d'un tube de caoutchouc *b*, relié à la tubulure latérale inférieure d'une grande bouteille R, d'une contenance de 5 litres.
Le niveau de l'eau du réservoir R est à environ 40 centimètres au-dessus de l'oreillette.

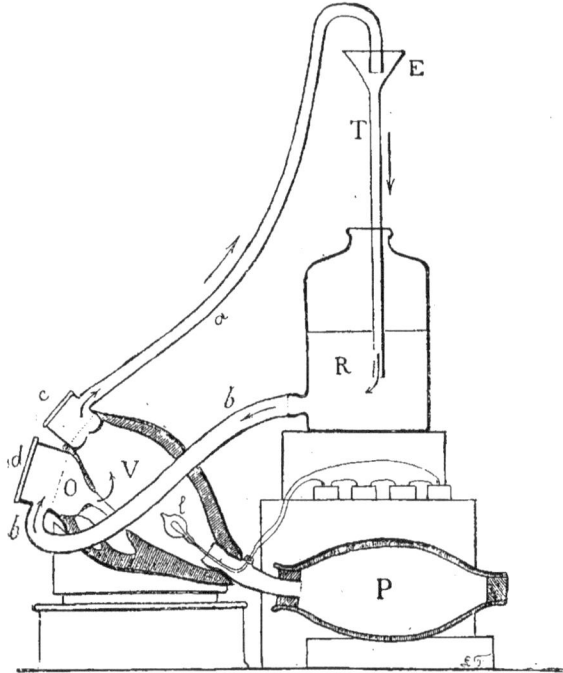

Fig. 124. — Schéma de l'appareil de Gad pour la démonstration du jeu des
valvules du cœur (en partie d'après Gad).

Les deux canules *c* et *d* ont été représentées l'une au-dessus de l'autre, afin de
rendre la figure plus claire. En réalité, elles sont placées l'une à côté de l'autre.
— O, oreillette gauche portant la fenêtre *d* et communiquant avec le tube d'arrivée de l'eau *b*. — V, ventricule gauche éclairé par la lampe *l*, et communiquant
avec la poire P. — *c*, fenêtre fixée contre la canule de l'aorte. — *a*, tube de
caoutchouc ramenant l'eau dans le réservoir R.

La fenêtre *c* qui permet au regard de suivre le jeu des valvules sigmoïdes de l'aorte, est constituée par une plaque de
verre de 5 centimètres de diamètre. Cette plaque de verre est
appliquée sur une canule fixée dans l'aorte. La canule aortique

porte latéralement une tubulure, à laquelle fait suite un tube
de caoutchouc *a*, qui s'élève à un mètre de hauteur, pour abou-
tir à l'une des branches d'un tube en U. Ce tube sert à chasser
l'eau du ventricule dans l'entonnoir E, d'où elle retombe par
le tube T dans le réservoir R.

Le moteur, qui entretient à travers le cœur gauche une circulation d'eau intermittente, est constitué par une poire de caoutchouc P, à parois épaisses et élastiques, que l'on soumet à des
compressions rythmées.

Cette poire est reliée à la pointe du ventricule gauche, par
un tube de 2 centimètres de large. La poire P, le ventricule V,
l'oreillette O, ainsi que les tubes de raccord étant remplis
d'eau, on comprime énergiquement la poire P, qui lance son
ondée dans le ventricule, et à travers celui-ci dans l'aorte et
le tube *a*; les valvules sigmoïdes s'ouvrent brusquement;
l'augmentation de pression qui en résulte, produit la fermeture
des valvules auriculo-ventriculaires. On imite donc les effets
de la systole ventriculaire.

Dès qu'on vient à cesser la compression de la poire P, cette
dernière reprend son volume primitif, en vertu de son élasticité,
et exerce de ce chef une aspiration énergique du côté du ventricule (vide post-systolique). Les valvules sigmoïdes se referment,
tandis que les valvules auriculo-ventriculaires s'ouvrent, et
qu'une certaine quantité de liquide passe du réservoir R, dans
l'oreillette et dans le ventricule.

En comprimant et en relâchant alternativement la poire P,
on imite le fonctionnement normal des systoles cardiaques, et
l'on entretient un courant intermittent de liquide à travers le
ventricule V, le tube aortique *a*, le réservoir R, le tube veineux *b*
et l'oreillette O. Il en résulte que les valvules auriculo-ventriculaires et les valvules sigmoïdes de l'aorte s'ouvrent et se
ferment alternativement.

Comme les deux fenêtres ne sont pas placées dans le même
plan, il n'est guère possible de saisir à la fois directement le
fonctionnement des valvules des deux orifices. On peut y arriver
en faisant usage de miroirs.

La lampe à incandescence servant à éclairer l'intérieur du
cœur est alimentée par quatre petits éléments de Grove. Elle

est portée par le tube qui raccorde le ventricule à la poire en caoutchouc.

Le cœur droit ne sert pas à la démonstration ; il y pénètre cependant un peu d'eau par les *Foramina Thebesii*, orifices par lesquels les veines de la circulation coronaire du cœur débouchent dans l'oreillette et le ventricule droits. Cette eau s'écoule à l'extérieur par un tube qui traverse un gros bou-

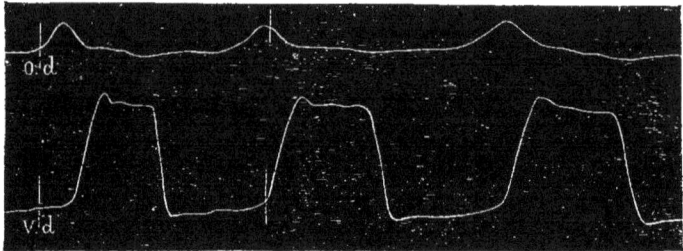

Fig. 125. —Tracés cardiographiques de l'oreillette droite (O, d) et du ventricule droit V*d* (François Franck, *Trav. lab. de Marey*).

chon fixé dans la paroi de l'oreillette droite. Un autre bouchon obture l'origine de l'artère pulmonaire. Tout le cœur se trouve placé sur une plaque de zinc inclinée percée de trous, et recouvrant un grand réservoir destiné à recueillir l'eau de l'oreillette droite, et celle qui provient de suintements.

Après chaque démonstration, on dévisse les glaces des canules, on détache les caoutchoucs, et on plonge le cœur avec ses canules dans une solution aqueuse de chloral à 10 p. 100. Cette solution présente l'avantage de conserver aux valvules leur élasticité et leur souplesse, ce qui permet de répéter à volonté la démonstration sur le même cœur.

III. — CIRCULATION DANS LES ARTÈRES.

95. Mouvement intermittent des liquides dans des tubes rigides et dans des tubes élastiques. — Si les artères étaient des conduits inextensibles, comme des tubes de verre ou de métal, l'ondée sanguine lancée par le ventricule gauche à chaque pulsation cardiaque (que l'on peut évaluer à 180 grammes de liquide chez l'homme), aurait simplement pour effet de pousser devant elle la colonne de liquide située en avant; mais le mouvement de projection cesserait dans les intervalles. L'écoulement par les capillaires serait donc interrompu, se ferait par saccades correspondant aux systoles cardiaques.

Il est facile de s'assurer de ce fait, en cherchant à réaliser ces conditions expérimentales au moyen d'un appareil schématique (fig. 126), formé d'une poire en caoutchouc A, munie de valvules (en *v* et en *v'*), fonctionnant sous la pression de la

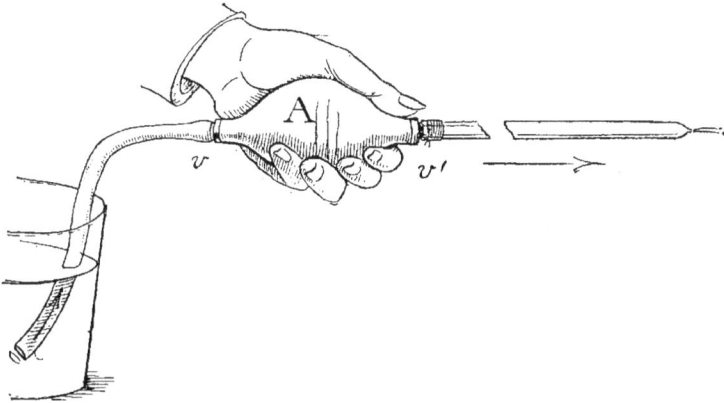

Fig. 126. — Appareil schématique destiné à démontrer l'action du ventricule sur la circulation dans les artères (d'après Fredericq et Nuel, *Physiologie*).

main à la façon du ventricule, puisant d'un côté l'eau (par aspiration dans l'intervalle des compressions) dans un réservoir, et la lançant de l'autre dans un long tube de verre, effilé à son extrémité.

Si dans cette expérience, nous remplaçons le tube de verre par un tube extensible et élastique, par un tuyau de caoutchouc, nous constatons des phénomènes bien différents : à chaque contraction du ventricule en caoutchouc, une partie de la force de propulsion est employée, comme tantôt, à pousser en avant la colonne de liquide contenue dans le tube; mais une autre partie de cette énergie est transmise aux parois du tube, et sert à les distendre. La force emmagasinée dans les parois au moment de la contraction est ensuite reportée sur le liquide, par suite du retrait élastique des parois, et continue à faire progresser ce liquide pendant les intervalles des contractions. L'élasticité des parois assure, de cette façon, un écoulement continu par l'extrémité rétrécie du tube, quoique les afflux qui viennent du ventricule en caoutchouc soient intermittents.

96. Appareil de Marey. — L'appareil de la figure 127, dû à Marey, permet de reproduire simultanément les deux expériences précédentes.

Le tube d'écoulement qui vient du flacon de Mariotte se

Fig. 127. — Appareil de Marey, pour démontrer le rôle de l'élasticité du tube d'écoulement sur le débit du liquide (Marey, *Circulation du sang*).

bifurque : l'une des branches est rigide, l'autre offre des parois élastiques ; toutes deux se terminent par un ajutage étroit. En élevant et en abaissant tour à tour le levier compresseur, qui se trouve placé près de l'origine de ces tubes, on crée des afflux intermittents.

On constate alors :

1° Que le tube inerte émet, à son orifice d'écoulement, des jets de liquide intermittents, comme les afflux eux-mêmes ;

2° Que le tube élastique donne un écoulement continu et régulier, c'est-à-dire qu'il transforme, par suite de l'élasticité de ses parois, le mouvement intermittent, qu'il avait reçu, en un mouvement continu;

3° Qu'à section égale, le tube élastique débite une quantité plus grande de liquide, que le tube rigide.

97. Schéma de la circulation. — La figure 128 montre un schéma de la circulation, qu'il est facile de construire au moyen:

1° D'un grand flacon A, à tubulure latérale, rempli d'eau et représentant le système veineux;

2° D'une poire en caoutchouc B, munie de valvules et représentant le ventricule;

3° D'un long tube de caoutchouc extensible ee', de plusieurs mètres de longueur, représentant le système artériel;

4° D'un tube de verre t, représentant les capillaires à son extrémité rétrécie, et faisant suite au tube artériel.

Des compressions rythmées de la poire B, pratiquées à la main, alternant avec des pauses, imitent le jeu du ventricule

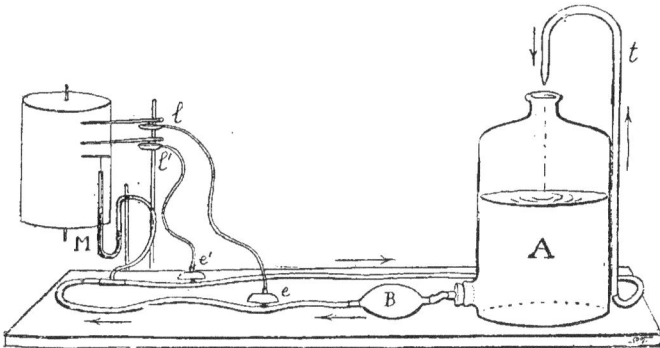

Fig. 128. — Schéma de la circulation.

gauche, et entretiennent dans l'appareil une circulation artificielle. A chaque contraction de la poire B, ou systole ventriculaire, une ondée liquide pénètre dans l'artère ee', et la distend.

L'onde de distension se propage dans une direction centrifuge, avec une vitesse de 6 à 12 mètres à la seconde; elle est accompagnée d'une augmentation de la pression à l'intérieur du système.

Cette onde de distension, ou *pulsation principale*, due à la contraction du ventricule B, est immédiatement suivie d'une ondulation moins importante, *ondulation secondaire* ou *dicrote*, due à la fermeture brusque de la valvule qui sépare le ventricule en caoutchouc, du tube artériel. Cette onde secondaire n'est bien développée, que si la valvule fonctionne convenablement.

Il est facile de s'assurer de la réalité de ces phénomènes, au moyen d'appareils enregistreurs appliqués sur le trajet du tube en caoutchouc : *e* et *e'* représentent deux explorateurs de l'onde, formés chacun d'une capsule à air, recouverte d'une membrane en caoutchouc, laquelle porte un bouton explorateur appliqué sur le tube ; ces capsules communiquent chacune avec un tambour à levier *l*, *l'*, et leur transmettent tous les détails de la pulsation ; M est un manomètre à mercure inscripteur, c'est-à-dire portant un flotteur muni d'un style, qui inscrit les changements de niveau du mercure de la branche ouverte du manomètre.

Les tambours à levier *l*, *l'*, reliés aux explorateurs, inscrivent une courbe à ascension brusque, à descente plus lente, et présentant, sur la ligne de descente, une ondulation secondaire ou dicrote.

Nous allons voir que les artères de l'homme, et celles des animaux, présentent des phénomènes analogues.

98. Sphygmographe direct. — Déterminez exactement, au moyen de la palpation, la place où se sent le mieux la pulsation de l'artère radiale, chez l'homme. Marquez sur la peau, d'un trait d'encre, la direction exacte de cette partie de l'artère. Appliquez le sphygmographe direct de Marey, dans la position indiquée par la figure 129, en ayant soin que la plaque *i* (voir fig. 130) corresponde au trajet marqué à l'encre. Graduez la compression que la plaque exerce sur l'artère, au moyen de la vis de réglage (dont le bouton n'est visible que sur la figure 129). Une seconde vis, qui se trouve près de l'axe du levier inscripteur, sert à graduer la position de ce dernier, de manière que sa plume se trouve au niveau de la bandelette de papier enfumé sur laquelle se prend le tracé.

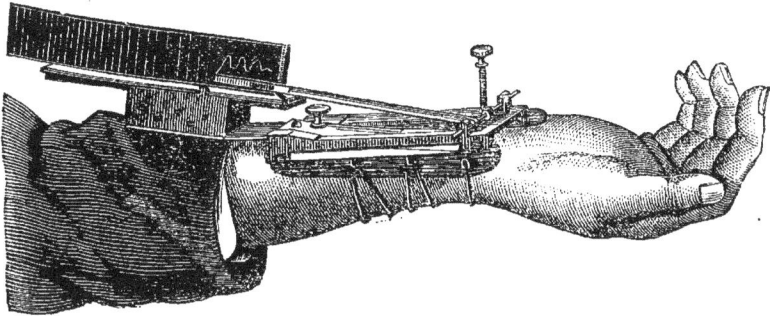

Fig. 129. — Sphygmographe direct de Marey inscrivant le tracé du pouls de
l'artère radiale (Marey, *Circulation du sang*).

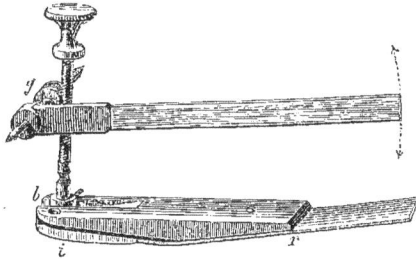

Fig. 130. — Détails de la construction du sphygmographe de Marey
(Marey, *Circulation du sang*).

i, plaque d'ivoire appuyant sur l'artère, avec une pression qui dépend de la
tension du ressort *r*. — *b*, vis verticale, qui, au moyen d'un mouvement de
bascule, s'applique contre un galet *g* avec lequel elle s'engrène, de manière à
à entraîner le levier inscripteur.

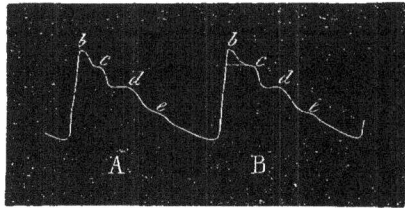

Fig. 131. — Tracé sphygmographique du pouls radial.

b, *c*, Plateau systolique de l'onde principale; — *d*, ondulation dicrote; — *e*, ondulation élastique (Marey, *Circulation du sang*).

Le mouvement d'horlogerie ayant été remonté, et la plaque
enfumée mise en place, faites partir la plaque, et recueillez un
graphique.

99. Sphygmographe à transmission. — Appliquez le sphygmographe à transmission de Marey sur le poignet, comme l'indique la figure 132. La pulsation artérielle se transmet par l'intermédiaire de la tige T à la membrane de la capsule à air; celle-

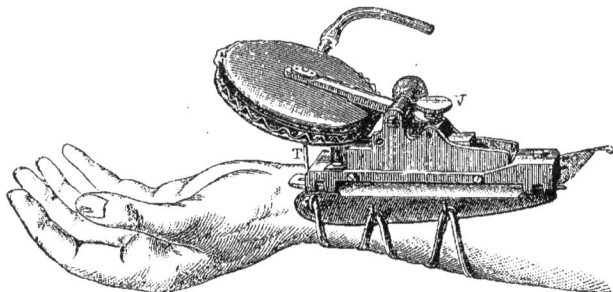

Fig. 132. — Sphygmographe à transmission de Marey, envoyant la pulsation
artérielle à un levier inscripteur situé à distance (Marey, *Méthode graphique*).

ci communique, par un tube de caoutchouc court et étroit, avec
un petit tambour à levier, qui inscrit la courbe sphygmographique sur le cylindre enregistreur. Inscrivez en même temps
un graphique du temps, au moyen de l'horloge à secondes.

Respirez très lentement et profondément, de manière à faire
durer chaque inspiration 5 secondes, et chaque expiration également 5 secondes.

Notez l'accélération légère des pulsations, pendant la phase
d'inspiration.

100. Sphygmoscope à gaz. — Rattachez le sphygmoscope
de Rothe à une conduite de gaz, et allumez le petit bec de
l'appareil. Appliquez sur l'artère radicale, la membrane qui
ferme la petite caisse cylindrique *a* du sphygmoscope. Cette
caisse se trouve intercalée sur le tube qui alimente la flamme *b*.
Réglez l'arrivée du gaz au moyen du robinet placé sur la prise,
et au moyen de la vis portée par la petite caisse, de manière
que l'alimentation de la flamme soit influencée par les mouvements d'expansion de l'artère radiale.

A chaque pulsation, la membrane du sphygmoscope se trouve déprimée, l'afflux du gaz diminue et la flamme tend à s'éteindre. A chaque pulsation, il y a donc une brusque dimi-

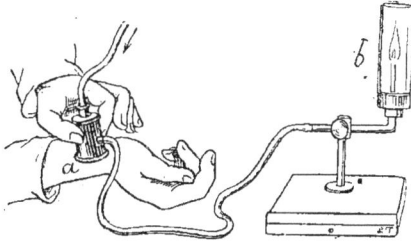

Fig. 133. — Sphygmoscope à gaz de Rothe (en partie d'après la figure du Catalogue de Rothe).

nution de hauteur de la flamme; la pulsation dicrote se traduit par une seconde dépression de la flamme, moins importante que la première.

101. Sphygmoscope optique. — Placez-vous dans une pièce peu éclairée, dans laquelle pénètre un mince filet de lumière solaire directe (par un petit trou percé dans un volet, par exemple). Appuyez le dos de la main sur une table, ou sur tout autre support fixe; faites adhérer au niveau de l'artère radiale, au moyen d'une goutte de gomme, ou simplement d'eau, un très petit fragment d'un miroir léger (fragment de quelques millimètres de côté). Disposez l'expérience de manière que les rayons directs du soleil viennent tomber sur le miroir collé à l'artère, et soient réfléchis sur la muraille ou sur le plafond. Observez les mouvements de va-et-vient de la tache lumineuse produite par réflexion : ces mouvements représentent ceux de l'artère, mais très amplifiés : on discerne facilement la pulsation principale, suivie d'une pulsation plus faible, due au dicrotisme.

102. Mesure de la pression artérielle au moyen du tube de Hales. — Un chien anesthésié est attaché sur le dos, dans la gouttière d'opération.

Mettez une des carotides à nu. A cet effet, divisez la peau et le peaucier à la région antérieure du cou, par une incision sur la ligne médiane de quelques centimètres de long.

Divisez pareillement l'interstice qui sépare les muscles sterno-hyoïdien et sterno-thyroïdien d'avec le sterno-mastoïdien. Introduisez l'indicateur dans cet interstice, et allez à la recherche du paquet des nerfs et des vaisseaux, en disséquant avec les indicateurs des deux mains. Accrochez sur l'indicateur droit le paquet comprenant la carotide, le pneumogastrique et la jugulaire interne; soulevez-le, et amenez-le hors de la plaie. Isolez l'artère avec une pince à dissection; nettoyez bien sa surface. Liez le bout périphérique; passez un fil sous le bout central, que vous fermez momentanément au moyen d'une petite pince à pression. Faites dans l'artère, au moyen de ciseaux tranchants dont la pointe est dirigée du côté du cœur, une incision formant une assez large boutonnière, par laquelle vous introduisez, dans la direction du cœur, une canule de verre (tube ayant environ la largeur de l'artère et présentant près de son origine un léger étranglement.) Liez l'artère sur la canule, en serrant le fil au niveau de l'étranglement de la canule.

Établissez, au moyen d'un tube de caoutchouc résistant, la communication entre la canule et un tube vertical de verre de trois mètres de haut, fixé sur une planchette portant une graduation en centimètres à partir du niveau de la canule (tube de Hales). Fixez le tube de caoutchouc au moyen de ligatures.

Levez la pince à pression de l'artère, de manière à établir la communication entre la carotide et le tube de Hales. Le sang s'y précipite, et y monte à une hauteur de deux mètres et demi, en présentant des oscillations assez fréquentes et peu étendues, correspondant aux pulsations cardiaques, et des oscillations plus larges et plus lentes, isochrones avec les mouvements de la respiration.

L'expérience ne peut pas être prolongée au delà de cinq à dix minutes, à cause de la coagulation qui envahit la colonne de sang contenue dans le tube. Il est bon de ne la faire durer que quatre à cinq minutes.

Supprimez la communication entre l'artère et le manomètre à sang, en replaçant la pince à pression sur le bout central de l'artère, et retirez la canule qui avait été fixée dans l'artère.

Remplacez le manomètre à sang par un manomètre à mercure, comme il est dit au numéro suivant.

103. Mesure et inscription de la pression artérielle au moyen du manomètre à mercure. — Un manomètre à mercure en U est rattaché à une canule artérielle en verre (canule en T, modèle François Franck), par un tube inextensible mais flexible, (formé par un assemblage de petits bouts de tubes de verre réunis par des bouts de tubes de caoutchouc) pouvant être fermé par un robinet, ou une pince à pression *c* (fig. 134). Une seconde pince à pression *d* ferme un tube de communication avec l'extérieur, que le manomètre présente à sa jonction avec le tube rigide dont il vient d'être question. Une troisième pince *b* ferme le caoutchouc de la branche latérale de la canule en T. La branche libre du manomètre nous présente le flotteur, qui a pour mission d'inscrire, sur l'appareil enregistreur, les oscillations de la colonne de mercure correspondant aux variations de pression à l'intérieur de l'artère. Ce flotteur se compose

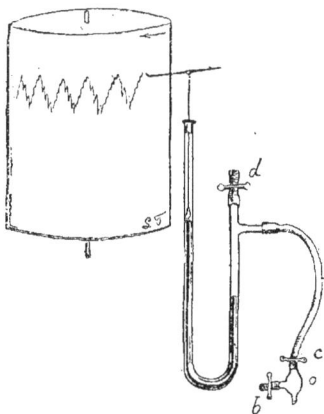

Fig. 134. — Manomètre inscripteur à mercure, destiné à enregistrer les oscillations de la pression artérielle.

d'un petit cylindre en ébonite ou en ivoire, reposant sur le mercure, et surmonté d'une tige métallique rigide, verticale. La tige métallique porte, à sa partie supérieure, la plume (fil métallique horizontal, recourbé à sa pointe) chargée de gratter le noir du papier enfumé de l'appareil enregistreur. Un fil à plomb (ou mieux un fil de verre), suspendu au-dessus du manomètre, appuie légèrement sur la tige horizontale de la plume, et assure son contact avec le papier.

Remplissez tout l'espace libre du manomètre avec une solution saturée de sulfate de magnésium (solution anticoagulante), que vous poussez au moyen d'une seringue par la canule *o*, les pinces *c* et *d* ayant été levées. Quand tout l'air est chassé de l'appareil, fermez la pince d; poussez le piston de la seringue de manière à placer le manomètre sous une pression de 15 centimètres de mercure, refermez la pince c. Introduisez la canule o dans le bout central de la carotide du chien qui a servi à l'expérience n° 102. Liez solidement la canule dans l'artère, et faites au moyen des deux chefs du fil, une seconde ligature passant derrière le tube latéral b de la canule, puis établissez la communication avec l'artère.

104. Inscription de la pression artérielle du chien au moyen du sphygmoscope de Marey. — Sur le chien qui a servi aux expériences n°s 102 et 103, mettez à nu la seconde carotide, dans laquelle vous introduisez la canule en T du sphygmoscope de Marey (fig. 135). Le sphygmoscope de Marey se compose d'une petite ampoule en caoutchouc D, remplie de la solution anticoagulante (solution saturée de $MgSO_4$), et mise en rapport avec l'intérieur de l'artère. A cet effet, l'ampoule en forme d'extrémité de doigt de gant coiffe un bouchon de caoutchouc B, à travers

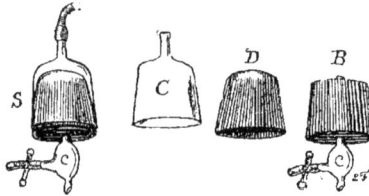

Fig. 135. — Sphygmoscope de Marey modifié associé à une canule François Franck.

A gauche : S, l'appareil complet. A droite, les éléments dont il se compose : C, D, B.

lequel passe le tube de la canule artérielle c. Les mouvements d'expansion et de retrait de l'ampoule s'exécutent à l'intérieur d'une petite capsule en verre C, remplie d'air, et communiquant avec un tambour à levier, auquel ces mouvements se transmettent.

Il faut avoir soin, dans la construction du sphygmoscope de Marey, de réduire autant que possible les excursions du liquide à l'intérieur de l'appareil. On prendra l'extrémité d'un doigt de gant en caoutchouc résistant D, et on la glissera presque jusqu'au bout sur le bouchon de caoutchouc B, de manière que l'extrémité de l'ampoule ne représente qu'une chambre de liquide extrêmement petite (capacité $=$ une minime fraction de centimètre cube). Le sphygmoscope constitue alors (en vertu de l'exiguïté des masses à mettre en mouvement, et de l'absence d'inertie), le type des manomètres élastiques capables de suivre et d'indiquer instantanément, les variations les plus délicates et les plus compliquées de la pression sanguine.

Les tracés de pression artérielle recueillis au moyen du sphygmoscope, sont analogues aux tracés sphygmographiques.

105. Comparaison des tracés sphygmoscopiques avec ceux du manomètre à mercure. — Inscrivez simultanément, chez le chien, le tracé de la pression, dans une carotide, au moyen du manomètre à mercure, et dans l'autre carotide, au moyen du manomètre élastique ou sphygmoscope. Prenez de temps en temps des lignes de repère, en arrêtant momentanément la marche de l'enregistreur. Notez le retard des oscillations du manomètre à mercure, sur celles du manomètre élastique, et la déformation des premières, tandis que les tracés du sphygmoscope représentent fidèlement les phases par lesquelles passe la pression artérielle, à chaque pulsation cardiaque.

Le manomètre à mercure, en raison de l'inertie de la masse de mercure à mettre en mouvement, est incapable de suivre ces variations rapides : mais il est précieux parce qu'il donne directe-

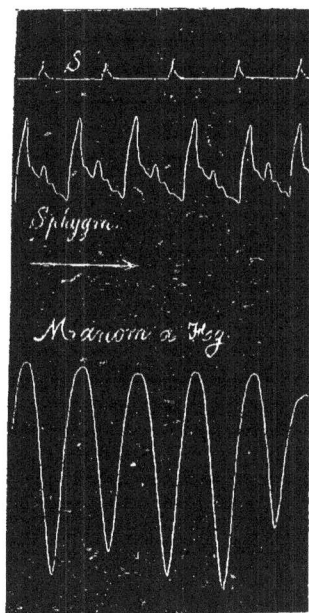

Fig. 136. — Tracés de la pression artérielle recueillis chez le chien.

Ligne inférieure, tracé du manomètre à mercure appliqué à la carotide gauche. — Ligne moyenne, tracé du sphygmoscope de Marey appliqué à la carotide droite. — Ligne supérieure, tracé de l'horloge à secondes.

ment, en centimètres de mercure, la pression moyenne dans les artères. Il suffit, pour avoir cette pression, de doubler la hauteur de la courbe inscrite, comptée à partir de la ligne du zéro, que vous prenez à la fin de l'expérience. A cet effet, liez l'artère, et retirez-en la canule, mais en la laissant à côté de l'artère, exactement à la hauteur de celle-ci. La pression est nulle dans le manomètre : prenez la ligne du 0, en faisant repasser le papier de l'appareil enregistreur devant la plume immobile du manomètre.

106. Inscription simultanée du tracé du choc du cœur et du tracé sphygmoscopique, chez le chien. — Introduisez le sphygmoscope de Marey dans la carotide droite d'un chien, et appliquez le cardiographe (explorateur à coquille) à l'extérieur de la poitrine. Recueillez simultanément le graphique des pul-

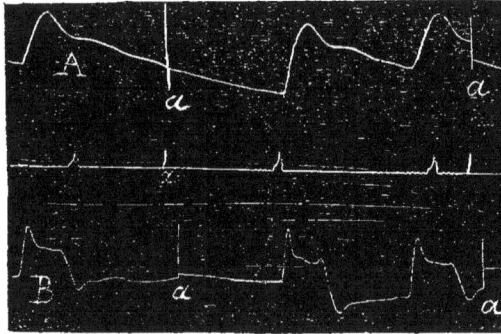

Fig. 137. — Tracés de la pression carotidienne A, et du choc du cœur B, recueillis simultanément chez le chien. — *a, a,* repères.

sations artérielles, et celui du choc du cœur. Prenez des points de repère. Notez le retard du début de la pulsation artérielle sur le début de la pulsation ventriculaire. Ce retard de 8 à 9 centièmes de secondes, dans l'exemple de la figure 137, représente la somme :

1° Du retard dû au transport de la pulsation artérielle depuis l'origine de l'aorte, jusqu'au point où le sphygmoscope est appliqué ;

2° Du temps qui s'écoule entre le moment où le ventricule commence sa contraction, et celui où les valvules sigmoïdes s'ouvrent, et où l'ondée sanguine pénètre dans l'aorte.

La valeur du 1° dans l'exemple choisi est de 2 centièmes de seconde, étant donné que la vitesse de propagation de la

pulsation est de 8 mètres à la seconde (voir n° 107), et que la
distance à parcourir entre le cœur et le sphygmoscope est de
16 centimètres. La valeur du 2° s'obtient par soustraction : 8 à 9
— 2 = 6 à 7 centièmes de seconde. Notez que l'ondulation
dicrote du tracé de l'artère, correspond à peu près à la ligne de
descente du tracé du ventricule, c'est-à-dire coïncide avec la
clôture des valvules sigmoïdes.

107. **Vitesse de l'onde pulsatile mesurée par l'inscription
simultanée du tracé sphygmoscopique dans la carotide et
dans la crurale du chien.** — Fixez un sphygmoscope A dans
la carotide d'un chien ; fixez un second sphygmoscope B dans
la crurale (voir n° 104) ; recueillez simultanément les deux graphiques (*Car.*, *Crur.*, fig. 138), en prenant des lignes de repère.
Le début de la pulsation B (*Crur.*) retarde sur le début de la

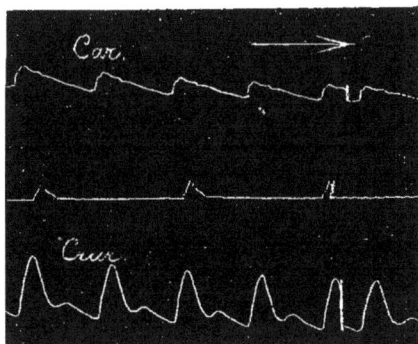

Fig. 138. — Tracés de pression artérielle pris chez le chien au moyen de deux
sphygmoscopes placés respectivement dans la carotide (*Car.*) et dans la crurale (*Crur.*). Horloge à secondes.

pulsation A (*Car.*), d'une longueur de papier correspondant à
5 centièmes de seconde. Le sphygmoscope A était à 53 centimètres de la crosse de l'aorte (distances mesurées à l'autopsie,
après ouverture du cadavre du chien) ; le sphygmoscope B,
à 13 centimètres. La différence de distance entre A et B était
donc de 40 centimètres. L'onde pulsatile parcourt donc 40 centimètres en 5 centièmes de seconde, soit 8 mètres à la seconde.

108. **Tracé hémautographique.** — Mettez à nu l'artère cru-

rale du chien. A cet effet, faites chez un chien (anesthésié et
couché sur le dos dans la gouttière d'opération) une incision
cutanée de 5 à 6 centimètres de long, croisant sur son milieu, à
angle presque droit, la direction du pli de l'aine, et suivant le
trajet de l'artère crurale. Déchirez avec précaution la gaine qui
contient les nerfs et vaisseaux cruraux, et isolez l'artère, en
disséquant au moyen de deux pinces. Liez le bout périphérique
de l'artère, et placez une pince à pression sur son bout central.
Faites, aux ciseaux, une boutonnière à l'artère, boutonnière par

Fig. 139. — Tracé hémautographique (Fredericq et Nuel. *Physiologie*).

laquelle vous introduisez une canule de verre effilée et rétrécie à son extrémité libre. Fixez la canule au moyen d'un
fil à ligature. Levez la pince à pression, et recevez le jet de
sang sur une bande de papier tenue verticalement, que vous
déplacez rapidement à la main dans le sens horizontal, de
manière à recueillir un *tracé hémautographique*, indiquant
les variations de hauteur du jet de sang, c'est-à-dire les
variations de pression dans l'artère. Comparez ce tracé avec le
tracé recueilli au moyen du sphygmoscope, ils présentent
entre eux la plus grande ressemblance.

109. **Variations respiratoires de la pression artérielle chez
le chien.** — Recueillez un tracé de pression carotidienne chez
le chien, au moyen du manomètre à mercure (voir n° 103), en
même temps qu'un tracé de la respiration (voir n° 62, 1°), et
prenez des lignes de repère. Notez que les oscillations dues aux
pulsations se groupent en ondulations plus larges, correspondant
aux mouvements respiratoires. A chaque inspiration, la pres-

sion monte dans les artères : à chaque expiration, elle tend à

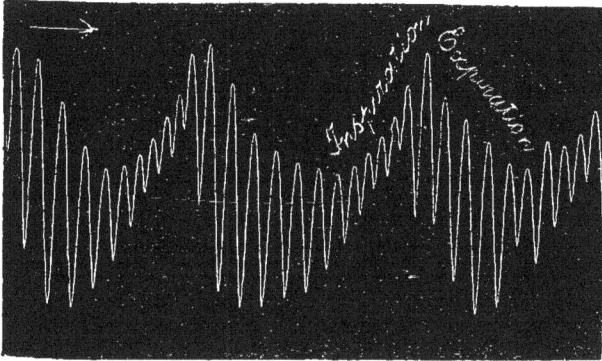

Fig. 140. — Tracé des oscillations respiratoires de la pression carotidienne chez le chien (Léon Fredericq, *Oscill. de la pression sanguine*).

baisser. L'augmentation de pression est due à l'accélération des pulsations cardiaques qui accompagne l'inspiration, chez le chien ; la diminution de pression, au ralentissement expiratoire des pulsations cardiaques (voir fig. 140).

110. Variations respiratoires

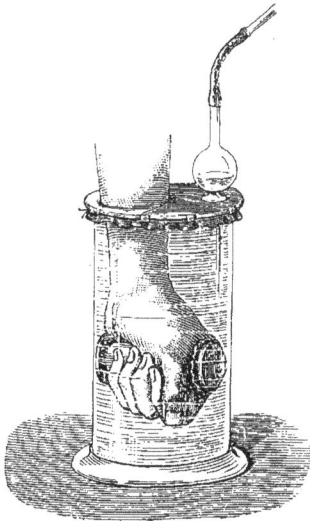

Fig. 141. — Pléthysmographe ou appareil destiné à enregistrer les variations de volume de la main (Modèle François Franck).

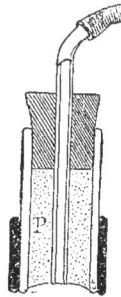

Fig. 142. — Pléthysmographe cérébral (Léon Fredericq, *Pulsations du cerveau*).

de la pression artérielle chez le lapin. — Recueillez un tracé de pression carotidienne chez le lapin, en employant une canule artérielle en T, et en plaçant, avant l'expérience, le manomètre sous une pression de 10 centimètres de mercure. Recueillez en même temps un tracé de la respiration par le procédé de la bouteille (n° 61). Prenez des points de repère. Ici les inégalités respiratoires du rythme cardiaque font défaut : aussi la pression baisse pendant l'inspiration et monte pendant l'expiration.

111. Pléthysmographe pour l'homme. — Remplissez le pléthysmographe représenté figure 141, avec de l'eau tiède. Introduisez la main et une partie de l'avant-bras dans l'appareil, reliez ce dernier à un tambour à levier (par le tube placé à droite et en haut), et recueillez la courbe des variations de volume de la main. Cette courbe présente des oscillations cardiaques rappelant celles du tracé sphygmographique.

Les oscillations cardiaques peuvent se grouper en ondulations plus larges, correspondant aux mouvements respiratoires.

IV. — Circulation dans les veines et dans les capillaires.

112. Circulation dans les veines. — Observez avec attention les veines du dos de la main et de l'avant-bras gauche, dans la position élevée du membre, dans la position horizontale et dans la position déclive. Arrêtez le cours du sang, dans les veines superficielles de la main, de l'avant-bras ou du pli du coude, en exerçant une pression sur la peau au moyen du bord cubital de la main droite. Les veines gonflent du côté distal du membre, elles s'affaissent du côté proximal, ce qui indique bien la direction centripète du courant sanguin dans leur intérieur.

113. Pulsations de la jugulaire chez le chien. — Faites chez le chien (anesthésié et couché sur le dos dans la gouttière d'opération), une incision cutanée sur la ligne médiane du cou (ou un peu à côté), et disséquez la peau de manière à mettre à nu la veine jugulaire externe droite. Isolez la veine, en détachant ses adhérences avec précaution, poursuivez-la jusque près de l'entrée de la poitrine, à son confluent avec la veine axillaire.

Observez la direction du cours du sang dans la veine, l'affaissement du bout cardiaque qui se vide, le gonflement du bout céphalique, chaque fois que l'on comprime la veine de manière à y interrompre la circulation. Observez également l'affaissement de la veine qui se produit pendant la phase d'inspiration, et le gonflement qui correspond à l'expiration, enfin les pulsations isochrones avec les pulsations cardiaques.

Glissez sous la veine l'explorateur représenté figure 143, de manière que le vaisseau soit compris entre la demi-gouttière fixe de l'appareil, et la demi-gouttière qui agit sur la membrane de la capsule à air. Reliez cette dernière avec un petit tambour enre-

Fig. 143. — Explorateur de la jugulaire (Ch. Verdin).

gistreur très sensible, et recueillez un graphique. Comparez ce graphique avec le tracé de la carotide, ou avec celui du choc du cœur pris en même temps (voir fig. 144).

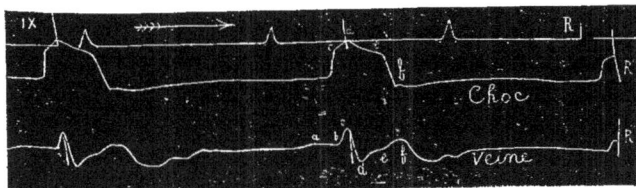

Fig. 144. — Tracé du choc du cœur (*choc*) et pouls (*veine*) de la jugulaire, recueillis simultanément sur un grand chien morphiné. Horloge à secondes. Les repères R'à la fin du tracé à droite sont pris en arrêtant l'appareil enregistreur.

ab, systole auriculaire. — *bc*, début de la systole ventriculaire et projection vers l'oreillette des valvules auriculo-ventriculaires. — *cde*, pénétration du sang dans l'aorte et l'artère pulmonaire. — *f*, fin de la systole ventriculaire (Léon Fredericq, *Pouls veineux*).

114. Circulation dans les capillaires. — Choisissez une grenouille brune, ayant la membrane natatoire des pattes postérieures peu pigmentée. Enfermez-la dans un sachet de tulle, de manière à emprisonner tout le corps, sauf une patte postérieure, qui passe à l'extérieur. Fixez la grenouille sur une plaque de liège, au moyen d'épingles traversant le sachet, sans blesser l'animal. La plaque de liège est disposée de manière à pouvoir être fixée sur la platine d'un microscope : elle est percée d'un trou circulaire, correspondant à l'orifice de la platine, et sur lequel on tend la membrane interdigitale. A cet effet, on lie un fil à l'extrémité de chacun des orteils de la patte : ce fil sert à fixer chaque orteil à une petite épingle enfoncée dans la plaque autour du trou circulaire, de manière à exposer à ce niveau les parties transparentes d'un des intervalles interdigitaux. Observez successivement la membrane à des grossissements très faibles, faibles et moyens. Notez les particularités de la circulation dans les artères, les capillaires et les veines.

On peut également employer le microscope électrique et la lanterne de Stricker, pour étudier la circulation sur l'image projetée sur l'écran de plâtre.

V. — RÉGULATION DE LA CIRCULATION.

115. Excitation et section des pneumogastriques chez le chien.

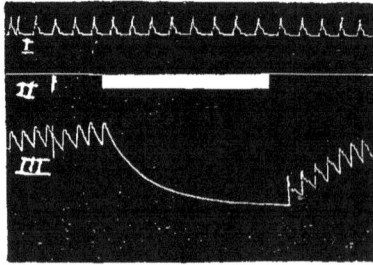

Fig. 145. — Effet de l'excitation du pneumogastrique sur le tracé de la pression carotidienne chez le chien.

I. Horloge à secondes. — II. Signal électrique inscrivant le moment de l'excitation du pneumogastrique. — III. Tracé du sphygmoscope.

— Prenez un graphique de pression sanguine chez le chien, au moyen du manomètre à mercure inscripteur, ou du sphygmoscope de Marey (voir n° 103 et 104). Isolez les deux pneumogastriques. Coupez l'un d'eux au haut du cou ; placez le bout périphérique du nerf sur les électrodes excitatrices reliées au chariot de du Bois-Reymond, et excitez le nerf à différentes reprises avec des courants de différente intensité, en ayant soin d'enregistrer simultanément le graphique de pression, celui de l'excitation (voir p. 41) et celui du temps. Les courants faibles produisent un ralentissement, les courants forts, un arrêt du cœur.

Prenez des lignes de repère, de manière à pouvoir apprécier l'importance de la *période latente*, ou temps perdu de l'excitation, qui atteint ici la durée d'une pulsation cardiaque.

115 *bis*. Section des pneumogastriques. — Coupez le second pneumogastrique sur le chien qui a servi à l'expérience du numéro précédent. Prenez un nouveau graphique de pression

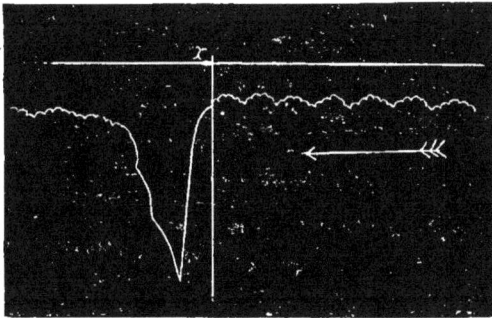

Fig. 146. — Graphique de pression sanguine recueilli chez le lapin, montrant en x les effets de l'excitation du bout périphérique du nerf pneumogastrique (Fredericq et Nuel, *Physiologie*).

sanguine, en regard du graphique recueilli avant la section des pneumo-gastriques. Notez la différence dans le nombre des pulsations, qui se trouve presque triplé à la suite de la section.

116. Excitation du pneumogastrique chez la grenouille. — Prenez une grenouille de forte taille ; coupez-lui la moelle entre le crâne et la première vertèbre ; détruisez le cerveau, et arrêtez l'hémorrhagie au moyen d'un fragment d'allumette introduit dans le crâne, comme il est dit au n° 74. Fixez la grenouille sur le dos au moyen de quelques épingles enfoncées dans une plaque de liège, et mettez le cœur à nu (n° 74).

Introduisez, par la bouche, un bout de grosse baguette ou de tube de verre, de manière à distendre l'œsophage, à soulever le cœur et les parties environnantes, et à rendre plus apparents les troncs nerveux qui sont situés sur les côtés. Ces troncs nerveux sont : l'*hypoglosse* qui se dirige vers la ligne médiane et en avant, pour gagner la langue, le *glosso-pharyngien*, dans son voisinage immédiat, et plus en arrière le *laryngé* et le *pneumogastrique*, qui tous deux croisent l'artère pulmonaire. Le pneumogastrique est le plus gros des deux : c'est un cordon grisâtre qui suit le bord du muscle pétro-hyoïdien, puis se place contre la veine cave supérieure et se rend au sinus veineux (voir fig. 147).

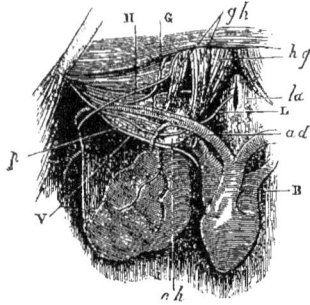

Fig. 147. — Distribution du pneumogastrique chez la grenouille.

B, bulbe aortique. — *ad*, aorte droite. — *ch*, corne postérieure de l'os hyoïde, — *la*, larynx. — V, pneumogastrique. — H, hypoglosse. — G, glosso-pharyngien. — L, nerf laryngé. — *gh*, muscle génio-hyoïdien. — *hg*, muscle hyoglosse. — *p*, muscle pétro-hyoïdie n (Livon, *Vivisection*).

Isolez le pneumogastrique, soulevez-le au moyen d'un fil, et glissez sous lui une paire d'électrodes isolées. Les électrodes, reliées à la bobine secondaire du chariot de du Bois-Reymond, servent à exciter le nerf chaque fois que l'on ferme le circuit primaire. Dans ce circuit primaire se trouve intercalé le marteau de Wagner, ainsi que le signal Marcel Deprez (Disposition n° 2, voir p. 40).

A chaque excitation, le cœur s'arrête ; les battements qui se montrent après un arrêt du cœur, sont plus faibles, et n'acquièrent leur énergie primitive qu'au bout de plusieurs secondes.

Disposez l'expérience de manière à inscrire simultanément sur le cylindre enregistreur :

1° Le graphique du temps, au moyen de l'horloge à secondes ;

2° Celui du moment de l'excitation, au moyen du signal Marcel Deprez ;

3° Celui des pulsations ventriculaires, au moyen du cardiographe de Nuel (n° 78).

Prenez des repères, de manière à pouvoir évaluer la valeur du temps perdu.

117. **Nerf dépresseur chez le lapin.** — Un lapin anesthésié

est attaché sur le dos dans la gouttière d'opération. Faites au devant de la trachée, une incision sur la ligne médiane, comprenant la peau, le peaucier et le tissu cellulaire sous-cutané. Vous apercevez, un peu sur le côté de la ligne médiane l'interstice cellulaire qui sépare le muscle sterno-hyoïdien du sterno-maxillaire. Écartez ce dernier muscle en dehors, de manière à apercevoir, au fond de l'interstice, le paquet des nerfs et des vaisseaux. La carotide est en dedans, le pneumogastrique en dehors. Entre eux, et un peu plus profondément, vous apercevez deux troncs nerveux fort grêles. Le plus mince et le plus interne, le dépresseur, naît ordinairement en haut par deux racines, l'une provenant du laryngé supérieur, l'autre venant du tronc du pneumogastrique (fig. 148, n° 3). Isolez avec soin le dépresseur, passez un fil sous lui, et liez-le le plus bas possible.

Liez le bout périphérique de la carotide, et fixez dans son bout central, une canule que vous reliez au manomètre à mercure inscripteur.

Placez le bout central du dépresseur sur les électrodes. Les électrodes sont reliées à la bobine secondaire du chariot de du Bois-Reymond. A chaque excitation, la pression baisse et les pulsations cardiaques se ralentissent (par voie réflexe).

Disposez l'expérience de manière à inscrire simultanément :

1° Le graphique du temps, au moyen de l'horloge à secondes ;

2° Celui de l'excitation du nerf, au moyen d'un signal Marcel Deprez et du trembleur automatique du chariot de du Bois-Reymond intercalés dans le circuit primaire de la pile ;

3° Celui de pression artérielle, au moyen du manomètre enregistreur.

118. Section et excitation du grand sympathique cervical chez un lapin albinos. — Fixez un lapin anesthésié sur le support de Czermak. Faites une incision sur la ligne médiane, au niveau de la trachée de l'animal, et recherchez le paquet des nerfs et des vaisseaux, en pénétrant dans l'interstice entre les muscles prétrachéaux et le bord interne du sterno-maxillaire. Isolez le grand sympathique, qui se trouve avec le dépresseur entre la carotide et le pneumogastrique (voir fig. 148). Le

grand sympathique est moins gros et moins blanc que le pneumogastrique, mais il est plus important que le dépresseur, qui
le longe du côté interne. Si on le poursuit vers le haut, on

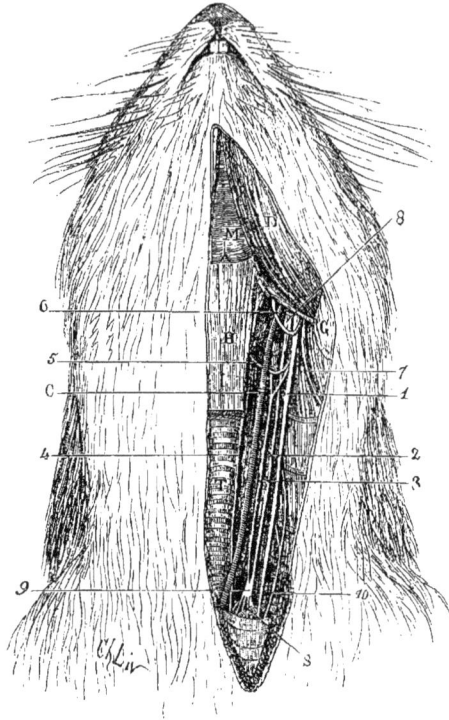

Fig. 148. — Nerfs du cou chez le lapin.

1, nerf pneumogastrique. — 2, sympathique. — 3, nerf dépresseur. — 4, laryngé
inférieur. — 5, laryngé supérieur. — 6, nerf hypoglosse. — 7, branche externe
du spinal. — 8, ganglion cervical supérieur. — 9, ganglion cervical inférieur.
10, nerf phrénique. — C, artère carotide. — S, artère sous-clavière. — D, muscle
digastrique. — M, muscle mylo-hyoïdien. — H, muscle sterno-hyoïdien. —
T, trachée. — G, glande sous-maxillaire (Livon, *Vivisection*).

aboutit à un élargissement constituant le ganglion cervical
supérieur.

Coupez le grand sympathique au cou, le plus bas possible.
Observez la dilatation des vaisseaux du pavillon de l'oreille du

même côté, et l'augmentation de la température (en prenant les deux oreilles en main, ou en plaçant la boule d'un thermomètre dans chacun des conduits auditifs externes). Une petite incision

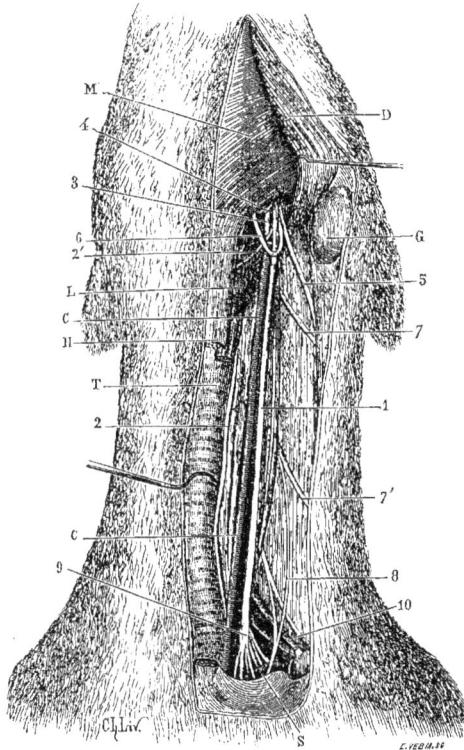

Fig. 149. — Nerfs du cou chez le chien.

1, Vago-sympathique. — 2, laryngé inférieur. — 2', laryngé supérieur. — 3, ganglion cervical supérieur. — 4, glosso-pharyngien. — 5, branche externe du spinal. — 6, hypoglosse. — 7, 7', paires cervicales. — 8, nerf phrénique. — 9, ganglion cervical inférieur. — 10, plexus brachial. — C, artère carotide. — S, sous-clavière. — D, muscle digastrique. — M, mylo-hyoïdien. — L, muscles du larynx. — H, muscle sterno-hyoïdien. — G, glande sous-maxillaire. — T, trachée (Livon, *Vivisection*).

faite à la peau de l'oreille, saigne beaucoup plus du côté opéré que de l'autre. La pupille est rétrécie du côté opéré.

Placez le bout céphalique du grand sympathique sur les

électrodes excitatrices reliées à la bobine secondaire du chariot de du Bois-Reymond, et tétanisez le nerf par des chocs d'induction. Observez le rétrécissement des vaisseaux qui s'établit graduellement, et la dilatation de la pupille. Après cessation de l'excitation, la dilatation vasculaire reparaît peu à peu.

Il est bon d'opérer sur un lapin blanc, de préférence albinos. Lorsqu'il s'agit de démontrer à un certain nombre de personnes à la fois, les effets de la section du grand sympathique, on éclaire l'intérieur du pavillon de l'oreille, en y maintenant une petite lampe à incandescence montée sur un manche que l'on tient à la main. La planchette sur laquelle est fixée le lapin est placée verticalement. Un aide maintient les oreilles dressées et étalées.

119. Expérience de saignée. — Un chien anesthésié est fixé sur le dos dans la gouttière d'opération. Mettez les deux carotides à nu, fixez dans l'une d'elle une canule en T, reliée au manomètre à mercure, de manière à inscrire les variations de la pression artérielle sur le papier du grand enregistreur de Hering. Inscrivez en regard la courbe de la respiration, au moyen d'un tambour à levier relié au pneumographe fixé autour du thorax.

La saignée se pratique par la carotide restée libre. Liez le bout périphérique, placez une pince à pression sur le bout central, et fixez une canule de verre dans l'artère. A la canule fait suite un tube de caoutchouc, permettant de faire couler le sang dans une éprouvette cylindrique graduée : il suffit pour cela de lever la pince placée sur l'artère. La saignée se pratiquera en plusieurs fois, de cinq en cinq minutes, ou de dix en dix minutes : on recueillera le graphique d'une façon continue, sans arrêter l'appareil enregistreur, ou seulement immédiatement avant, pendant et après chaque prise de sang, l'appareil étant arrêté dans les intervalles. Les deux premières saignées correspondront chacune à environ un centième du poids du corps de l'animal.

CHAPITRE V

DIGESTION

I. — SALIVE.

120. Fistule salivaire chez le chien. — L'opération de la fistule du canal de Wharton est facile à exécuter, lorsque l'on possède l'anatomie de la région. Avant d'aborder l'opération sur le vivant, on fera bien, d'étudier une préparation anatomique montrant les rapports du lingual, du canal de Wharton et de la corde du tympan avec les parties voisines ; ou mieux encore, de disséquer ces parties, et d'exécuter l'opération une première fois sur un cadavre de chien. Le seul temps délicat de l'opération, c'est l'introduction de la canule dans le conduit salivaire.

Un grand chien anesthésié (chloroforme sans morphine — la morphine exerce un action nuisible sur la sécrétion salivaire) est couché sur le dos dans la gouttière d'opération. La tête est maintenue dans l'extension, de manière à tendre la région sous-maxillaire.

Faites à la région sous-maxillaire une incision de 4 à 5 centimètres de long, parallèlement au bord interne du maxillaire inférieur, vers le milieu de la longueur du maxillaire. Divisez la peau, le peaucier et le tissu cellulaire sous-cutané, de manière à mettre à nu le digastrique en dehors, et le mylo-hyoïdien en dedans. Décollez les deux muscles l'un de l'autre en disséquant avec les doigts, de manière à rejeter le digastrique en dehors et le mylo-hyoïdien en dedans. On peut alors laisser le digastrique en place, si l'on se borne à opérer sur la corde et sur le conduit de Wharton. Mais si l'on veut mettre à nu la glande sous-maxillaire, il faut sectionner le digastrique en travers. Dans ce cas, il est préférable de poursuivre le muscle en arrière, de détacher sa portion postérieure au niveau de ses insertions occipitales, en ayant soin de ne pas léser les organes sus-jacents, et de rabattre le muscle en avant et en dehors, comme le montre la figure 150.

Dans tous les cas, il faut mettre à nu la partie externe du mylo-hyoïdien, dont les fibres forment un plancher musculaire peu épais. On divise ces fibres transversalement, à

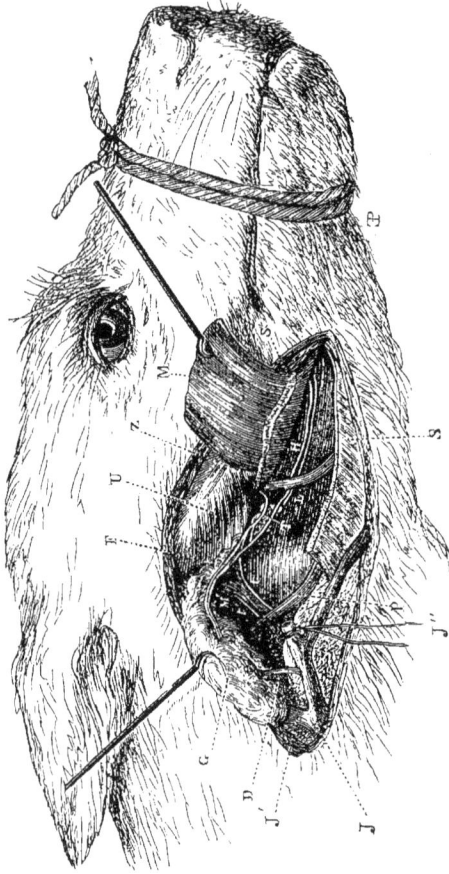

Fig. 130. — Lingual, corde du tympan et hypoglosse dans leurs rapports avec la glande sous-maxillaire.

M, moitié antérieure du muscle digastrique, relevée par une érigne. — M′ insertion de l'extrémité postérieure du muscle, enlevée pour permettre de voir l'artère carotide ll′ et les filets sympathiques. — G, glande sous-maxillaire soulevée par une érigne pour montrer sa face profonde. — H, conduits salivaires des glandes sous-maxillaire et sublinguale. — J, tronc de la veine jugulaire externe. — J′, branche postérieure. — J″, branche antérieure de la jugulaire. — D, rameau veineux sortant de la glande sous-maxillaire. — F, origine de l'artère inférieure de la glande. — P, nerf hypoglosse. — L, nerf lingual. — T, corde du tympan. — S,S′, muscle mylo-hyoïdien sectionné. — U, muscle masséter; angle de la mâchoire inférieure. — Z, origine du nerf mylo-hyroïdien (d'après Claude Bernard).

leur partie externe, par une incision parallèle à l'incision cutanée, mais située plus en dehors. On écarte les lèvres de l'incision en détachant le mylo-hyoïdien des organes susjacents. On aperçoit les deux grosses branches de division du nerf lingual, qui se dirigent de dehors en dedans et d'arrière en avant, et que croisent les canaux excréteurs des glandes sous-maxillaire et sublinguale. Ces deux canaux excréteurs ont une direction parallèle à celle de l'incision cu-tanée et à celle de la section du mylo-hyoïdien. Le canal de Wharton, qui est le plus gros des deux, est situé en dehors de l'autre. Isolez-le avec soin entre les deux branches du lingual et liez-le (le plus en avant possible), de manière à le distendre par la salive accumulée.

Pour trouver la corde du tympan, sui-vez le bord postérieur du lingual, de de-dans en dehors, à partir du canal de Whar-ton, jusqu'au point où vous voyez s'en détacher un filet nerveux qui s'incurve en arrière, et se porte vers l'origine du canal de Wharton, dans la direction de la glande sous-maxillaire : c'est la corde du tympan.

Le lingual, le canal de Wharton et la corde forment un triangle à grand côté ou base interne représenté par le canal de Wharton, et à sommet externe, constitué par la réunion du lingual et de la corde.

Passez deux fils sous la corde du tym-pan, en ayant soin de comprendre un peu du tissu cellulaire voisin sous ces anses, et de ne pas froisser le nerf. Accrochez corde et tissu cellulaire sur l'extrémité d'une paire d'électrodes isolées par une gaine d'ébonite (électrodes pour nerfs profonds). Refermez la gaine d'ébonite, et aban-donnez les électrodes dans la plaie.

Introduisez la canule dans le canal de Wharton. A cet effet, le canal ayant été isolé, et exactement nettoyé du tissu cellulaire qui l'entoure, pratiquez-y, au moyen de fins ciseaux bien tranchants, une in-cision en V, dans laquelle vous poussez l'extrémité de la canule

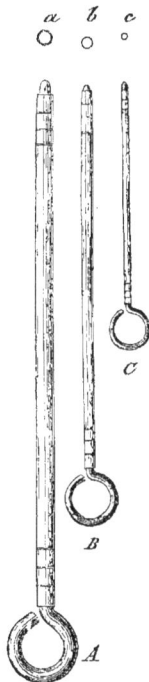

Fig. 151. — A, B, C, sondes avec stylet central (mandrin) pour les fis-tules salivaires.

Ces sondes (A, B, C) sont de divers calibre, pour servir aux divers animaux et aux diverses glandes; les petits cer-cles *a*, *b*, *c*, représentent la coupe (le calibre) de ces sondes ou canules (Livon, *Vivisection*).

munie de son mandrin (Voir fig. 151). Liez solidement la canule sur le conduit, et retirez le mandrin. A la canule fait suite un petit tube de caoutchouc, destiné à conduire la salive dans une éprouvette graduée. Il est bon de fixer la canule à la plaie, ou au mors qui immobilise la tête de l'animal.

121. Excitation de la corde du tympan chez le chien. — La corde du tympan a été fixée aux électrodes excitatrices pour nerfs profonds, et la canule salivaire introduite dans le canal de Wharton, comme il a été dit au numéro précédent.

Reliez les électrodes avec la bobine secondaire du chariot de du Bois-Reymond, au moyen de quatre fils électriques, et avec interposition d'une clef double. La bobine primaire, ainsi que le trembleur automatique, sont intercalés dans le circuit de la pile électrique.

Constatez qu'il ne s'écoule pas de salive par le tube qui fait suite à la canule du conduit de Wharton, tant que l'on n'excite pas la corde de tympan. Levez la clef intercalée entre les électrodes et la bobine secondaire du chariot de du Bois-Reymond, de manière à exciter la corde : la salive apparaît presque immédiatement, et s'écoule goutte à goutte.

Si le muscle digastrique a été enlevé, il sera facile de constater les changements qui se produisent dans la circulation de la glande sous-maxillaire sous l'influence de l'excitation de la corde, notamment la dilatation générale des vaisseaux, et la teinte vermeille du sang veineux qui revient de la glande.

La salive du chien ne contient pas de ferment diastatique ; elle ne convient donc pas pour exécuter les expériences indiquées au n° 122.

122. La salive humaine digère l'amidon et le glycogène. — Écrasez dans le mortier un très petit fragment d'amidon. Faites-en bouillir une pincée dans un tube à réaction, avec 5 c.c. d'eau, en ayant soin d'agiter. Attendez que l'empois d'amidon ainsi formé se soit refroidi, et ajoutez-y un peu de salive humaine. (On provoque une salivation abondante en faisant agir des vapeurs d'éther sur l'intérieur de la bouche).

Au bout de peu de minutes, le liquide contient un sucre réducteur. Ajoutez-y un peu (1 c.c.) de lessive de soude et quelques gouttes de solution diluée de sulfate cuivrique, et faites bouillir : la liqueur est réduite, et il se précipite de l'oxyde cuivreux rouge. (Réaction de Trommer. Voir n° 123.)

Répétez la même expérience, mais en faisant bouillir au préalable la salive avec l'eau, de manière à détruire le ferment diastatique avant d'ajouter l'amidon; puis faites bouillir de nouveau. La recherche du sucre par la soude et le sulfate de cuivre donne cette fois un résultat négatif : le sulfate de cuivre est précipité par la soude à l'état d'hydrate cuivrique bleu. L'hydrate passe à l'état d'oxyde cuivrique noir, lorsqu'on fait bouillir le liquide.

2^{cc},5 d'une solution concentrée de glycogène (solution laiteuse) sont additionnés d'un peu de salive, et maintenus à une température voisine de celle du corps (tenir le tube en main, ou le chauffer au bain d'eau). Observez la disparition du glycogène : le liquide opalescent s'éclaircit graduellement. Il présente les réactions de la glycose (n° 123).

123. Réactions de la glycose. — Les réactions suivantes se font dans un tube à réaction, avec de l'urine de diabétique (1) :

1 *Réaction de Trommer*. Ajoutez au liquide sucré (2 c.c. 1/2), un peu de lessive de soude (1 c.c.) et quelques gouttes de solution diluée de sulfate de cuivre : l'hydrate cuivrique formé se redissout avec une belle couleur bleue. Faites bouillir le mélange : la glycose réduit le composé cuivrique à l'état d'oxyde cuivreux, qui forme un précipité rouge ; en même temps, le liquide se décolore.

2° *Réaction de Böttger*. Faites bouillir le liquide (2 c.c. 1/2), avec la lessive de soude (1 c.c.) et une petite pincée de sousnitrate de bismuth : la glycose réduit par l'ébullition le sousnitrate à l'état de bismuth métallique, qui se dépose sous forme de précipité noir. Le réactif de Nylander (liqueur alcaline de bismuth), peut servir à faire la même réaction.

3° *Essai par la soude*. Chauffez le liquide (2 c.c. 1/2) à l'ébullition, après l'avoir additionné de lessive de soude (1 c.c.) : le

(1) L'urine de diabétique convient parfaitement pour les exercices de recherche et de dosage du sucre. On peut la conserver à l'état de sirop, que l'on dilue au moment de s'en servir. Ce sirop s'obtient en évaporant l'urine de diabétique à une basse température, au bain-marie, dans de grandes assiettes ou dans des capsules plates. Si le sirop est épais, il ne tarde pas à laisser déposer une abondante cristallisation (dextrose ou dextrose + NaCl). .

liquide se colore en jaune ou en brun, suivant la quantité de glycose présente.

124. **Fermentation alcoolique de la glycose**. — Observez la levure de bière en préparation microscopique, à un fort grossissement.

Ajoutez un peu de levure de bière (1 c.c. lavé au préalable à l'eau) dans un tube à réaction, au liquide contenant de la glycose (5 c.c.) ; chauffez à + 40° au bain d'eau : la fermentation s'établit bientôt. Le liquide mousse abondamment, et répand une odeur alcoolique.

C'est le procédé le plus sûr pour la recherche du sucre dans les urines diabétiques (quand on n'a pas de polarimètre à sa disposition). Tout médecin peut l'exécuter facilement, sans le secours de réactifs ou d'ustensiles de chimie.

On introduit l'urine et la levure dans une fiole à médecine, que l'on remplit exactement. On bouche au moyen d'un bouchon de liège présentant latéralement un petit canal (fait au canif, par deux entailles longitudinales se rejoignant), pour empêcher que le bouchon saute pendant la fermentation. On retourne la fiole, on la plonge, le col en bas, dans un verre rempli de la même urine, comme le montre la figure 152.

Fig. 152. — Appareil pour la recherche clinique de la glycose dans les urines.

On conserve le tout à une douce chaleur (au soleil ou près du feu). S'il y a du sucre, il ne tarde pas à fermenter : les bulles de CO_2 montent et se rassemblent au haut de la fiole. Au bout d'un certain temps, celle-ci se trouve remplie de gaz, le liquide s'étant échappé par l'ouverture ménagée dans le bouchon.

125. **Dosage de la glycose par fermentation**. — L'appareil de la figure 153 permet de doser la glycose par fermentation. La solution sucrée, additionnée de levure, est introduite dans le matras A ; puis on pèse l'appareil. La fermentation s'établit bientôt ; les bulles de CO_2 se dégagent à travers le matras B (contenant de l'acide sulfurique

Fig. 153. — Appareil pour le dosage de la glycose par fermentation.

concentré, destiné à retenir la vapeur d'eau entraînée par le courant de CO_2).

Quand la fermentation est terminée (c'est-à-dire au bout de deux jours au moins), on fait passer un courant d'air à travers les deux matras, pour entraîner au dehors tout le CO_2, puis on pèse de nouveau l'appareil ; la perte de poids indique la quantité de CO_2 formée ; celle-ci est proportionnelle à la quantité de sucre contenue dans le liquide.

126. Dosage de la glycose par le polarimètre. — Le pouvoir rotatoire du sucre de diabète (dextrose) est α [D] $= +$ 53°. Il est donc facile de doser cette substance optiquement, lorsqu'on dispose d'une certaine quantité de liquide, et que celui-ci est transparent et peu coloré. Au besoin on décolore par l'acétate de plomb. Pour le maniement de l'instrument, voir pages 78 et 87.

Les urines de diabétiques contiennent assez souvent des substances lévogyres, à côté de la dextrose. On en est averti, par un manque de concordance entre les chiffres faibles du dosage par le polarimètre, et ceux plus forts du dosage par la liqueur de Fehling.

127. Dosage de la glycose par la liqueur de Fehling. — Introduisez dans un petit matras à fond plat, 20 c.c. de liqueur cupro-potassique de Fehling (1) correspondant à 10 centigrammes de sucre de diabète) ; ajoutez quatre volumes d'eau distillée. Faites bouillir le mélange, en ayant soin d'interposer une toile métallique entre le fond du matras et la flamme du brûleur (fig. 154). Pendant que la liqueur bleue est en ébulli-

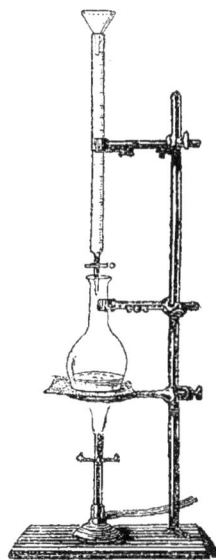

Fig. 154. — Dosage de la glycose par la liqueur de Fehling.

tion, versez-y, au moyen d'une burette, et par petites portions, le liquide dans lequel vous voulez titrer le sucre (urine de

(1) *Préparation de la liqueur titrée de Fehling.* — On dissout d'une part, 34gr,65 de sulfate de cuivre pur, cristallisé, dans environ 160 c.c. d'eau ;

diabétique diluée au dixième avec de l'eau distillée), jusqu'à ce que la liqueur bleue du matras soit exactement décolorée.

Pour juger de la décoloration, il faut suspendre de temps en temps l'ébullition, afin de permettre au précipité rouge d'oxyde cuivreux de se déposer. Observez le liquide surnageant, sur fond blanc. Opérez à la lumière du jour.

Une fois la décoloration du liquide bleu atteinte, l'opération est terminée. Lisez à la burette, le volume d'urine diluée au dixième, qui a été nécessaire pour réduire les 20 c.c, de sel cuivrique. Ce volume correspond à 10 centigr. de sucre (1).

Exemple : Il a fallu 40 c.c. d'urine diluée au dixième, pour amener la décoloration des 20 c.c. de liqueur de Fehling ; ces 40 c.c., ou les 4 c.c. d'urine auxquels ils correspondent, contenaient donc 10 centigrammes de sucre. Si 4 c.c. d'urine contiennent 10 centigrammes, 100 c.c. contiendront $2^{gr},5$ de sucre.

II. — Suc gastrique.

128. Opération de la fistule gastrique chez le chien. — Un chien anesthésié est attaché sur le dos dans la gouttière d'opération. On recommande de le faire manger copieusement avant l'opération, de manière à distendre les parois stomacales, qui s'appliquent alors contre les parois abdominales. Savonnez la région épigastrique et rasez les poils, que vous enlevez avec une éponge mouillée d'une solution antiseptique (sublimé à 1 p. 1000). Faites sur la ligne blanche, un peu en dessous de l'appendice xyphoïde, une incision de 3 centimètres de long.

---

et, d'autre part, 173 gr. de tartrate de sodium et de potassium pur, dans 600 à 700 gr. de lessive de soude (densité : 1,12). On mélange les deux liquides, et l'on dilue de manière à faire exactement un litre. La liqueur de Fehling est assez altérable. On recommande de la conserver à l'abri de l'air, de la lumière et des variations de température, dans une série de petits flacons exactement bouchés. Il vaut encore mieux conserver séparément la solution de sulfate de cuivre et celle de tartrate, et ne les mélanger qu'au moment de s'en servir.

(1) Pour toutes les lectures du niveau du liquide, dans les titrages au moyen de la burette, il est indispensable de placer l'œil exactement à la hauteur de la surface courbe (ménisque) du liquide. On fait la lecture du trait de la graduation de la burette qui est tangent à la partie inférieure courbe du ménisque. (Voir p. 74).

Divisez les différentes couches, en ayant soin d'arrêter tout écoulement de sang : il est essentiel que la plaie soit bien sèche, au moment où vous ouvrez la cavité abdominale. Divisez le péritoine sur la sonde cannelée. La paroi stomacale se présente d'elle-même au niveau de la plaie. Saisissez-en un pli, au moyen d'une pince de Péan, et amenez-le à l'extérieur. Choisissez de préférence un point de la grande courbure relativement pauvre en vaisseaux, pour y établir la fistule. Vous passerez deux fils (au moyen d'une aiguille courbe) dans les parois stomacales : les deux chefs de chacun de ces fils sortent à l'extérieur. Ces deux points de suture doivent être placés à une distance égale au diamètre de la canule. Un aide les soulève, et les tiraille vers l'extérieur, de manière que l'estomac vienne boucher exactement la plaie faite à l'abdomen. Faites entre ces fils une incision à la paroi stomacale, au moyen des ciseaux et du scalpel : elle doit tout juste permettre le passage de la canule, que l'on introduit avec force par la boutonnière stomacale, de manière que l'un des rebords circulaires se trouve en entier dans l'estomac. Les fils passés dans la paroi stomacale servent à lier cette paroi sur la canule ; ces mêmes fils servent à fermer la plaie abdominale, et à maintenir appliquées contre elle les parois stomacales. On les passe à travers les téguments, et on noue solidement. On laisse la canule débouchée, pour le cas où l'animal exécuterait des mouvements de vomissement, et l'on détache l'animal.

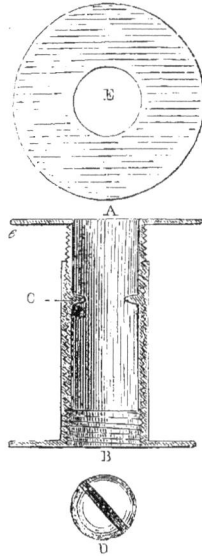

Fig. 155. — Canule à fistule gastrique.

AB, coupe de la canule. — A, plaque introduite dans l'estomac. — B, plaque située à l'extérieur. — e, rebords de la canule. — C, saillies qui rentrent dans la clef destinée à visser et à dévisser les deux parties de la canule. — D, tête de la clef vue de face. — E, ouverture de la canule vue entière et par une de ses extrémités (Livon, *Vivisection*).

Au bout d'une à deux heures, on bouche la canule, soit au

moyen d'un obturateur métallique vissé sur l'orifice interne,
soit au moyen d'un simple bouchon de liège. Il est bon de
tremper le bouchon dans une décoction de coloquinte, afin
d'empêcher l'animal d'y toucher.

Si l'on opère en hiver, on conservera l'animal pendant les
premiers jours dans un local chauffé : on le nourrira au début
au moyen de laitage.

La figure 155 représente la canule à fistule gastrique de
Claude Bernard. Elle se compose de deux moitiés tubulaires
munies chacune d'un rebord saillant circulaire : l'un de ces
rebords est situé dans l'estomac, l'autre est appliqué contre les
parois abdominales. Les deux moitiés sont vissées l'une sur
l'autre, ce qui permet d'allonger ou de raccourcir la longueur

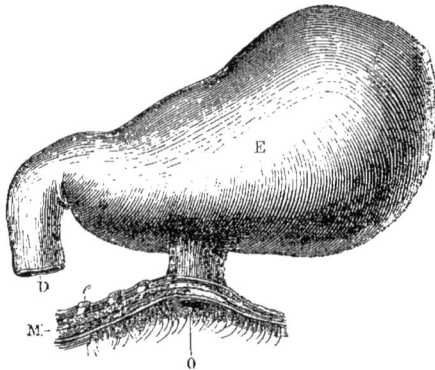

Fig. 156. — Fistule gastrique chez le chien.

E, estomac. — D, duodénum. — M, muscles de la paroi abdominale. —
O, orifice extérieur de la fistule (d'après Claude Bernard).

du tube qui sépare les deux plaques circulaires. Une clef *ad hoc*
sert à exécuter cette manœuvre de l'extérieur, la canule étant
en place. On surveillera attentivement la plaie pendant les jours
qui suivent l'opération, afin d'empêcher que la tuméfaction de
ses bords n'amène leur étranglement et leur mortification : il
suffit pour cela de dévisser légèrement la canule. Lorsque les
parties seront revenues à leur état normal, on resserrera à
nouveau la canule.

On attendra, pour recueillir du suc gastrique, que l'animal soit remis des suites de son opération. Il suffira alors de déboucher la canule, et d'irriter la surface interne de l'estomac, au moyen d'une plume d'oiseau montée sur une tige solide. On trempera la plume dans un peu d'éther, qui agit comme excitant de la muqueuse.

129. Le suc gastrique naturel contient un acide minéral. — Le suc gastrique recueilli par la fistule (n° 128) rougit fortement le papier de tournesol bleu.

Essai par le violet de méthyle. — Si on mélange le suc gastrique naturel avec un égal volume d'une solution aqueuse très diluée de violet de méthyle, le liquide prend une coloration bleue (acide minéral).

On répète le même essai avec une solution diluée d'acide minéral (acide chlorhydrique à 2 : 1000, obtenu en mélangeant 6^{cc},5 d'acide chlorhydrique fumant avec un litre d'eau), puis avec une solution diluée d'acide organique (acide lactique). L'acide chlorhydrique seul bleuit (puis verdit) le violet de méthyle.

Essai par la phloroglucine et la vanilline. — On mélange le suc gastrique avec un égal volume d'une solution alcoolique de *phloroglucine* et de *vanilline* (2 gr. phloroglucine, 1 gr. vanilline et 100 cc. alcool), on évapore au bain-marie dans un verre de montre, en évitant l'ébullition du liquide : il reste une tache rouge, indiquant la présence d'un acide minéral.

On répète le même essai avec de l'acide chlorydrique à 2 p. 1000 : résultat positif; puis avec de l'acide lactique : résultat négatif.

Essai par la tropéoline 00. — On mélange le suc gastrique (5 c.c.) avec quelques gouttes de *tropéoline 00* en solution alcoolique : coloration rose indiquant la présence d'un acide minéral.

On répète le même essai avec de l'acide chlorhydrique à 2 p. 1000, puis avec de l'acide lactique. L'acide minéral seul donne la coloration rouge avec la tropéoline 00.

130. Préparation du suc gastrique artificiel. — Prenez un estomac de porc, ouvrez-le, rincez la surface de la muqueuse à grande eau, puis clouez-le sur une planche par sa face péritonéale. Enlevez la muqueuse au moyen de la pince et du scalpel, puis coupez-la en morceaux et hachez-la. Laissez macérer les fragments, pendant 24 heures, dans un litre d'eau additionnée de 8 c.c. d'acide chlorhydrique fumant du commerce (le liquide contient alors environ 2 p. 1000 d'acide chlorhydrique). Placez le tout dans des capsules plates, et remuez à différentes reprises.

Le lendemain, vous décantez le liquide clair, et vous le passez à travers un linge; vous le filtrez au besoin. Le résidu de muqueuse est traité une seconde fois, et même une troisième fois par un litre d'eau acidulée par HCl. Vous obtenez de cette façon trois litres de suc gastrique assez actif.

131. La dissolution de la fibrine dans le suc gastrique exige la présence d'un ferment (pepsine) et d'un acide (HCl). — Versez 5 c.c. de suc gastrique artificiel dans chacun des quatre tubes à réaction a, b, c, d. Faites bouillir a; neutralisez exactement le contenu de b (ajoutez une languette de papier de tournesol), en y versant goutte à goutte de l'ammoniaque très diluée (1 : 100 par exemple); laissez c à la température ordinaire, et chauffez d au bain d'eau (voir fig. 157) entre $+35°$ et $+40°$.

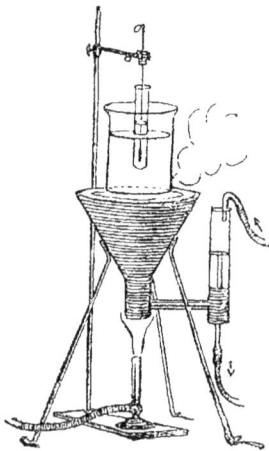
Fig. 157. — Bain d'eau chauffé au bain-marie.

Ajoutez un flocon de fibrine à chacun des tubes. La fibrine se dissout rapidement dans d, lentement dans c, pas du tout dans le liquide neutralisé b, et pas du tout dans le liquide bouilli a.

Répétez les mêmes expériences, en vous servant de tranches minces de blanc d'œuf cuit, au lieu de fibrine. Le blanc d'œuf est dissout moins rapidement que la fibrine.

132. La pepsine transforme la fibrine d'abord en syntonine, puis en propeptone et en peptone. — Placez dans un petit gobelet 5 grammes de fibrine, avec 50 c.c. de suc gastrique, chauffé à $+40°$. Maintenez le tout à cette température

(dans le bain d'eau chauffé au bain-marie), pendant trois à quatre heures. La fibrine gonfle, devient transparente et ne tarde pas à se dissoudre complètement. Prélevez au bout d'une heure un échantillon (5 à 10 c.c.) du liquide ; neutralisez cet échantillon exactement, en y versant goutte à goutte, de l'ammoniaque très diluée. Il se forme un précipité de *syntonine*. Filtrez sur un petit filtre.

Le liquide filtré contient peu de *propp ton* , et probablement pas de *peptone*. Essayez la réaction du biuret, par la soude et deux gouttes de sulfate de cuivre (voir n° 9).

Au bout de deux, trois ou quatre heures, le reste du liquide, dans lequel la digestion a continué à parcourir ses phases, est neutralisé pour précipiter la *syntonine*, puis filtré et saturé de sulfate d'ammoniaque en poudre, qui précipite la *propeptone*. Recevez le précipité sur un petit filtre ; laissez-le égoutter, et recueillez-le, en l'exprimant avec le filtre entre du papier à filtrer, puis, en le pliant sur lui-même, comme il a été dit plus haut (voir p. 89).

Dissolvez la propeptone dans un peu d'eau, et divisez-la en quatre parties *a*, *b*, *c*, *d*, dans des tubes à réaction :

a sert à refaire la réaction du *biuret ;*

est additionnée d'un excès d'alcool, qui précipite la propeptone ;

c est additionnée d'un peu d'acide nitrique ; la propeptone se précipite, mais se redissout si l'on chauffe ; le précipité peut reparaître par refroidissement du liquide ;

d est additionnée d'un peu de solution de ferro-cyanure de potassium : précipité blanc.

Le liquide saturé de sulfate d'ammoniaque, et d'où la propeptone s'est séparée, ne contient que fort peu de *peptone*, au bout de trois heures de digestion. Prenez un échantillon de ce liquide, dans un tube à réaction (2 c.c. $^1/_2$) ; ajoutez-y un excès de soude, jusqu'à ce qu'il se forme un précipité cristallin, puis ajoutez très peu de sulfate cuivre : faible réaction du biuret.

Pour obtenir beaucoup de peptone, il faut prolonger la digestion pendant huit jours, à l'étuve réglée pour une température de $+40°$ (étuve d'Arsonval).

On peut ajouter 1-2 p. 1000 d'acide salicylique, pour empêcher la putréfaction. Le liquide contient au bout de huit jours presque autant de peptone que de propeptone.

133. La propeptone, injectée dans les veines, chez le chien, suspend la coagulation du sang, et provoque une baisse considérable de la pression sanguine. — Un petit chien anesthésié reçoit par la veine jugulaire externe une injection de propeptone à 10 p. 100 (le liquide est contenu dans une burette graduée dont le bec est relié à la canule veineuse; il suffit d'ouvrir le robinet de la burette, pour que le liquide s'écoule dans la veine par son propre poids). On injecte $0^{gr},2$ de propeptone par kilogramme d'animal. On inscrit la pression sanguine au moyen du manomètre à mercure : on constate une chute considérable de cette pression. La pression se relève ultérieurement.

On recueille des échantillons de sang, que l'on compare avec un échantillon pris avant l'injection. Le sang ne se coagule plus : il reste liquide jusqu'au lendemain.

134. Le suc gastrique contient un ferment qui précipite la caséine. — Prenez 10 c.c. de lait chauffé à 40° dans un tube à réaction, ajoutez-y quelques gouttes (1 c.c.) du liquide provenant de la caillette (4e estomac) du veau. Si le liquide a toute son activité, le lait est complètement coagulé en moins d'une minute. Le coagulum adhère au tube, de sorte que l'on peut retourner celui-ci sans que rien s'écoule.

Au bout d'un certain temps, le coagulum commence à se rétracter, avec formation d'un sérum clair dans lequel il nage.

Un liquide beaucoup plus actif que celui qui est contenu dans la caillette s'obtient en faisant macérer dans la glycérine la muqueuse de la caillette coupée en morceaux. Une goutte de cette solution suffit pour coaguler en une minute à $+ 40°$ 10 c.c. de lait.

A défaut de présure de veau, on peut employer le suc gastrique artificiel, fabriqué avec la muqueuse de l'estomac de porc. Neutralisez-le exactement au moyen de quelques gouttes d'ammoniaque très diluée. Ce suc est beaucoup moins actif que le liquide de la caillette du veau.

Refaites les mêmes expériences à la température ordinaire, puis en employant une seule goutte de solution de présure. La coagulation se produit de la même façon, mais au bout d'un temps assez long.

135. Mouvements de l'estomac et des intestins. — Un chien ou un lapin anesthésié est attaché sur le dos dans la gouttière d'opération. L'abdomen est ouvert largement suivant la ligne blanche, de manière à mettre au jour la masse intestinale. Observez les mouvements péristaltiques de l'intestin et ceux de l'estomac. Les mouvements de l'intestin peuvent être excités localement : il suffit de déposer à la surface de l'intestin quelques cristaux de sulfate de magnésium.

On exagère les mouvements de l'estomac et ceux de l'intestin, en excitant au cou, par l'électricité, le bout périphérique du pneumogastrique coupé.

Liez le paquet intestinal en masse au moyen d'une forte ficelle, extrayez-le du corps et placez-le sur une assiette : observez les mouvements péristaltiques. Appliquez une pincée de sulfate de magnésium sur une partie non contractée de l'intestin : la paroi se contracte.

Ces expériences peuvent être faites sur le chien qui a servi à l'étude de l'absorption de la graisse. Le foie du même animal servira à préparer le glycogène. On recueillera un échantillon de sang (canule dans la carotide) pour observer l'aspect laiteux du sérum : cet aspect est dû aux globulins de graisse.

III. — SUC PANCRÉATIQUE.

136. Suc pancréatique artificiel. — Prenez un pancréas de porc ou mieux de bœuf, que vous dépouillez autant que possible du tissu graisseux. Hachez-le.

Faites macérer le tissu pancréatique, pendant 24 à 48 heures, dans une solution à 2 p. 100 de carbonate de sodium. Ajoutez au mélange quelques gouttes d'une solution alcoolique de thymol, afin d'empêcher la putréfaction ; ayez soin de remuer de temps en temps. Filtrez à travers un linge, et si possible à travers du papier. Le liquide filtre très lentement et passe trouble.

137. Le suc pancréatique artificiel contient un ferment diastatique qui digère l'amidon et le glycogène. — Opérez exactement comme au n° 122, avec la seule différence que vous remplacez la salive par du suc pancréatique artificiel.

138. Le suc pancréatique artificiel peptonise la fibrine et l'albumine en solution alcaline ou neutre. — Dans chacun des trois tubes à réaction *a*, *b*, *c*, placez 5 c.c. de suc pancréatique avec une languette de papier de tournesol. Neutralisez

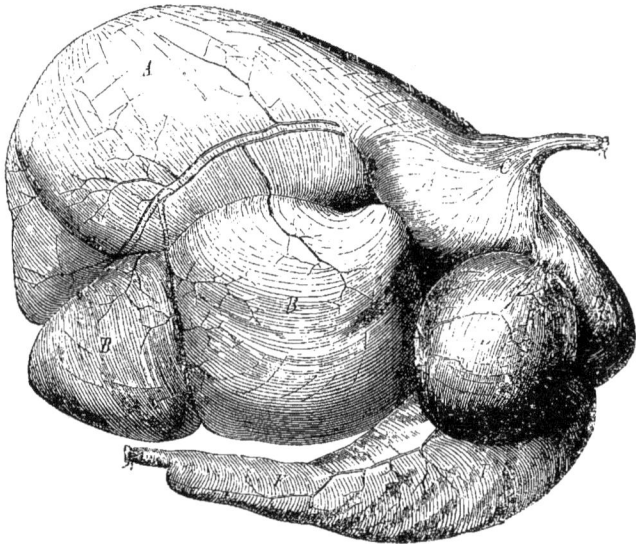

Fig. 158. — Estomac de bœuf vu par la face droite dans sa situation normale, la caillette étant abaissée (Colin, *Physiologie comparée*).

A, B, rumen ou panse. — A, son hémisphère gauche. — B, son hémisphère droit. — C, insertion de l'œsophage. — D, réseau. — E, feuillet. — F, caillette.

exactement *a* par de l'acide chlorhydrique très dilué ; acidulez franchement *b* par de l'acide chlorhydrique dilué ; et laissez à *c*, sa réaction alcaline. Ajoutez à chaque tube un flocon de fibrine, et maintenez-les à + 40° (au bain d'eau).

La fibrine est attaquée rapidement dans le liquide alcalin *c*, et s'y résout en petits fragments, puis en granules ; elle se dissout plus lentement dans *a* qui est neutre, et pas du tout dans *b* qui est acide.

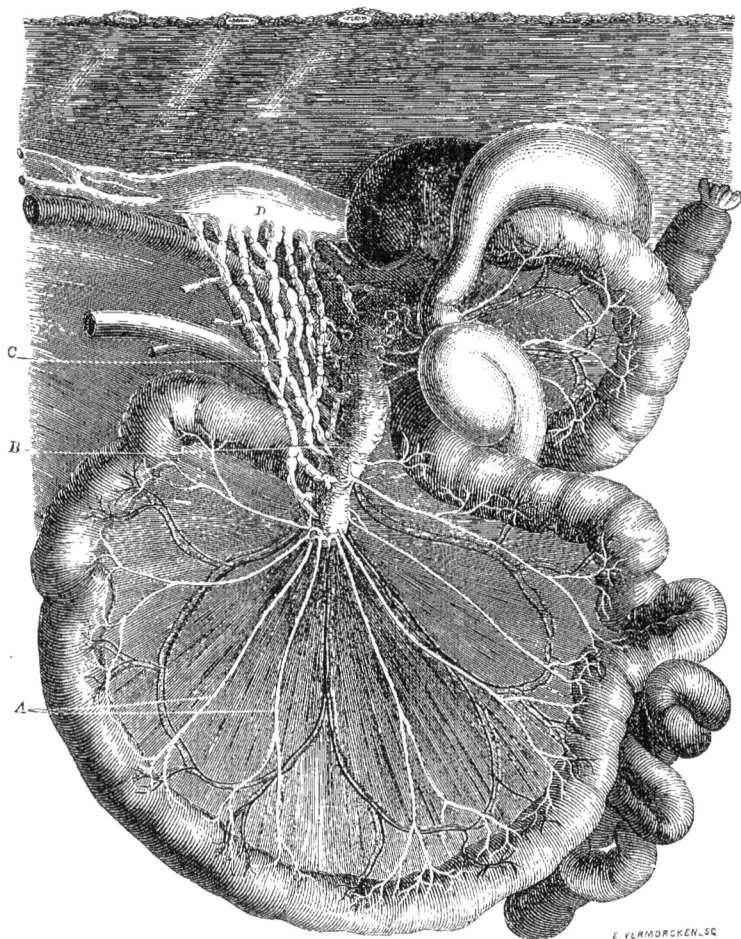

Fig. 159. — Aspect du système chylifère du chien pendant la digestion intestinale (Colin, *Physiologie comparée*).

L'abdomen du chien est ouvert huit heures après un repas de viande. On a appliqué préalablement une ligature à la partie antérieure du canal thoracique pour prévenir l'affaissement des vaisseaux lactés au contact de l'air. Les chylifères A se dessinent sous forme de lignes blanches dans le mésentère, et sont déjà visibles à la surface de l'intestin. Ils se rendent aux ganglions mésentriques B, formant la masse connue sous le nom de pancréas d'Aselli. De celui-ci s'échappent de gros efférents C, qui se rendent à la citerne D, très gonflée. On a mis la citerne complètement à découvert, en enlevant le pilier gauche du diaphragme, et en déplaçant le rein du même côté.

Recherchez la peptone, par la réaction du biuret, dans le liquide de *a* et de *c*.

Répétez les mêmes expériences, en opérant à la température ordinaire : dissolution infiniment plus lente de la fibrine ; puis, avec des liquides soumis au préalable à l'ébullition : destruction du ferment (trypsine), et absence de digestion de la fibrine.

139. Le suc pancréatique artificiel et le tissu du pancréas saponifient les graisses. — Agitez de l'huile d'olive (1 c.c.) neutre (1) avec du suc pancréatique ($2^{cc},5$), dans un tube à réaction : il se forme une émulsion laiteuse permanente. Le liquide devient acide. Examinez l'émulsion au microscope.

Répétez l'expérience avec 1 c.c. d'huile neutre et $2^{cc},5$ d'eau (au lieu de suc pancréatique). Agitez : il ne se forme pas d'émulsion.

Un morceau de tissu du pancréas est appliqué contre un carré de papier bleu de tournesol imbibé d'huile d'olive neutre, et placé sur une plaque de verre. Il se forme autour du tissu pancréatique une auréole rouge, indiquant la saponification et l'acidification de la graisse.

140. Absorption intestinale de la graisse. — Un chien maintenu à jeun pendant vingt-quatre heures, reçoit, en une fois, un repas copieux, riche en graisse (pâtée composée de : lait 600 grammes, graisse de viande 325 grammes, viande 75 grammes, pain 75 grammes, semoule 110 grammes ; pour un chien de 5 kilogrammes — d'après Dastre).

Cinq à six heures après le repas, l'animal est anesthésié par le chloroforme, et attaché sur le dos dans la gouttière d'opération. On ouvre l'abdomen suivant la ligne blanche, au moyen du thermocautère : les chylifères, à la surface de l'intestin et dans le mésentère, montrent une superbe injection laiteuse. La citerne de Pequet et le canal thoracique sont gorgés de chyle (Voir fig. 159).

Le foie du chien servira à la préparation du glycogène.

141. Fistule du canal thoracique. — Le chien en pleine digestion, qui sert pour l'étude de l'absorption de la graisse

_____

(1) L'huile d'olive du commerce est généralement rance, c'est-à-dire acide. Pour l'obtenir neutre, on la fait bouillir avec un peu d'eau de baryte. Après refroidissement, on traite par l'éther, qui dissout l'huile. Pour avoir l'huile neutre, on laisse évaporer l'éther.

(n° 140) peut fournir du chyle par une fistule de la jugulaire.

L'animal étant anesthésié et fixé sur le dos, on maintient la tête un peu déviée à droite, pour tendre le côté gauche du cou. On fait à la région latérale gauche inférieure du cou, une incision de 6 à 7 centimètres de long, suivant le trajet de la veine jugulaire externe, au niveau de l'interstice qui sépare le sterno-maxillaire (sterno-mastoïdien) du mastoïdo-huméral. On isole la veine jugulaire, avec précaution, jusqu'à son abouchement avec la veine humérale, en se servant uniquement d'instruments mousses, et en opérant avec le plus grand soin, dans une plaie absolument sèche. Tous les petits vaisseaux sont coupés entre deux ligatures : toute hémorrhagie est immédiatement arrêtée. On isole pareillement la partie supérieure du tronc veineux brachio-céphalique gauche. On est obligé pour cela de diviser au thermocautère, la partie antéro-supérieure du grand pectoral. On lie ensuite le tronc veineux brachio-céphalique, la sous-clavière et les autres veines communiquant avec la jugulaire externe. On place une canule dans ce dernier vaisseau : le chyle ne peut plus s'écouler que par cette canule, l'abouchement du canal thoracique dans le système veineux ayant été cerné par les différentes ligatures que l'on a placées.

L'orifice de la canule doit être placé assez près du confluent des veines jugulaire et sous-clavière, pour que l'on n'ait pas à compter avec l'obstacle dû aux valvules de la jugulaire.

142. Absorption intestinale de l'eau oxygénée. — Sur un chien préparé comme il a été dit au n° 140, on injecte dans une anse intestinale, au moyen d'une canule en forme d'aiguille (canule analogue à celle de la seringue de Pravaz), quelques centimètres cubes d'eau oxygénée : on pourra constater que ce liquide est absorbé par les veines; l'arrivée de l'eau oxygénée dans les vaisseaux sanguins est signalée par l'apparition de bulles gazeuses incolores très apparentes, se suivant à la file (oxygène provenant de la décomposition de l'eau oxygénée par l'hémoglobine du sang).

L'expérience d'absorption de l'eau oxygénée par les vaisseaux sanguins, réussit encore mieux, et est plus démonstrative, si l'on choisit, comme champ d'opération, le pavillon de l'oreille du lapin. On injecte l'eau oxygénée, au moyen de la seringue, dans l'épaisseur du tissu fibreux de l'oreille. On voit, presque immédiatement, apparaître des perles transparentes (bulles d'oxygène), dans les vaisseaux sanguins du pavillon (Expérience de Coppola).

IV. — Bile.

143. Couleur, odeur, saveur, alcalinité, densité de la bile de bœuf et de la bile de chien. — Couleur brune de la bile des carnivores (chien), — verte (lapin), ou brun verdâtre (bœuf) de la bile des herbivores.

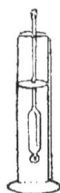

Odeur musquée de la bile de bœuf. Saveur amère. Alcalinité au papier. Densité élevée mesurée à l'aréomètre.

La bile ne contient pas d'albumine : on peut la faire bouillir, sans qu'elle fournisse de coagulum.

Fig. 160.
Aréomètre.

144. La bile contient de la mucine. — A 5 c.c. de bile, diluée avec 10 c.c. d'eau, ajoutez quelques gouttes d'acide acétique dilué (1 : 5) et agitez : la mucine se précipite.

A 5 c.c. de bile, ajoutez 5 ou 10 c.c. d'alcool : précipité de mucine.

145. Réaction de Gmelin, caractéristique des pigments biliaires. — Versez quelques gouttes de bile sur une assiette ou sur le fond d'une capsule. Ajoutez avec précaution un peu d'acide nitrique, de manière que les deux liquides se mélangent lentement. Il se forme, à leur contact, des zones ou anneaux colorés : vert, bleu, pourpre, rose, jaune.

Refaites l'expérience dans un tube à réaction ; versez-y d'abord 2^{cc},5 d'acide nitrique, puis 5 c.c. de bile, que vous laissez couler avec précaution à la surface de l'acide, en inclinant le tube, afin que les liquides ne se mélangent pas. Les mêmes anneaux colorés se montrent au contact des deux liquides.

146. Réaction de Pettenkofer, caractéristique des acides biliaires. — Mélangez, dans un petit creuset ou une petite capsule, quelques gouttes de bile et gros comme une tête d'épingle de sucre de canne en poudre ; ajoutez quelques gouttes d'acide sulfurique. Si le mélange atteint spontanément la température de 70°, qu'il ne faut pas dépasser, il se produit une belle coloration pourpre. Si la coloration ne se montre pas, chauffez avec précaution à feu nu, ou mieux encore au bain-marie.

147. Préparation de l'acide glycocholique. — Versez dans un cylindre : 10 c. c. d'éther, 100 c. c. de bile de bœuf et 5 c. c. d'acide chlorhydrique. Si vous n'avez pas assez de bile à votre disposition, faites le même mélange, dans les mêmes proportions, mais à une échelle plus restreinte (10 c. c. bile, 1 c. c. éther et un demi c. c. acide chlorhydrique), dans un tube à réaction. Agitez le mélange et bouchez. Conservez à une basse température.

Il se forme ordinairement un précipité, qui ne tarde pas à se transformer en aiguilles cristallines. Recueillez le précipité sur un petit filtre, et lavez-le avec très peu d'eau froide : c'est de l'acide glycocholique ; il peut servir à répéter la réaction de Pettenkofer.

148. Bile cristallisée de Platner. — Triturez dans un mortier 25 c. c. de bile de bœuf avec du noir animal (5 à 10 grammes), de manière à former une bouillie peu épaisse. Faites sécher cette bouillie dans une capsule chauffée au bain-marie, en remuant de temps en temps avec une baguette. Introduisez la masse sèche (pulvérisée au besoin), dans un petit matras ; ajoutez 50 c. c. d'alcool, et bouchez. Agitez de temps en temps le mélange.

Décantez l'alcool, lavez la masse noire avec une nouvelle quantité d'alcool, filtrez le tout sur un petit filtre, recueillez le filtrat dans un petit gobelet, évaporez au bain-marie jusqu'à petit volume (3 à 5 c. c. au plus), puis versez le liquide encore chaud dans un tube de verre (tube à essai) ; laissez-le refroidir, ajoutez 15 c. c. d'éther, et bouchez soigneusement, ou mieux, scellez à la lampe. Il se forme à la surface du verre un dépôt d'aspect résineux, qui se transforme au bout de quelques jours en masses radiées, cristallines : mélange de *glycocholate* et de *taurocholate de sodium*. Conservez avec l'étiquette : *bile cristallisée*.

149. Acide cholalique. — Faites bouillir dans une capsule, à feu nu, 50 c. c. d'eau de baryte et 5 c. c. de bile de bœuf : il se

sépare une masse résineuse d'acide cholalique. La taurine et
le glycochole restent en solution. Exécutez la réaction de Pettenkofer avec un peu de cet acide cholalique.

**150. Les calculs biliaires sont formés en grande partie
de cholestérine.** — Choisissez quelques calculs biliaires fortement colorés (1), pulvérisez-les dans un mortier, introduisez la poudre dans un petit matras, et épuisez-la par un
mélange d'alcool et d'éther. Filtrez, recueillez le liquide dans
un cristallisoir, et abandonnez-le à l'évaporation spontanée

Fig. 161. — Calculs bi-
liaires de l'homme.

— en évitant le voisinage du feu, lequel
pourrait enflammer les vapeurs d'éther.

La solution éthérée laisse déposer de grandes
lamelles de cholestérine : examinez-les au microscope.

Triturez dans un mortier un peu de cho-
lestérine avec quelques gouttes d'acide sulfurique concentré :
il se forme une masse rouge, qui passe au vert si l'on ajoute
de l'eau. Si, au lieu d'eau, on ajoute du chloroforme, la masse
rouge change de couleur à l'air : elle passe au violet, au bleu,
au vert et finit par se décolorer.

Mélangez dans un verre de montre quelques lamelles de
cholestérine, un peu d'acide sulfurique dilué et une goutte de
teinture d'iode : la cholestérine se colore successivement en
violet, bleu, vert, rouge, jaune et finalement en brun.

**151. Les calculs biliaires contiennent une combinaison
de bilirubine et de chaux.** — La poudre de calculs biliaires
épuisée par l'alcool et l'éther, provenant de la préparation n° 150,
est lavée sur le filtre avec de l'acide chlorhydrique dilué (1 : 20),
puis avec de l'eau. Laissez sécher, introduisez filtre et poudre
dans un petit matras, et ajoutez un peu de chloroforme : le
chloroforme dissout la bilirubine. Filtrez la solution chloro-
formique, recueillez-la dans une capsule, et abandonnez à l'évaporation spontanée : la bilirubine se dépose, sous forme de
poudre brune.

_____

(1) Calculs biliaires de l'homme recueillis à la salle de dissection, ou
mieux, calculs biliaires du bœuf provenant de l'abattoir. La difficulté de
se procurer des calculs biliaires en quantité suffisante ne permet pas de
faire exécuter les préparations n°s 150 et 151 par tous les étudiants.

152. La bilirubine devient biliverdine par oxydation ; la biliverdine devient bilirubine par réduction. — La *bilirubine* obtenue dans l'opération n° 151 est dissoute dans de l'eau additionnée d'un dixième de son volume de soude. La solution brune, abandonnée à l'air, ne tarde pas à s'oxyder et à verdir : formation de *biliverdine*.

Réciproquement, de la bile verte (contenant de la *biliverdine*) renfermée dans un tube scellé, ne tarde pas à se réduire spontanément, par la putréfaction, et à devenir brune, par suite de la formation de *bilirubine*.

CHAPITRE VI

NUTRITION — ALIMENTS — TISSUS

I. — Glycogène.

153. Préparation du glycogène. — Un morceau de foie (25 grammes au moins), provenant d'un animal (chien ou lapin) bien nourri, et que l'on vient de tuer, est coupé en petits morceaux. Lavez les morceaux à l'eau froide, pour les débarrasser d'une partie du sang qu'ils contiennent, puis projetez-les un à un dans une capsule contenant de l'eau en pleine ébullition. Faites bouillir pendant deux minutes, en remuant constamment au moyen d'une baguette de verre.

Reprenez les morceaux de foie, et pilez-les dans un mortier avec du sable (sable lavé au préalable). Replacez la bouillie de substance hépatique et de sable, avec le liquide, dans la capsule, et faites bouillir pendant quelques minutes en remuant. Laissez reposer, puis décantez le liquide surnageant, que vous filtrez. Vous obtenez une solution d'autant plus opalescente qu'elle contient plus de glycogène.

La bouillie hépatique est soumise à l'ébullition une seconde fois, avec une nouvelle quantité d'eau : le liquide est décanté, filtré et réuni à la première décoction.

Acidulez la solution de glycogène ainsi obtenue, par quelques gouttes d'acide chlorhydrique. Versez-y alternativement quelques gouttes d'iodhydrargyrate de potassium (iodure mercurique dissous dans une solution d'iodure de potassium) et d'acide chlorhydrique, jusqu'à ce qu'il ne se forme plus de précipité (précipité d'albuminoïdes). Filtrez, et précipitez le glycogène, en mélangeant le liquide filtré avec un égal volume d'alcool.

Attendez le dépôt du précipité de glycogène, décantez le liquide surnageant, et recueillez le glycogène sur un petit filtre. Dissolvez une partie du glycogène dans l'eau, pour essayer les réactions indiquées au n° 154.

Lavez le reste du glycogène sur le filtre, d'abord à l'alcool, puis à l'éther et finalement à l'alcool absolu. Placez le petit filtre avec le glycogène sur un verre de montre, et laissez sécher dans l'exsiccateur. Recueillez la poudre blanche dans un tube, étiquetez : *Glycogène*.

154. Réactions du glycogène. — La solution de glycogène obtenue au n° 153, peut servir à faire les essais suivants :

a) Mélangez dans un tube à réaction 2^{cc},5 de solution de glycogène avec un égal volume de solution de soude, et ajoutez quelques gouttes de solution de sulfate cuivrique : liqueur d'un beau bleu, qui ne se réduit pas par l'ébullition.

b) Mélangez dans un tube à réaction 2^{cc},5 de solution de glycogène avec un peu de salive. Le liquide perd son opalescence (transformation du glycogène), et présente les réactions du sucre (voir n°s 122 et 123).

c) Mélangez dans un tube à réaction 2^{cc},5 de solution de glycogène avec un égal volume d'eau iodée : coloration brun acajou.

d) Faites bouillir le reste de la solution opalescente de glycogène, introduisez-le dans un tube de verre stérilisé par la chaleur, scellez à la lampe. Pour être sûr de la stérilisation du liquide, chauffez encore le tube scellé, à l'eau bouillante. Étiquetez : *Solution de glycogène*.

Si l'opération a été faite correctement, la solution de glycogène ne s'altère pas, et conserve son aspect laiteux caractéristique.

155. Après la mort, le glycogène du foie se transforme en sucre. — Essayez de préparer du glycogène avec un morceau de foie conservé depuis plusieurs jours à la température ordinaire — ou mieux à l'étuve à + 40°. La décoction n'est pas opalescente, et se colore à peine par l'iode ; elle présente les réactions du sucre. Exécutez quelques-unes de ces réactions.

Le foie frais, tel qu'on l'emploie à la préparation du glycogène, n'a pas le goût sucré du foie de boucherie. Cela provient de ce que le foie frais ne contient presque pas de sucre, mais beaucoup de glycogène.

II. — LAIT.

156. Analyse du lait de vache. — Albumine et sucre. — Mesurez à la pipette 20 c. c. de lait de vache, que vous versez dans un cylindre gradué ; ajoutez 380 c. c. d'eau (jusqu'au trait 400 du cylindre). Versez le mélange dans un gobelet, et ajoutez goutte à goutte de l'acide acétique dilué, jusqu'à la production d'un précipité floconneux ; puis, faites passer pendant un quart d'heure un courant de CO_2 (1) à travers le liquide.

Laissez déposer le précipité grumeleux, qui comprend la caséine et le beurre. Recueillez-le sur un petit filtre, et séparez le beurre de la caséine, comme il est dit au n° suivant.

Le liquide filtré contient l'albumine et le sucre. Soumettez-le à l'ébullition dans une capsule : l'albumine se coagule en petits grumeaux. Filtrez : le liquide filtré contient le sucre de lait, que l'on peut déceler et doser par la liqueur de Fehling.

157. Caséine et beurre. — Le filtre contenant les grumeaux de caséine et de beurre, est introduit dans un petit matras, et additionné d'un peu d'alcool et de 30 c. c. d'éther (qui dissout le beurre) : agitez à plusieurs reprises, recueillez l'éther (en filtrant), et laissez évaporer spontanément dans un gobelet ou un cristallisoir ; il reste un enduit gras de beurre. Les grumeaux de caséine, dégraissés par plusieurs lavages à

---

(1) Le courant de CO_2 est fourni par un appareil de Kipp, dans lequel du carbonate de calcium (marbre blanc) est décomposé par l'acide chlorhydrique. Le gaz CO_2 barbote à travers un flacon laveur contenant une solution de carbonate de sodium (Voir p. 63).

l'éther, sont desséchés et conservés dans un tube ; étiquetez :
Caséine du lait de vache.

On peut également obtenir la caséine et le beurre, en saturant
un volume connu de lait, au moyen de sulfate de magnésium
en poudre. La caséine se précipite, en entraînant le beurre. On
recueille le précipité sur un petit filtre, et on lave au moyen
d'une solution saturée de $MgSO_4$.

CHAPITRE VII

URINE

I. — URINE HUMAINE NORMALE.

158. Couleur, densité, acidité de l'urine normale. — La
densité de l'urine se mesure, comme celle du sérum (n° 13),
au moyen d'un aréomètre. Elle est en moyenne de 1015 à 1020.

L'urine rougit le papier bleu de tournesol (phosphate acide
de sodium).

159. Putréfaction de l'urine. — Abandonnez 100 c. c. d'urine,
pendant huit à quinze jours, au fond d'un cristallisoir : l'urine
devient alcaline, et répand une forte odeur ammoniacale (fermentation ammoniacale de l'urée, sous l'influence du *micrococ-
cus ureæ*) ; en même temps, l'urine se trouble et laisse déposer
des sphérules de phosphate acide d'ammoniaque, et des cristaux
de phosphate ammoniaco-magnésien (cristaux en forme de
couvercles de cercueil, voir fig. 162, *b*).

Examinez au microscope une petite portion du sédiment,
dilué dans une goutte d'urine (voir fig. 162).

160. Préparation de l'urée. — Évaporez à feu nu, dans une
capsule, sur le trépied (dans la cage d'évaporation), un demi-
litre au moins d'urine humaine, jusqu'à très petit volume
($\frac{1}{10}$ du volume primitif). Laissez refroidir complètement (en
entourant, si possible, de neige ou de glace, le gobelet qui

contient le liquide), et ajoutez-y deux volumes d'acide nitrique
(incolore, exempt de vapeurs rutilantes), refroidi au préalable.
Le précipité d'urates, qui s'était produit à la suite de l'évaporation, se redissout; en même temps il se forme un abondant
dépôt de lamelles cristallines, miroitantes, de nitrate d'urée.

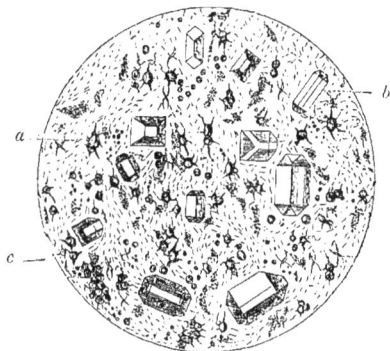

Fig. 162. — Sédiments microscopiques de la fermentation ammoniacale de l'urine.

a, urate acide d'ammoniaque. — *b*, phosphate ammoniaco-magnésien. —
c, micro-organismes de fermentation (Landois, *Physiologie*).

Recueillez le nitrate d'urée sur un filtre, laissez égoutter
complètement, étalez le filtre sur une plaque de verre,
repliez-le en deux, et exprimez fortement entre plusieurs doubles de papier à filtre. Le nitrate d'urée se détache facilement,
sous forme de gâteau fortement acide. Placez-le dans un mortier, et ajoutez, par petites portions, du carbonate de baryum en
poudre; triturez avec le pilon, tant qu'il se dégage des bulles
de CO_2. Recueillez la bouillie ainsi formée, desséchez-la dans
une capsule au bain-marie. Pulvérisez, et traitez à différentes
reprises par de petites quantités d'alcool, lequel dissout l'urée
et la matière colorante. Filtrez; abandonnez la solution alcoolique dans un cristallisoir : l'alcool s'évapore, et l'urée se
dépose sous forme d'aiguilles et de prismes cristallins, encore
colorés en jaune.

Purifiez par recristallisation de l'alcool (dissoudre dans
très peu d'alcool, et abandonner à évaporation spontanée).

161. Réactions de l'urée. — Les réactions de l'urée s'exécutent, soit avec l'urée extraite de l'urine (n° 160), soit avec un échantillon d'urée du commerce (préparée synthétiquement) :

a) Placez un cristal d'urée sur la langue : saveur fraîche et légèrement amère.

b) Dissolvez quelques cristaux d'urée dans très peu d'eau. Une partie de la solution est précipitée par l'acide nitrique (examen microscopique des cristaux de nitrate d'urée — voir

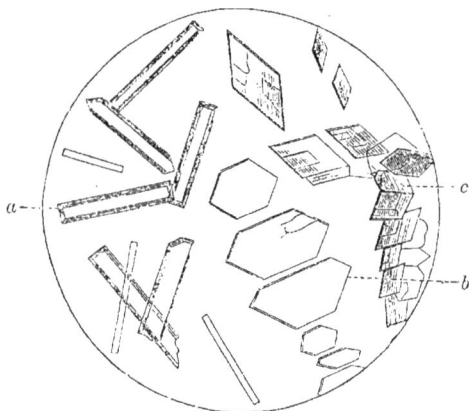

Fig. 163.

a, urée en cristaux microscopiques. — *b*, lamelles hexagonales. — *c*, lamelles rhombiques de nitrate d'urée (Landois, *Physiologie*).

fig. 163). Une autre partie est précipitée par l'acide oxalique : formation d'oxalate d'urée. La solution d'urée précipite également par le nitrate de mercure (voir n° 163).

c) Chauffez quelques cristaux d'urée à sec, au fond d'un tube à réaction. L'urée fond, puis dégage des vapeurs ammoniacales (odeur, alcalinité au papier de tournesol ou de curcuma), et laisse un résidu blanchâtre de *biuret* ($C_2H_5Az_3O_2$). Laissez refroidir, ajoutez un peu de lessive de soude et très peu (quelques gouttes) de solution de sulfate de cuivre : coloration rose pourpre (*réaction du biuret*).

d) Une solution d'urée (ou un peu d'urine), additionnée d'un égal volume de solution d'*hypobromite de sodium*, donne un abondant dégagement de bulles d'azote ; CO_2 et H_2O restent dans le liquide.

e) Chauffez un très petit globule de mercure au fond d'un tube à réaction, avec quelques gouttes d'acide nitrique : il se dégage des vapeurs rutilantes d'*hypoazotide*. Projetez au fond du tube une solution concentrée d'urée (ou quelques cristaux d'urée) : l'urée décompose les vapeurs rutilantes, et il ne se dégage plus que des gaz incolores (Az et CO_2).

162. Dosage gazométrique de l'urée par l'hypobromite de sodium. — L'hypobromite de sodium en solution alcaline décompose l'urée en H_2O et CO_2, qui restent dans le liquide, et en Az, qui se dégage. On recueille l'azote dans un tube gradué, et on le mesure. Chaque centigramme d'urée fournit $3^{cc},7$ d'azote, à 0°, et 760^{mm} P.

On a imaginé un grand nombre d'appareils pour exécuter ce dosage. Citons, parmi les plus simples, le tube d'Esbach et celui d'Yvon.

Le tube d'Yvon est un tube de verre long de 40 centimètres, portant vers son quart supérieur un robinet également en verre, et gradué de chaque côté, à partir de ce robinet, en centimètres cubes et dixièmes de centimètre cube (fig. 164).

L'instrument plonge dans une cuve à mercure.

La partie inférieure étant remplie de mercure jusqu'au robinet, on verse dans la partie supérieure, au moyen d'une pipette, un (ou deux) centimètre cube d'urine.

En ouvrant le robinet avec précaution, on fait pénétrer l'urine dans la partie inférieure,

Fig. 164. — Tube d'Yvon pour le dosage volumétrique de l'urée.

et le mercure s'abaisse d'autant ; puis on recueille les dernières traces d'urine, en versant au-dessus du robinet un peu de lessive de soude étendue d'eau, et l'on réunit ce liquide au premier, sous le robinet. On ajoute 5 centimètres cubes de solution d'hypobromite (renfermant 5 grammes de brome et 30 grammes de lessive de soude pour 125 grammes d'eau distillée), que l'on fait passer également sous le robinet ; on referme celui-ci.

L'urée est décomposée en H_2O, en CO_2 qui est absorbé par la soude, et en Az qui se rassemble dans le haut du tube, sous le robinet. Pour faciliter le mélange des liquides et le dégagement de Az, on retire du mercure l'instrument, dont on bouche avec le doigt l'extrémité inférieure, et on l'agite. On remet sur la cuve à mercure ; puis, quand tout le gaz est rassemblé dans le haut du tube, et que le liquide s'est éclairci, on porte l'instrument dans un cylindre plein d'eau. La solution d'hypobromite, plus dense, s'écoule : on égalise les niveaux, et l'on fait la lecture.

Pour éviter les corrections de température, de pression, etc., on répète immédiatement le même essai, avec 1 ou 2 centimètres cubes d'une solution titrée d'urée à 2 p. 100, auxquels on ajoute un volume suffisant de la solution d'hypobromite. On obtient dans ce dosage, un chiffre d'azote voisin de $3^{cc},7$ par centigramme d'urée. C'est cette valeur trouvée pour la solution à 2 p. 100, qui doit servir à effectuer le calcul du premier dosage.

163. Dosage de l'urée par le nitrate de mercure (procédé de Liebig). — Commencez par éliminer, sous forme de sels barytiques insolubles, les phosphates et sulfates de l'urine. A cet effet, mélangez deux volumes d'urine (tube à réaction rempli deux fois d'urine), et un volume de solution barytique (1) (tube à réaction rempli une fois de solution barytique). Filtrez. Prenez 15 centimètres cubes du liquide filtré — représentant 10 centimètres cubes de l'urine avant sa dilution — et introduisez-les dans un petit gobelet, placé sous la burette.

Celle-ci a été remplie de la solution titrée de nitrate de mercure (2) : on laisse couler cette solution, par petites portions,

(1) La solution barytique s'obtient en mélangeant deux volumes d'une solution saturée (à froid) de baryte caustique, et un volume d'une solution saturée (à froid) de nitrate de baryum.

(2) La solution de nitrate de mercure peut se préparer de la façon suivante (Dragendorff) : $96^{gr},855$ de chlorure mercurique pur sont dissous dans l'eau, et précipités par un excès de soude ou de potasse. Le précipité est lavé (par décantation d'abord, puis sur le filtre), et dissous dans la quantité voulue d'acide nitrique dilué. Le liquide est étendu d'eau, de manière à faire un litre. On vérifie le titre de cette solution, au moyen d'une solution d'urée à 2 p. 100.

dans le gobelet contenant l'urine, jusqu'à ce que toute l'urée soit précipitée par le nitrate de mercure.

L'opération est terminée, lorsqu'une goutte du mélange, puisée dans le gobelet au moyen d'une baguette de verre, et portée dans un verre de montre contenant du carbonate de sodium en solution (1), y produit un précipité qui jaunit rapidement (formation d'oxyde de mercure). Tant qu'il reste de l'urée en solution, le précipité formé dans le carbonate de sodium reste blanc.

Le nombre de centimètres cubes de liqueur mercurique nécessaires pour atteindre la réaction finale, correspond au nombre de centigrammes d'urée contenus dans les 10 centimètres cubes d'urine.

Le résultat n'est exact, que si le mélange d'urine et de nitrate de mercure contenu dans le gobelet est neutralisé à mesure de sa formation, par une addition de carbonate de sodium. Dans une première opération, on commence par atteindre directement la réaction finale (gouttelette formant un précipité jaunissant dans le carbonate de sodium); on neutralise dans le gobelet, au moyen d'une quantité mesurée de solution de carbonate de sodium; puis on essaie de nouveau la réaction finale, qui ne se montre plus qu'après addition nouvelle de 1, 2, 3 centimètres cubes de nitrate de mercure. Ce premier dosage n'est qu'un essai préliminaire. Dans une seconde opération, exécutée également avec 15 centimètres cubes d'urine diluée, on verse alternativement ou simultanément les deux liquides (nitrate de mercure, carbonate de sodium) dans l'urine barytique, jusqu'à production de la réaction finale, en ayant soin de la maintenir toujours à peu près neutre.

Les chiffres fournis par ce second dosage sont plus exacts que ceux du premier; ils ont cependant besoin d'être corrigés.

En effet, les premières portions de nitrate de mercure sont décomposées par les chlorures de l'urine, en chlorure mercurique et nitrate alcalin, d'où une erreur que l'on peut évaluer à $1^{cc},5$ à $2^{cc},5$ environ de solution mercurique.

164. Préparation de l'acide urique. — Mélangez dans un

_____
(1) Solution contenant par litre, 53 gr. de carbonate de sodium pur, calciné au préalable.

gobelet 25 centimètres cubes d'acide chlorhydrique fumant et un demi-litre d'urine. Laissez reposer jusqu'au lendemain.

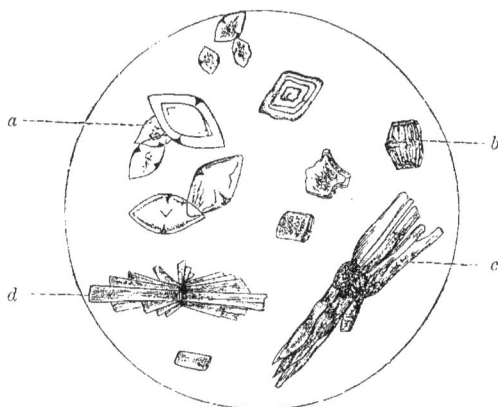

Fig. 165. — Cristaux d'acide urique.

a, rhomboèdres en forme de pierre à aiguiser. — *b*, groupe de cristaux en forme de tonnelet. — *c*, cristaux allongés irrégulièrement. — *d*, rhomboèdres en groupement radié (Landois, *Physiologie*).

Recueillez les cristaux d'acide urique qui se sont déposés à la surface du liquide, et contre les parois du vase; à cet effet,

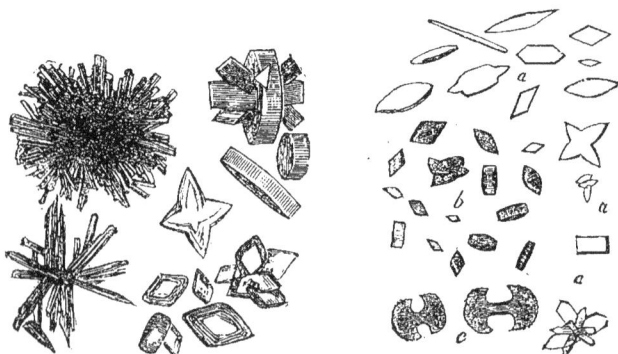

Fig. 166 et 167. — Cristaux microscopiques d'acide urique (Beaunis, *Physiologie*).

agitez le liquide : les cristaux tombent au fond. Décantez le liquide surnageant, lavez les cristaux deux fois à l'eau, et examinez-les au microscope à un faible grossissement (fig. 165, 166, 167).

165. Réactions de l'acide urique. — Dissolvez une partie des cristaux dans un peu de lessive de soude, ajoutez une goutte de solution de CuSO$_4$, et chauffez : il se forme un précipité blanc d'urate cuivreux, ou un précipité rouge d'oxyde cuivreux.

Réaction de la murexide. — Chauffez à feu nu, dans une petite capsule, ou sur un couvercle de creuset tenu à la main, un peu d'acide urique humecté de deux à trois gouttes d'acide nitrique : il se forme un résidu ou un enduit jaunâtre, puis rougeâtre. Laissez refroidir, et ajoutez avec une baguette une goutte d'ammoniaque diluée : magnifique coloration pourpre de *murexide* ou *purpurate d'ammoniaque.*

Répétez l'essai de la murexide, en remplaçant l'ammoniaque par la soude : il se forme une coloration violette, qui disparaît si vous chauffez.

166. Indican, indigo. — Faites dans une capsule un mélange à volumes égaux d'urine humaine (ou mieux, d'urine de cheval — voir n° 173) et d'acide chlorhydrique. Ajoutez avec précaution et goutte à goutte, une solution d'hypochlorite de sodium ; agitez le mélange avec une baguette de verre, après l'addition de chaque goutte d'hypochlorite : le liquide se colore en bleu par la décomposition de *l'indoxylsulfate de potassium* (*indican*) et la formation de sulfate de potassium et de bleu d'indigo. Continuez à verser de l'hypochlorite : l'indigo est détruit à son tour, et le liquide se décolore.

Chauffez dans un tube fermé un très petit fragment d'indigo du commerce. Observez la superbe vapeur violette de l'indigo, et le dépôt cristallin bleu foncé qui se fait sur les parties froides du tube.

Dissolvez un très petit fragment d'indigo dans le chloroforme : solution violette.

167. Sels solubles de l'urine. — On peut, à la rigueur, rechercher les éléments minéraux de l'urine, sans avoir au préalable détruit par la chaleur, les substances organiques que ce liquide renferme (évaporation de l'urine, calcination du résidu, épuisement par l'eau chaude du charbon formé — extrait aqueux, alcalin, contenant les sels solubles de l'urine).

Recherchez directement dans l'urine :

Les *sulfates*, par le chlorure barytique : précipité insoluble dans l'acide chlorhydrique.

Les *phosphates*, par l'acide molybdique (chauffer) : précipité jaune se formant peu à peu ; — ou par l'ammoniaque : précipité de phosphates alcalino-terreux.

Les *chlorures*, par le nitrate d'argent : précipité insoluble dans l'acide nitrique, soluble dans l'ammoniaque.

Le *calcium*, par l'oxalate ammonique : précipité blanc, insoluble dans l'acide acétique.

Le *potassium* (dans l'urine concentrée par évaporation et acidulée), par le chlorure de platine en présence de l'alcool : précipité jaune cristallin.

Le *sodium*, par la coloration jaune que le résidu de l'évaporation de l'urine, ramassé sur un fil de platine, communique à la flamme du brûleur de Bunsen.

168. **Titrage approximatif des chlorures de l'urine par le nitrate d'argent.** — Mesurez à la pipette 10 centimètres cubes d'urine ; versez-les dans un gobelet, et ajoutez deux gouttes de solution de chromate neutre de potassium.

Remplissez la burette avec la solution titrée de nitrate d'argent (contenant 29^{gr},063 de nitrate d'argent pur et fondu, dans quantité d'eau distillée suffisante pour faire un litre de liquide) (1), et laissez couler la solution dans le gobelet contenant l'urine. Agitez avec une baguette : il se forme un précipité blanc de chlorure d'argent, tant qu'il reste du chlore en solution. Dès que tout le chlore est précipité, le nitrate d'argent se porte sur le chromate de potassium, avec lequel il donne un précipité rouge de chromate d'argent. L'apparition du précipité rouge indique donc la fin du titrage.

Faites à la burette la lecture du nombre de centimètres cubes employés. Chaque centimètre cube de la solution de nitrate d'argent représente un centigramme de chlorure de sodium.

Le résultat obtenu de cette façon est un peu trop élevé : corrigez-le en soustrayant un centigramme de chlorure de sodium (pour 10 c. c. d'urine analysée).

(1) La solution de nitrate d'argent sera conservée à l'abri de la lumière. On fera bien d'en vérifier le titre au moyen d'une solution au centième de chlorure de sodium pur et fondu.

II. — URINE DE CHEVAL.

169. Préparation de l'acide hippurique. — Évaporez dans une capsule (dans la cage d'évaporation) un quart de litre ou un demi-litre d'urine fraîche de cheval, de manière à réduire le liquide au dixième du volume primitif. Laissez refroidir complètement, et ajoutez 20 (ou 40 centimètres cubes) d'acide chlorhydrique; mélangez les deux liquides, et attendez jusqu'au lendemain le refroidissement complet : dépôt d'acide hippurique cristallisé.

Filtrez, de manière à recueillir sur le filtre les cristaux d'acide hippurique : le liquide filtré servira à la préparation du phénol et du crésol (n° 172). Lavez l'acide hippurique sur le filtre avec un peu d'eau froide, dissolvez les cristaux dans un peu d'eau bouillante : l'acide hippurique cristallise par le refroidissement.

170. Réactions de l'acide hippurique. — Les cristaux obtenus au n° 169 sont séchés au moyen d'un peu de papier à filtre, et servent aux essais suivants :

a) Chauffez modérément dans un tube à réaction, un peu d'acide hippurique : l'acide fond, et se transforme en un liquide huileux, qui se prend en cristaux par le refroidissement. Chauffez plus fort : la substance fond et se colore en rouge, monte le long des parois du tube, donne un sublimé d'acide benzoïque, et développe une odeur assez agréable, rappelant d'abord celle du foin, puis celle de l'acide cyanhydrique.

b) Chauffez modérément dans un tube à réaction, gros comme un pois d'acide hippurique avec quelques gouttes d'acide nitrique : il se forme du *nitrobenzol* qui présente l'odeur d'amandes amères. (*Réaction de Lücke.*)

c) Dissolvez un peu d'acide hippurique dans l'eau, ajoutez quelques gouttes d'une solution neutre de chlorure ferrique : précipité brun d'hippurate ferrique.

171. Acides aromatiques. — L'urine de cheval, acidulée par 5 p. 100 d'acide sulfurique (ou le liquide filtré provenant de la préparation de l'acide hippurique n° 169, et dilué avec deux volumes d'eau) est distillée dans un matras, sur le trépied en fer garni d'une toile métallique (fig. 168). Arrêtez la distillation, quand un tiers environ du liquide a passé dans le récipient.

Les produits de la distillation sont condensés au moyen d'un réfrigérant de Liebig, et recueillis dans un récipient constitué par un second matras. Le tube inférieur du réfrigérant est relié par un tube en caoutchouc à la distribution d'eau ; le tube supérieur est relié par un caoutchouc à la coquille servant de décharge.

L'acide sulfurique décompose le *phénylsulfate* et le *crésylsulfate de potassium*, forme du sulfate acide de potassium, et

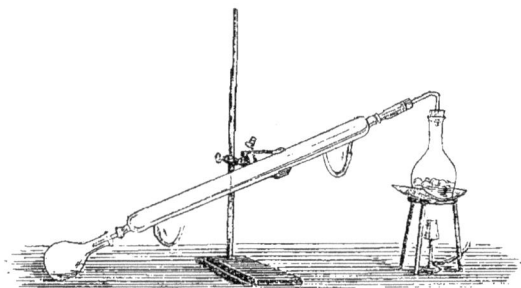

Fig. 168. — Distillation de l'urine de cheval additionnée d'acide sulfurique.

met le *phénol* ($C_6H_5.OH$) et le *crésol* ($C_6H_4.CH_3.OH$) en liberté. Ces deux corps sont volatils, et passent avec la vapeur d'eau dans le récipient.

172. Phénol et crésol. — Le liquide recueilli par distillation au n° 171, a une forte odeur de phénol. Exécutez avec ce liquide les réactions suivantes, qui sont communes au phénol et au crésol :

a) Mélangez dans un tube à réaction, 2 centimètres cubes et demi de ce liquide avec un égal volume d'eau de brome : il se forme bientôt un précipité cristallin blanc jaunâtre (mélange de tribromophénol, $C_6H_2Br_3OH$ et de bromure de tribromocrésol, $C^6H_4.CBr_3.OBr$).

b) Mélangez dans un tube à réaction, 2 centimètres cubes et demi de liquide, avec un égal volume de liqueur de Millon : coloration rouge. Chauffez, si la coloration ne se montrait pas déjà à froid.

c) Mélangez dans un tube à réaction, 2 centimètres cubes et

demi de liquide, avec quelques gouttes de solution de per-
chlorure de fer neutre : coloration d'encre.

173. Indigo. — Mélangez, dans une capsule, 25 à 50 c. c.
d'urine de cheval, avec égal volume d'acide chlorhydrique
fumant. Ajoutez, goutte à goutte, au moyen d'une baguette de
verre, de la solution d'hypochlorite de sodium, jusqu'à formation d'un dépôt bleuâtre d'indigo. Le mélange doit être agité
après addition de chaque goutte d'hypochlorite, et il est essentiel
de ne pas en ajouter trop. Un excès d'hypochlorite décompose
l'indigo : le liquide perd sa teinte bleuâtre, et se décolore.

La meilleure façon d'opérer consiste à avoir à sa disposition une seconde capsule de porcelaine, dans laquelle on verse
de temps en temps une petite quantité du mélange, que l'on
essaye en y ajoutant une goutte d'hypochlorite. Si cet échantillon bleuit davantage, on peut continuer à verser de l'hypochlorite dans le mélange de la première capsule. Si au contraire, l'échantillon se décolore par addition d'une seule goutte
d'hypochlorite, c'est un signe que le point d'oxydation correspondant à la formation de l'indigo a été dépassé. Arrêtez l'addition d'hypochlorite, et filtrez le mélange sur un entonnoir (sans
filtre) garni d'un petit tampon de verre filé fortement tassé,
que vous enfoncez au moyen d'une baguette de verre à l'entrée
de la douille de l'entonnoir. Le verre filé fait office de filtre, et
retient les particules d'indigo ou tout au moins une partie notable de l'indigo. Faites au besoin repasser le liquide deux ou
trois fois sur le verre filé. Lavez à l'eau, puis à l'alcool ; détachez le tampon et laissez-le sécher. Quand le tampon chargé
d'indigo est sec, vous le divisez en deux parties.

Chauffez la moitié au fond d'un tube à réaction bien sec : vapeurs violettes, et sublimé d'indigo (aiguilles cristallines qui se
déposent en enduit bleuâtre sur les parties froides du tube).

Traitez l'autre moitié, au fond d'un tube à réaction, par quelques centimètres cubes de chloroforme : solution violette.

III. — Constituants anormaux de l'urine humaine.

174. Dosage clinique de l'albumine d'après Esbach. —
Versez l'urine albumineuse dans le tube d'Esbach jusqu'au

trait U; ajoutez le réactif picro-citrique (1), jusqu'au trait R.
Bouchez, retournez le tube dix fois de suite sans secouer.

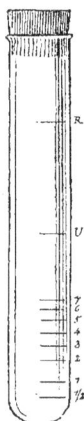

Laissez reposer le tube verticalement jusqu'au lendemain. Les grumeaux d'albumine
se tassent au fond du tube : lisez le chiffre
correspondant à la hauteur du précipité ; ce
chiffre représente le nombre de grammes d'albumine contenus dans un litre d'urine.

Si le coagulum dépasse le trait 4, recommencez l'essai au moyen d'urine diluée avec
un ou deux volumes d'eau. Le résultat de
l'analyse correspond à la quantité d'albumine
contenue dans l'urine diluée : il doit, par conséquent, être multiplié par 2 ou par 3, suivant le cas, pour être rapporté à l'urine non
diluée.

Fig. 169. — Tube
d'Esbach, pour
le dosage cli-
nique de l'albu-
mine des urines.

Pour la recherche de l'albumine, des pigments biliaires et du sucre, voir n⁰ˢ 3 à 10,
145 et 123.

Pour le dosage du sucre, voir n⁰ˢ 125, 126, 127.

CHAPITRE VIII

PHYSIOLOGIE DES NERFS DES MUSCLES

I. — NERFS.

175. Préparation de la patte galvanoscopique. — La patte galvanoscopique est une patte de grenouille fraîchement écorchée,
séparée du corps de l'animal, par une section transversale de la
cuisse pratiquée un peu au-dessus de l'articulation du genou.
Le nerf sciatique, disséqué avec le plus grand soin dans toute
sa longueur, doit rester adhérent à la patte galvanoscopique.

(1) Le réactif picro-citrique contient 10 gr. d'acide picrique, 20 gr.
d'acide citrique, et de l'eau en quantité suffisante pour faire un litre.

Prenez une grenouille vigoureuse ; sectionnez la moelle allongée, et détruisez l'encéphale et la moelle épinière au moyen d'un stylet, comme il est dit page 140. Écorchez l'animal : s'il s'agit simplement de préparer la patte galvanoscopique, et non d'isoler les muscles de la cuisse, vous pouvez vous servir du procédé expéditif qui consiste à arracher toute la peau de l'animal en une fois. A cet effet, vous commencez par détacher, au moyen de la pince et des ciseaux, les adhérences circulaires de la peau avec l'anus, puis opérant toujours avec la pince et les ciseaux, vous sectionnez circulairement la peau du tronc à la région thoracique, en arrière des pattes antérieures. Maintenant de la main gauche la tête de l'animal, vous saisissez solidement de la main droite la peau du dos immédiatement en arrière du niveau de la section circulaire, et vous arrachez en une fois, par une traction vigoureuse, les téguments du tronc et de l'arrière-train de l'animal.

Isolez le nerf sciatique sur toute sa longueur, depuis l'articulation du genou, jusque dans le bassin, au niveau des racines par lesquelles il émerge du canal rachidien. A cet effet, couchez la grenouille sur le ventre, de manière à exposer la face postérieure de la cuisse écorchée : vous apercevez deux interstices musculaires longitudinaux, un *interstice externe* séparant le muscle triceps (le vaste externe du triceps) du muscle biceps, et un *interstice interne* séparant le biceps du demi-membraneux (fig. 170). C'est au fond de l'interstice interne, entre le biceps et le demi-membraneux qu'il faut, en écartant légèrement ces muscles, aller à la recherche du nerf sciatique et des vaisseaux fémoraux. Soulevez le nerf au moyen d'un petit crochet de verre, et isolez-le du tissu conjonctif avoisinant, au moyen d'une petite pince à dissection (ou mieux d'une pince à mors d'ivoire — il faut éviter de toucher le nerf avec des corps métalliques). Procédez en remontant vers le bassin, soulevant le nerf et coupant successivement les branches qui en partent. Il faut disséquer avec grande précaution, éviter tout froissement du nerf et ne jamais le saisir avec la pince. Si l'on opère correctement, l'isolement du nerf peut se faire sur toute la longueur, sans que le gastro-cnémien, ni la patte proprement dite, aient donné la moindre contraction. On observe seulement, à chaque section de

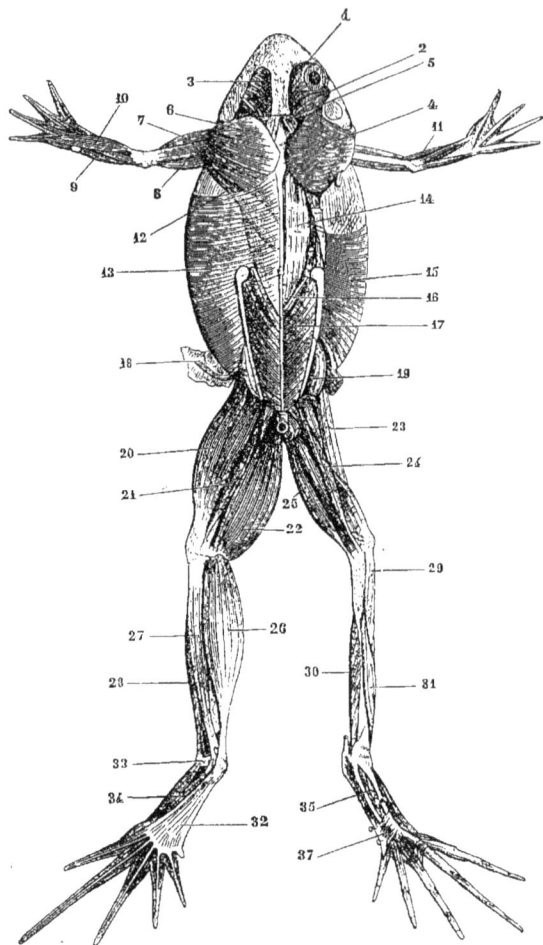

Fig. 170. — Appareil musculaire de la grenouille; face dorsale
(Beaunis, *Physiologie*).

1, droit supérieur. — 2, temporal. — 3, releveur du bulbe oculaire. — 4, sous-épineux. — 5, trapèze. — 6, dépresseur de la mâchoire inférieure. — 7, deltoïde. — 12, grand dorsal. — 13, grand oblique. — 14, long du dos. — 15, petit oblique. — 16, sacro-coccygien. — 18, faisceau cutané. — 19, grand fessier. — 8, biceps. — 9, extenseur de l'avant-bras. — 10, extenseur commun des doigts. — 11, huméro-radial. — 20, triceps. — 21, biceps, — 22, demi-membraneux. — 23, psoas-iliaque. — 24, biceps. — 25, demi-tendineux. — 26, gastro-cnémien. — 27, péronier. — 28, tibial antérieur. — 29, court extenseur de la jambe. — 30, tibial postérieur. — 31, fléchisseur antérieur du tarse. — 32, aponévrose plantaire. — 33, long extenseur du cinquième doigt. — 34, long fléchisseur des doigts. — 35, long adducteur du premier doigt. — 37, transverse plantaire.

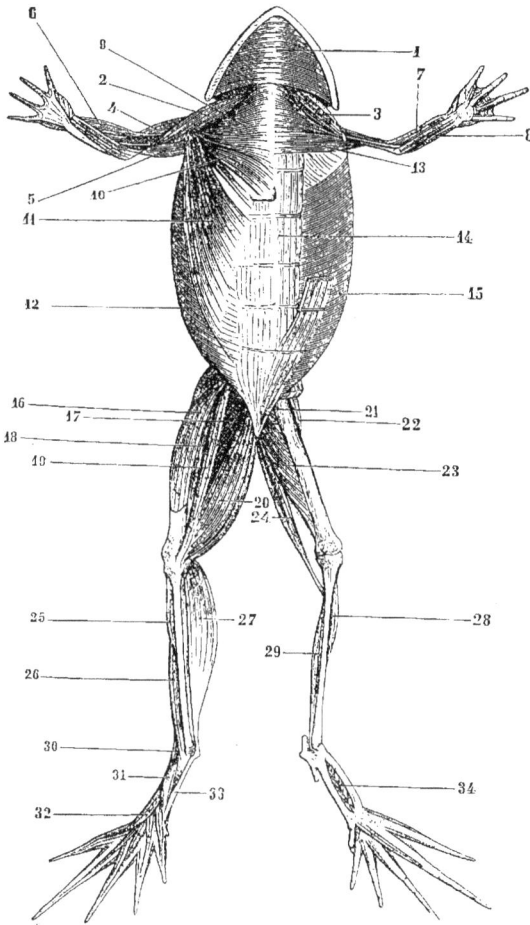

Fig. 171. — Appareil musculaire de la grenouille. — Face ventrale
(Beaunis, *Physiologie*).

1, mylo-hyoïdien. — 2. 3, 4, deltoïde. — 5, triceps. — 6, huméro-radial. —
7, fléchisseur radial du carpe. — 8, fléchisseur des doigts. — 9, sterno-radial.
— 10, portion sternale du grand pectoral. — 11, portion abdominale du grand
pectoral. — 12, grand oblique. — 13, coraco-huméral. — 14, grand droit de
l'abdomen. — 15, grand oblique. — 16, vaste interne. — 17, grand adducteur.
— 18, long adducteur. — 19, couturier. — 20, droit interne. — 21, court adducteur. — 22, pectiné. — 23, grand adducteur. — 24, demi-tendineux. — 25, extenseur de la jambe. — 26, tibial antérieur. — 27, gastro-cnémien. — 28, extenseur
de la jambe. — 29, tibial postérieur. — 30, péronier. — 31, fléchisseur postérieur du tarse. — 32, long extenseur du cinquième doigt. — 33, extenseur du
tarse. — 34, long adducteur du premier doigt.

branche nerveuse se détachant du sciatique, une secousse dans les muscles auxquels se rend cette branche.

Il s'agit à présent d'isoler le nerf au niveau de son passage de la cuisse au bassin : c'est la partie la plus délicate de l'opération. Enlevez, ou tout au moins divisez, au moyen de la pince et des ciseaux, les muscles pyriforme et iléo-coccygien qui cachent le nerf et ses racines, puis continuez à isoler le nerf, en le soulevant au moyen du crochet de verre, de manière à remonter jusqu'à ses racines rachidiennes, qui proviennent des septième, huitième et neuvième paires spinales; sectionnez ces racines.

Soulevez le nerf, rabattez-le vers la jambe et appliquez-le à la surface du gastro-cnémien. Séparez la jambe de la cuisse par une section transversale pratiquée un peu au-dessus du genou.

176. Excitabilité du nerf sciatique. — Le nerf sciatique de la patte galvanoscopique convient parfaitement pour étudier l'excitabilité nerveuse. Tout ébranlement moléculaire de la substance du nerf agit comme excitant, à condition que cet ébranlement présente une certaine intensité et soit brusque. La nature de l'ébranlement moléculaire (mécanique, thermique chimique, électrique) est indifférente.

L'excitation du nerf de la patte galvanoscopique nous est révélée par les mouvements des muscles de la jambe, et par les déplacements des orteils. L'excitation se transmet en effet, par conductibilité, le long du nerf jusqu'aux muscles, et provoque leur contraction. Si l'on tient à rendre ces déplacements visibles à distance, afin de les montrer à un auditoire assez nombreux, on peut fixer aux orteils, soit au moyen de liens, soit au moyen de deux petites épingles, un levier léger taillé dans un fétu de paille, et portant à son extrémité, en guise de signal, un petit drapeau de papier. A chaque

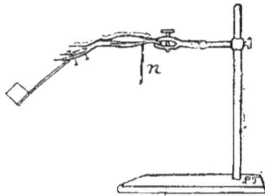

Fig. 172. — Patte galvanoscopique fixée sur un support (d'après Stirling).
n, nerf sciatique.

excitation du nerf, les orteils subissent un mouvement d'extension, et le drapeau-signal est soulevé. Il est bon dans ce cas de maintenir la patte galvanoscopique horizontalement, le gastro-cnémien tourné vers le haut. A cet effet, vous fixerez le morceau de fémur dans une petite pince portée horizontalement par un support *ad hoc* (fig. 172).

Si vous ne faites pas usage de ce dispositif, la patte galvanoscopique sera placée sur une plaque de verre, pendant les expériences destinées à étudier l'excitabilité du nerf sciatique. Quand la préparation tend à se dessécher, on l'humecte légèrement, au moyen d'un pinceau trempé dans la solution physiologique (7^{gr},5 de chlorure de sodium par litre d'eau).

Si l'on veut faire toutes les expériences sur la même patte galvanoscopique, on fera bien de commencer par l'étude de l'excitant électrique, et de soumettre ensuite le nerf aux excitants mécaniques, thermiques ou chimiques. Ces derniers en effet altèrent la structure du nerf, et suppriment ultérieurement l'excitabilité des parties sur lesquelles on a opéré, tandis que les portions du nerf qui ont servi à étudier l'action de l'électricité, peuvent être ultérieurement soumises aux actions mécaniques, chimiques, etc.

177. Excitation mécanique du nerf sciatique. — Placez la patte galvanoscopique sur une plaque de verre, froissez légèrement l'extrémité supérieure du nerf sciatique : contraction de la patte.

Sectionnez transversalement aux ciseaux l'extrémité supérieure du nerf : contraction de la patte.

Piquez l'extrémité supérieure du nerf : contraction de la patte.

178. Excitation chimique du nerf sciatique. — Placez la patte galvanoscopique dans le support à pince, ou sur une plaque de verre fixée à un support, de manière que le nerf sciatique pende librement en dessous (*n*, fig. 172).

Versez quelques gouttes de la solution saturée de chlorure de sodium dans un verre de montre. Relevez le verre de montre sous l'extrémité libre du nerf sciatique, de manière que celle-ci vienne au contact de la solution de sel ; elle ne tarde pas à s'en imbiber : mouvements de contraction des orteils, puis contraction tétanique de toute la patte.

Enlevez, d'un coup de ciseaux, la partie du nerf imbibée de chlorure de sodium : il se produit une secousse au moment de la section, mais la contraction tétanique cesse brusquement.

La même expérience peut être répétée, en remplaçant la

solution de chlorure de sodium par l'une des nombreuses substances chimiques qui altèrent la composition du nerf.

Cependant quelques substances, notamment l'ammoniaque, tuent le nerf moteur sans le faire passer par une phase d'excitation.

Pour constater ce phénomène, il est nécessaire de protéger les muscles de la patte galvanoscopique contre les vapeurs d'ammoniaque, qui excitent directement la substance musculaire. A cet effet, enveloppez les muscles de la patte galvanoscopique de papier à filtre mouillé de solution physiologique, de manière à ne laisser sortir au dehors de ce petit manchon protecteur que le nerf d'un côté, et les orteils de l'autre. Plongez l'extrémité du nerf dans l'ammoniaque : le nerf sera tué sans que les orteils aient exécuté le moindre mouvement.

179. Excitation thermique du nerf sciatique. — Placez la patte galvanoscopique sur une plaque de verre ; touchez le nerf avec une épingle que vous venez de chauffer dans la flamme d'un brûleur de Bunsen : contraction.

Placez la patte galvanoscopique sur une plaque de verre, le nerf pendant librement au-dessous ; approchez-en un tube à essai contenant de l'eau chauffée à au moins 40°, et faites-y plonger le nerf : contraction.

L'action de la chaleur tue le nerf, et lui fait par conséquent perdre son excitabilité : vous pouvez à présent le pincer, le piquer, le soumettre à l'action du courant électrique, sans provoquer la moindre contraction musculaire.

180. Disposition des appareils pour l'excitation électrique du nerf sciatique par le courant constant. — Placez la patte galvanoscopique sur une plaque de verre, et déposez le nerf sur deux fils de platine distants d'un demi-centimètre, faisant office d'électrodes ; ces deux fils convenablement isolés, et portés par un support *ad hoc*, constituent une pince excitatrice ou pince électrique ; reliez-les aux deux pôles d'une pile formée de trois éléments de Daniell disposés en tension, c'est-à-dire que le pôle positif de chaque élément est relié au pôle négatif de l'élément suivant. Le pôle négatif du premier élément et le pôle positif du dernier constituent les deux pôles de la pile. Une clef simple (clef électrique à frottement) est intercalée dans le circuit.

Fermez la clef, de manière à permettre au courant de passer par le nerf : il se produit une contraction ou secousse de la patte, au moment de la fermeture du courant : *secousse de fermeture*. La patte reste en repos tant que le courant passe : le passage du courant constant ne constitue pas en effet une cause d'excitation. Ouvrez la clef de manière à interrompre le courant qui traversait le nerf : il se produit une contraction ou *secousse de rupture*.

Ouvrez et fermez rapidement la clef électrique : le nerf subit dans ce cas une série d'excitations rapprochées, qui provoquent dans le muscle une série de secousses. Ces secousses se confondent en une contraction plus ou moins permanente, ou *tétanos*.

On verra plus loin que l'excitation se produit au pôle négatif, au moment de la fermeture du courant; tandis qu'à la rupture du courant, c'est au pôle positif que naît l'excitation.

181. Le nerf de la patte galvanoscopique est excité par toute variation brusque de l'intensité du courant qui le traverse. — Le rhéonome de von Fleischl (fig. 173) peut servir à le démontrer. Cet instrument se compose d'une plaque d'ébonite rectangulaire, à la surface supérieure de laquelle se trouve creusée une gouttière circulaire, qu'on remplit d'un liquide conducteur de l'électricité (solution saturée de sulfate de zinc). Aux deux extrémités du diamètre de

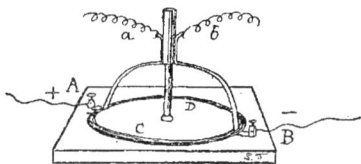

Fig. 173. — Rhéonome de von Fleischl (d'après Stirling, *Practical Physiology*).

la gouttière circulaire, sont fixées les bornes A et B. De chacune de ces bornes part une petite lame de zinc, qui plonge dans la solution de sulfate de zinc. Au centre de la plaque d'ébonite se trouve fixé un axe vertical, autour duquel peut tourner un tube, qui porte deux autres lames de zinc courbes, dont les extrémités inférieures plongent dans la gouttière remplie de sulfate de zinc. Chacune de ces lames de zinc peut être mise en rapport, au moyen des bornes *a* et *b* avec les fils électriques qui servent à conduire le courant au nerf ou au muscle. Les bornes A et B sont reliées par des fils, aux deux pôles de la pile qui fournit le courant (deux Daniell). Une clef est intercalée dans le circuit.

Disposez l'appareil comme le montre la figure 173, les deux lames de zinc recourbées étant placées vis-à-vis des bornes A et B. Dans ce cas, une fraction notable du courant de la pile pourra circuler dans le nerf de la patte galvanoscopique, par les fils *a* et *b*. Ouvrez et fermez la clef : à chaque mouvement de la clef, vous observez une contraction dans la patte.

Faites exécuter à l'axe qui porte les lames de zinc, un mouvement d'un quart de cercle, de manière que les extrémités des lames de zinc se placent aux extrémités du diamètre CD, perpendiculaire à AB. Dans cette position, le courant de la pile ne circule pas dans le circuit *ab*; en effet les points C et D sont équivalents au point de vue électrique. Dans la position CD des lames de zinc, on peut ouvrir et fermer la clef électrique, sans produire la moindre secousse dans la patte galvanoscopique.

La clef étant fermée, et les lames placées dans la position CD, il n'y a pas de courant qui traverse le nerf. Faites exécuter *lentement* un mouvement de rotation d'un quart de cercle aux lames de zinc, de manière à les amener en position AB, et à faire peu à peu passer le courant par le nerf sciatique : il ne se produit aucune contraction.

Répétez la même expérience en exécutant *rapidement* le même mouvement de rotation, de manière à augmenter brusquement la valeur du courant qui circule dans le nerf : dans ce cas le nerf est excité, et la patte se contracte.

De même, le passage de la position AB à la position CD, qui correspond à la diminution ou à la disparition du courant circulant dans le nerf, provoque une contraction de la patte si le mouvement est exécuté *rapidement*.

Ainsi, toute variation *brusque* dans l'intensité du courant qui circule dans le nerf de la patte galvanoscopique, agit comme excitant. Les excitations qui se produisent dans le nerf, au moment de la rupture ou de la fermeture du courant constant (voir n° 180), ne constituent que des cas particuliers de cette règle.

182. Excitation du nerf par les chocs d'induction. — Rattachez les électrodes sur lesquelles repose le nerf de la patte galvanoscopique, à la bobine secondaire du chariot de du

Bois-Reymond. La bobine primaire est reliée directement à une pile Grenet (disposition n° 1, voir p. 40), sans intercalation du trembleur. Une clef simple est intercalée dans le circuit de la pile.

A chaque ouverture et à chaque fermeture de la clef du circuit primaire, il se développe dans le circuit secondaire, dans lequel se trouve intercalé le nerf, un courant d'induction de très courte durée, dont les variations d'intensité agissent comme excitant sur le nerf : à chaque mouvement de la clef, vous observez une contraction de la patte galvanoscopique.

Éloignez la bobine secondaire de la bobine primaire, de manière à diminuer l'intensité des chocs d'induction ; il vous sera facile de trouver une position de la bobine secondaire, pour laquelle la patte se contractera à chaque rupture du courant primaire, mais restera au repos à chaque fermeture : cela provient de ce que les *chocs de rupture* développés dans la bobine secondaire sont plus intenses que les *chocs de fermeture*.

Pour exciter le nerf par une série nombreuse de chocs d'induction, il faut rattacher les fils qui viennent de la pile, aux bornes de la bobine primaire du chariot de du Bois-Reymond, de manière à actionner le trembleur automatique (disposition n° 2, voir fig. 41, p. 41). Intercalez une clef simple dans le circuit de la bobine primaire, et une clef double en court circuit dans celui de la bobine secondaire.

Fermez les deux clefs : les chocs d'induction n'arrivent pas au nerf, et passent par le court circuit de la clef double. Levez cette dernière : le nerf est excité, et les muscles de la patte galvanoscopique entrent en contraction permanente.

183. La conductibilité nerveuse suppose l'intégrité anatomique du nerf. — L'excitation provoquée en un point du nerf sciatique, se transmet de proche en proche, jusqu'au muscle, dont il amène la contraction. Cette conduction de l'excitation suppose l'intégrité anatomique du nerf : si le nerf est coupé en travers ou écrasé en un point de son parcours, l'excitation ne pourra franchir l'endroit lésé, et les muscles de la patte galvanoscopique ne se contracteront pas.

Coupez en travers le nerf sciatique, et remettez en contact les deux surfaces de section. Appliquez les deux électrodes excitatrices de la bobine secondaire de du Bois-Reymond sur deux points de la portion coupée du nerf, la bobine primaire étant reliée à une pile. Faites usage du trembleur (disposition n° 2, fig. 41), et d'une clef, de manière à exciter le nerf par de fréquents chocs d'induction : aucun effet.

Déplacez les électrodes, de manière que l'une touche la portion coupée du nerf, et l'autre, la portion encore adhérente au muscle, les deux bouts de nerf ayant été mis en contact : à chaque fermeture de la clef électrique, le courant passe et le muscle se contracte.

L'endroit lésé du nerf laisse passer l'électricité, mais arrête la propagation de l'excitation : c'est ce qui se démontre d'une façon élégante, au moyen du pistolet électrique.

184. Pistolet électrique de du Bois-Reymond. — Le pistolet électrique se compose d'un tube assez épais, en verre, à l'intérieur duquel on place, sur une lame de verre, une patte galvanoscopique, qu'on assujettit lâchement par deux liens en caoutchouc. Le nerf sciatique repose, en trois points de son parcours, sur trois lames métalliques Cu, Zn, Cu' ; Zn est en

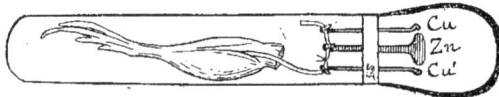

Fig. 174. — Pistolet électrique de du Bois-Reymond.

zinc, Cu et Cu' sont en laiton. Les trois lames Cu, Zn, Cu', isolées convenablement, passent à travers le bouchon du tube de verre, et font saillie à l'extérieur. En appuyant sur Cu, on établit le contact entre Cu et Zn ; le faible courant électrique qui se produit à ce moment, suffit à exciter le nerf, et la patte se contracte. De même, en appuyant sur Cu', on amène le contact entre Cu' et Zn, et le muscle se contracte également.

Faites une ligature sur le nerf entre Cu' et Zn, de manière à supprimer la conductibilité nerveuse en cet endroit, la conductibilité électrique étant conservée. Établissez le contact entre Cu et Zn : il ne se produit pas de contraction.

Établissez au contraire le contact entre Cu' et Zn : la patte se contracte.

185. Vitesse de transmission de l'excitation dans les nerfs moteurs de la grenouille. — Prenez une très grande grenouille, dont vous détruisez le cerveau et la moelle. Fixez-la au moyen d'épingles, le dos en haut, sur la plaque de liége du myographe. (Pour la description du myographe, voir plus loin n° 188 et 193.) Faites une incision cutanée longitudinale suivant le trajet d'un des nerfs sciatiques. Mettez le nerf à nu en deux points de son trajet, aussi éloignés que possible l'un de l'autre, c'est-à-dire d'une part en haut, à l'intérieur du bassin, d'autre part en bas, près de l'articulation du genou.

Enlevez un petit lambeau de peau, au niveau du talon, de manière à mettre à nu le tendon d'Achille. Coupez ce tendon en travers, près de ses attaches plantaires; isolez le tendon des tissus voisins, en remontant jusqu'à l'extrémité inférieure du muscle gastro-cnémien, qu'il est inutile de mettre à nu. Passez à travers le tendon un petit crochet (épingle recourbée en S), que vous rattachez, par un fil, avec le levier écrivant du myographe.

Placez une paire d'électrodes (1, 1, fig. 175) en contact avec le nerf sciatique, en haut dans le bassin, et une autre paire (2, 2), en contact avec la partie inférieure du nerf, près du genou. Chacune de ces paires d'électrodes est reliée par des fils électriques avec des bornes ou des godets remplis de mercure 1, 1; 2, 2.

La figure 175 représente la disposition générale de l'expérience : M, le muscle actionnant le levier l; n, le nerf avec ses deux paires d'électrodes ; I, II, les deux bobines du chariot de du Bois-Reymond; G, la pile; C, la clef du myographe, et P, la plaque destinée à recevoir les tracés.

Les fils qui partent de la bobine secondaire du chariot de du Bois-Reymond (et qui présentent une clef C' en court circuit), peuvent être mis à volonté en contact avec les bornes des godets 1,1, de manière à amener l'excitation électrique aux électrodes 1, ou avec les bornes ou godets 2,2, de manière à exciter cette fois par l'intermédiaire des électrodes 2.

Dans le circuit primaire du chariot de du Bois-Reymond se trouvent intercalées la pile et la clef C du myographe. Prenez successivement, sur la même plaque, une série de graphiques, les uns, en excitant le nerf au point 1, les autres, en excitant au point 2.

Dans toutes ces expériences, le choc d'induction qui excite le nerf, est obtenu par l'ouverture automatique de la clef C; la branche saillante de cette clef est accrochée au passage par la plaque P. Comme l'excitation du nerf se produit, dans chacune de ces expériences, rigoureusement au même instant du mouvement de translation de la plaque P, les différents graphiques

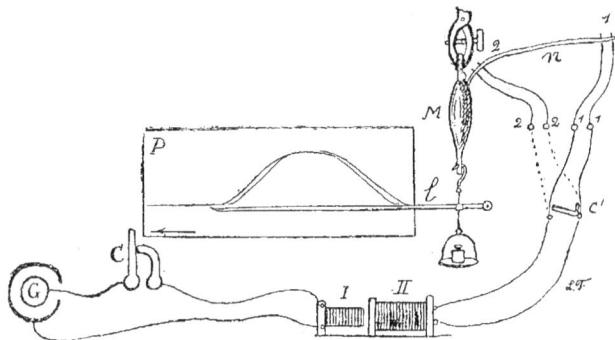

Fig. 175. — Schéma de l'expérience servant à déterminer la vitesse de propagation de l'excitation dans le nerf moteur.

M, le muscle actionnant le levier l. — n, le nerf, avec ses deux paires d'électrodes. — I, II, les deux bobines du chariot de du Bois-Reymond. — 1, 2, les électrodes excitatrices. — G, la pile. — C, la clef du myographe. — P, la plaque destinée à recevoir les tracés.

devraient se recouvrir exactement, si le temps perdu était le même pour tous : or les graphiques du groupe 1 sont en arrière des graphiques du groupe 2. Le retard qu'ils présentent sur les premiers (1 à 2 millièmes de seconde), correspond au temps de la transmission de l'excitation, le long du bout du nerf compris entre 1 et 2.

Sur une très grande grenouille, la distance entre 1 et 2 peut dépasser 5 centimètres. Si le retard est de deux millièmes de seconde ($\frac{1}{500}''$), cela donne une vitesse de transmission de 25 mètres à la seconde.

La vitesse de translation de la plaque P doit être contrôlée, au cours de chaque série d'expériences, au moyen d'une inscription du temps (signal électro-magnétique Marcel Deprez relié à une pile, avec intercalation dans le circuit d'un diapason interrupteur de 100 vibrations doubles. Voir p. 28).

II. — PHYSIOLOGIE GÉNÉRALE DES MUSCLES.

186. Empoisonnement par le curare. — Sectionnez en travers la moelle allongée d'une grenouille ; détruisez l'encéphale au moyen d'un stylet, mais laissez la moelle épinière intacte ; bouchez la petite plaie au moyen d'une allumette coupée en biseau.

Placez la grenouille sur une plaque de liège, le dos en l'air. Faites à la région postérieure de l'une des cuisses, la droite par exemple, une incision cutanée suivant le trajet du nerf sciatique. Mettez ce nerf à nu, puis glissez sous lui, un fil ciré ; pratiquez une ligature en masse, comprenant toute l'épaisseur de la cuisse, à l'exception du sciatique, qui reste en dehors de la ligature. De cette manière, les tissus de la cuisse droite sont soustraits à l'action de la circulation, et échapperont à l'empoisonnement général.

Cette opération préliminaire terminée, injectez sous la peau du dos de la grenouille, au moyen de la seringue de Pravaz, quelques gouttes d'une solution de curare à 1 p. 100 (la dose dépend de la pureté du curare employé) : au bout de peu de temps, l'animal est complètement paralysé.

Mettez à nu le nerf sciatique de la patte gauche, qui a participé à l'empoisonnement ; placez-le sur les électrodes excitatrices, reliées à la bobine secondaire du chariot de du Bois-Reymond, et excitez par des chocs d'induction répétés : les muscles de la patte empoisonnée ne se contractent pas. Appliquez les électrodes excitatrices directement sur les muscles de la patte empoisonnée : ils se contractent ; leur excitabilité directe est conservée ; leur excitabilité indirecte (par l'intermédiaire du nerf moteur) est seule abolie.

Le curare n'empoisonne donc pas le muscle, mais son appareil nerveux moteur, soit le nerf, soit la plaque terminale. Il est facile de constater que le curare n'empoisonne pas le nerf, et que son action doit par conséquent s'exercer sur la plaque terminale.

En effet, sur la grenouille préparée comme il vient d'être dit, l'excitation électrique du sciatique gauche (côté empoisonné), qui ne donne aucun mouvement dans la patte correspondante, cette excitation amène, par voie réflexe, des contractions dans les muscles de la patte droite (côté non empoisonné) : les nerfs sensibles du sciatique gauche transmettent l'excitation à la moelle épinière et celle-ci réagit, pour envoyer, par l'intermédiaire des différents nerfs du corps, des impulsions motrices aux muscles : ces excitations motrices arrivent dans la patte droite (non empoisonnée), et y provoquent des mouvements. Dans toutes les autres régions du corps, l'excitation amenée par les nerfs moteurs ne peut dépasser les plaques terminales empoisonnées par le curare, et ne peut arriver aux muscles pour en provoquer la contraction.

L'expérience prouve que le curare n'empoisonne ni les nerfs sensibles centripètes, ni les centres nerveux, ni les nerfs moteurs centrifuges, ni les muscles. En procédant ainsi par exclusion, il ne reste, pour expliquer la paralysie, que l'empoisonnement des plaques terminales.

187. Excitation directe du muscle. — Pour étudier l'action directe des excitants sur les muscles, à l'exclusion de leur action indirecte, laquelle s'exerce par l'intermédiaire des nerfs moteurs, il est nécessaire d'expérimenter sur des muscles empoisonnés par le curare, et soustraits par conséquent à l'action de l'appareil nerveux moteur.

Injectez quelques gouttes de la solution de curare sous la peau du dos d'une grenouille à moelle coupée et à encéphale détruit; attendez la paralysie complète, puis écorchez l'animal.

Le gastro-cnémien peut servir à montrer que le muscle est en général excitable par les mêmes agents que le nerf : détachez le tendon d'Achille à la plante du pied, et isolez le muscle jusqu'à l'articulation du genou, en laissant son extrémité supérieure attachée au fémur. Enlevez le reste de la jambe, par une section pratiquée au niveau de l'articulation du genou. Coupez la cuisse en travers, et enlevez les lambeaux musculaires attachés au fémur, en respectant le seul muscle gastro-cnémien. Répétez sur le muscle les différentes expériences que vous avez faites sur le nerf sciatique, en employant successivement les excitants mécaniques, thermiques, chimiques et électriques (chariot de du Bois-Reymond).

Il est avantageux, dans ces expériences, de placer le muscle du mollet, soit dans le myographe simple, soit dans le télégraphe musculaire de du Bois-Reymond (fig. 176). Dans ces deux appareils, le fémur *f* est fixé par une pince, de manière à offrir un point d'appui solide à la contraction du muscle M. A l'autre extrémité de celui-ci, un crochet est passé à travers le tendon d'Achille. A ce crochet, fait suite un fil, que l'on rattache au levier du myographe, ou à la poulie P du télégraphe musculaire. Dans le premier appareil, les contractions musculaires sont amplifiées

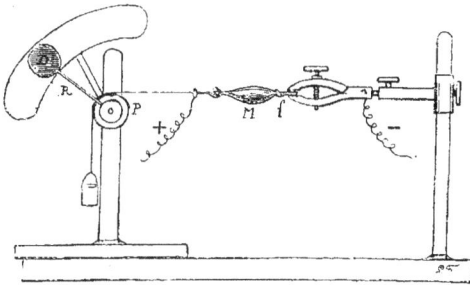

Fig. 176. — Télégraphe musculaire de du Bois-Reymond.

par l'intermédiaire du levier muni d'une plume écrivante. Dans le télégaphe musculaire, le raccourcissement du muscle M agit sur une poulie P, dont les mouvements sont amplifiés et rendus sensibles à distance par un rayon R, formé d'une tige métallique terminée par un disque rouge D. Les moindres tractions exercées par le muscle sont signalées et rendues visibles à distance, par les mouvements du disque rouge. Les fils + et — servent à amener le courant électrique qui doit exciter le muscle.

188. Myographe simple. — Immobilisez une grenouille vigoureuse par la section de la moelle, et la destruction de l'encéphale et de la moelle épinière. Mettez à nu le nerf sciatique, à la région postérieure de la cuisse; mettez également à nu le tendon d'Achille; coupez-le en travers à la région plantaire, et isolez-le jusqu'à sa réunion avec le muscle gastro-cnémien;

traversez le tendon, au moyen d'un petit crochet (épingle recourbée en S), auquel fait suite un fil.

Fixez la grenouille sur la plaque de liège du myographe, au moyen d'épingles. Rattachez le fil du tendon d'Achille au levier myographique. Le levier se termine par une pointe fine, qui laisse un trait blanc, en grattant le noir de fumée du papier de l'appareil enregistreur. Le muscle est tendu par un plateau de balance chargé de poids (10 grammes par exemple), et attaché au levier.

La plaque de liège qui porte la grenouille peut être placée horizontalement ou verticalement. Cette dernière disposition me

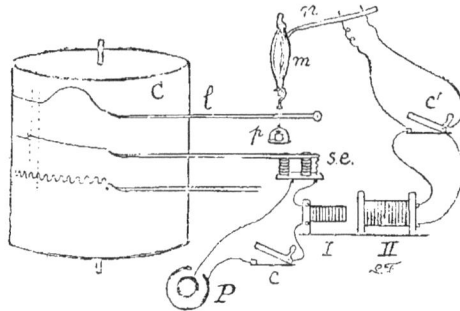

Fig. 177. — Myographe simple.

paraît préférable. Dans ce cas, le cylindre enregistreur (cylindre de Marey ou de Ludwig) doit être également placé verticalement (fig. 177).

Pour obtenir un tracé de secousse musculaire, on dispose la plaque myographique près du cylindre enregistreur, de manière que la plume du levier *l* appuie légèrement sur le papier enfumé. Des électrodes excitatrices sont placées sous le nerf sciatique ; elles sont reliées à la bobine secondaire du chariot de du Bois-Reymond II, avec intercalation d'une clef en court circuit C'.

Dans le circuit de la bobine primaire I (employée sans le trembleur) se trouvent intercalés : une pile Grenet P fournissant le courant électrique ; une clef simple C servant à fermer ou à interrompre à la main le courant primaire ; un signal électrique (*s.e.*) inscrivant sur le cylindre, en regard du tracé myographique, le tracé électrique marquant le moment de l'excitation.

Pour procéder à une inscription de secousse musculaire, fermez la clef C', puis la clef C : le courant passe par le circuit primaire. Ouvrez la clef C', et faites tourner le cylindre enregistreur; ouvrez la clef C : il se développe dans la bobine secondaire un choc d'induction, qui agit comme excitant sur le nerf n et provoque la contraction du muscle m. Celui-ci inscrit sa secousse sur le cylindre. Le moment de l'excitation est marqué par le levier du signal électrique.

Il est bon de contrôler la vitesse de rotation du cylindre, par une inscription du temps, au moyen d'un second signal électrique, intercalé dans un circuit de pile, présentant un diapason interrupteur de 100 vibrations doubles.

189. Excitation unique. — Secousse musculaire. — La figure 178 nous montre un tracé myographique de secousse simple de muscle gastro-cnémien de la grenouille, obtenue en excitant le nerf sciatique par un choc d'induction de rupture.

Ce tracé permet de distinguer trois périodes :

1° Une période d'*énergie latente* (*e.l.*). Durée : moins d'un centième de seconde. C'est le temps perdu qui s'écoule entre le moment de l'excitation du muscle (du nerf sciatique dans le cas

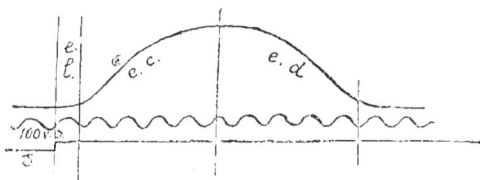

Fig. 178. — Courbe myographique (*Méthode graphique*).

présent), marqué par le signal électrique (ligne inférieure du graphique), et le moment du début du raccourcissement du muscle.

2° Une période de raccourcissement du muscle, ou d'*énergie croissante* (*e.c.*). Durée : un vingtième de seconde environ.

3° Une période d'allongement ultérieur du muscle ou d'*énergie décroissante* (*e.d.*). Durée : un vingtième de seconde environ.

190. Influence de la fatigue sur le tracé myographique. — Disposez l'expérience comme il est dit au n° 188. Prenez, de

minute en minute, un tracé myographique de secousse simple
sur le cylindre enregistreur. Dans l'intervalle des inscriptions,
arrêtez le cylindre, et intercalez le trembleur dans le circuit
primaire du chariot de du Bois-Reymond. Fermez la clef C et

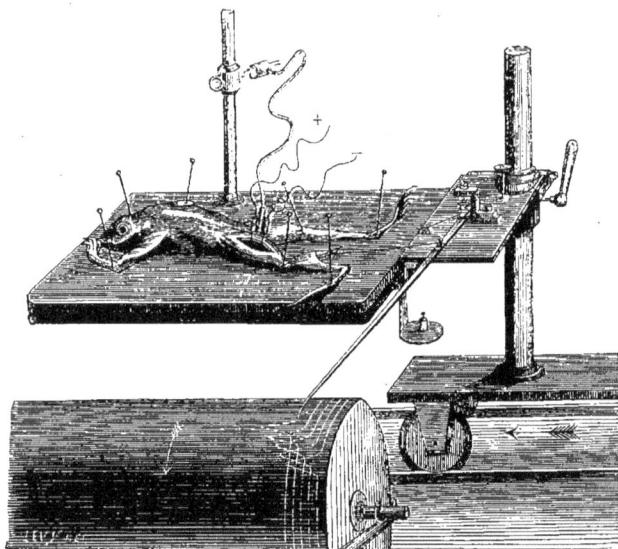

Fig. 179. — Myographe de Marey.

ouvrez la clef C', de manière à permettre au choc d'induction
d'exciter le nerf, et de tétaniser le muscle : celui-ci ne tarde
pas à se fatiguer; les secousses qu'il inscrit de minute en minute diminuent de hauteur, et s'allongent. Cet allongement
porte également sur la période latente.

191. Influence de la vératrine sur le tracé myographique.
— Disposez l'expérience comme il est dit au n° 188, et prenez un
tracé myographique de secousse simple. Empoisonnez la grenouille par la vératrine (injection sous-cutanée au moyen de la
seringue de Pravaz, de quelques gouttes d'une solution de
vératrine au millième). Attendez quelques minutes, et recueillez de nouveaux tracés de secousse musculaire. Observez
la contracture qui persiste après chaque raccourcissement :
la courbe ne redescend pas immédiatement après son ascension.

192. Influence de l'intensité de l'excitation sur le tracé myographique. — Disposez l'expérience comme il est dit n° 188 et recueillez sur le cylindre enregistreur une série de graphiques. Variez l'intensité de l'excitation, c'est-à-dire la force des chocs d'induction fournis par la bobine secondaire (en éloignantde plus au plus, à chaque nouvelle inscription, la distance qui sépare la bobine secondaire de la bobine primaire). A mesure que les chocs d'induction vont s'affaiblissant, les secousses musculaires diminuent d'amplitude, et les tracés perdent en hauteur. Il arrive enfin un moment où l'excitant est trop faible pour agir sur le muscle : le tracé reste horizontal.

L'expérience est beaucoup plus démonstrative et plus élégante, si les courbes s'inscrivent toutes au même niveau du cylindre enregistreur. On arrive facilement à ce résultat, en provoquant les excitations toujours à la même phase de révolution du cylindre.

A cet effet la clef c, mue à la main, doit être remplacée par une clef spéciale placée dans le voisinage du bord inférieur du cylindre. Ce bord porte en un point une saillie qui, à chaque révolution du cylindre, vient accrocher la clef, ouvrir le circuit primaire, et exciter le nerf à la même phase de révolution.

Dès que le muscle a inscrit une secousse, on referme momentanément la clef c', puis la clef qui remplace c, et l'on ouvre de nouveau la clef c'. On répète la même manœuvre à chaque tour du cylindre, entre deux inscriptions.

Si le cylindre tourne invariablement à la même hauteur, les courbes s'inscrivent les unes sur les autres, ce qui facilite leur comparaison.

On peut également les inscrire les unes sous les autres : dans ce cas, il faut élever légèrement le cylindre, le remonter d'un millimètre, par exemple, à chaque révolution.

193. Myographe pour l'étude de la période latente. — La figure 180 représente une forme de myographe destinée surtout à l'étude de la période latente de la secousse musculaire. La grenouille est fixée sur la planchette de liége T (on n'a représenté que le muscle gastro-cnémien m), portée horizontalement par les quatre colonnettes dd. Le muscle actionne le levier l, qui inscrit la courbe de la contraction musculaire sur la plaque de verre enfumée M. Cette plaque déclanchée par un dispositif spécial, est lancée avec une grande vitesse dans le sens de la flèche, par la traction de la bande élastique c ; elle accroche en passant la clef R, et ouvre ainsi le circuit primaire du chariot de du Bois-Reymond. Les deux bornes de la clef r sont en effet intercalées dans le circuit de la bobine pri-

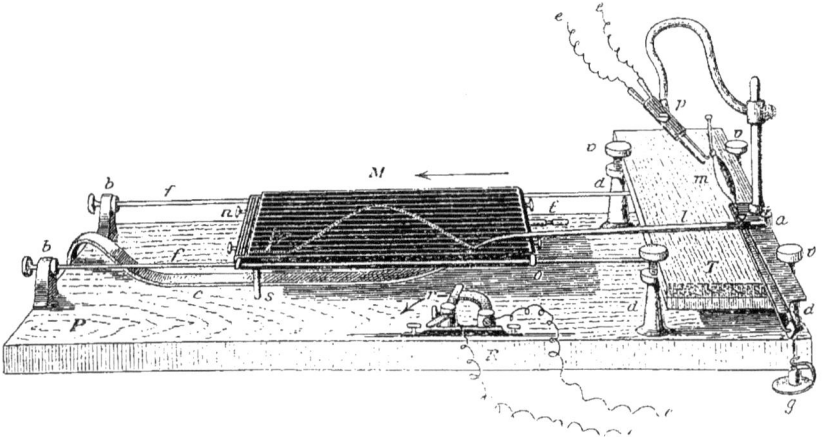

Fig. 180. — Myographe de l'auteur pour l'étude de la période latente.

maire (sans intercalation du trembleur). Il se développe à ce moment dans la bobine secondaire un choc de rupture, qui agit comme excitant sur le nerf sciatique, auquel il est amené par des électrodes p.

Le moment de l'excitation peut se marquer, en déplaçant une seconde fois la plaque M, mais très lentement à la main, après avoir refermé le circuit en R. On arrête la plaque au moment où la saillie s vient butter contre la pièce mobile r de la clef. A ce moment, l'interruption du circuit primaire (en r) provoque un choc d'induction dans le circuit secondaire ; il en résulte une excitation du nerf et une seconde secousse musculaire. Cette seconde contraction inscrit non une courbe, mais un trait sur place, indiquant la position de la plume au moment de la rupture de la clef, et marquant par conséquent le début de la période latente.

Le temps est marqué en centièmes de seconde, soit simultanément avec le contraction, soit à un second déclanchement de la plaque (Voir aussi fig. 175).

194. Excitation répétée du muscle. — Tétanos. — Disposez une grenouille pour l'inscription de la contraction du muscle gastro-cnémien à l'aide du myographe simple, comme il est dit au n° 188. (Voy. le schéma de la fig. 177.) A chaque ouverture ou fermeture du courant primaire au moyen de la clef *c*, il se produit dans la bobine secondaire un choc d'induction, qui provoque une secousse du muscle *m*.

Ouvrez et fermez rapidement la clef *c*, de manière que le second choc d'induction vienne exciter le nerf et le muscle avant que la première contraction soit terminée : il y aura fusion des deux secousses. Répétez plusieurs fois l'expérience, en variant l'intervalle de temps entre les deux excitations.

Imprimez à la clef un mouvement alternatif et rapide de va-et-vient, de manière à produire une succession de chocs d'induction : le muscle n'aura pas le temps de se relâcher entre les différentes excitations ; il restera contracté d'une façon permanente, et tracera une ligne ondulée sur le papier de l'appareil enregistreur. Cette contraction permanente est plus ou moins parfaite, suivant le nombre des excitations. Plus ce nombre est grand, plus la fusion des différentes secousses est intime, et le *tétanos* parfait.

L'interrupteur de Kronecker (Voir fig. 42, p. 42) remplacera avec avantage, dans ces expériences, la main qui meut la clef. Intercalez l'interrupteur dans le circuit de la bobine primaire, et prenez une série de graphiques de tétanos, en produisant successivement 5, 10, 15, 20, etc., interruptions à la seconde.

195. Force du tétanos musculaire. — Fixez très solidement sur une plaque de liége une grenouille préparée comme pour l'inscription myographique, c'est-à-dire dont le sciatique a été mis à nu, ainsi que le tendon du gastro-cnémien. Passez dans le tendon du sciatique un crochet, auquel vous attachez une anse de fil fort ou de ficelle permettant de passer le doigt indicateur, et d'exercer une traction sur le muscle, au moment où il se contracte. Provoquez le tétanos musculaire, en excitant le sciatique au moyen de chocs d'induction répétés. (Sciatique excité par les électrodes reliées à la bobine secondaire du

chariot de du Bois-Reymond, la bobine primaire fonctionnant
avec son trembleur.) Vous serez étonné de l'effort qu'il faut

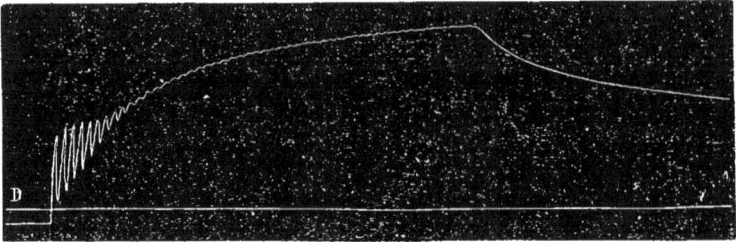

Fig. 181. — Graphique de tétanos.

exercer, pour faire équilibre à la contraction du petit muscle
gastro-cnémien.

**196. La contraction musculaire est accompagnée d'un dé-
gagement de chaleur. —** Écorchez une grenouille dont la moelle
a été détruite. Enlevez les viscères ainsi que tout l'avant-train
de l'animal. Sectionnez le tronc au-dessus de l'émergence des
racines du sciatique. Fixez le réservoir d'un thermomètre très
petit et très sensible (indiquant au moins les dixièmes de degré)
entre les deux cuisses, et entourez cuisses et thermomètre
d'une bande de flanelle ou d'ouate. Placez les électrodes excitatrices sous les racines des deux sciatiques, au-dessus du
bassin, de manière à pouvoir tétaniser à la fois les muscles des
deux pattes.

Attendez que la colonne du thermomètre ait pris la température des muscles et soit devenue stationnaire, puis tétanisez
pendant cinq minutes : vous observez un léger échauffement
des muscles, se traduisant par une élévation d'un à deux
dixièmes de degré de la colonne du thermomètre.

197. Rigidité cadavérique produite par la chaleur.. — Préparez un muscle gastro-cnémien isolé, encore attaché à l'extrémité inférieure du fémur, et fixez le muscle dans le télégraphe musculaire (fig. 176). Placez tout l'appareil sur un
support assez élevé.

Faites, d'autre part, bouillir de l'eau dans un matras à fond
plat, fermé au moyen d'un bouchon traversé par un tube

ouvert (ou faites simplement bouillir de l'eau dans un tube à réaction). Amenez le jet de vapeur d'eau dans le voisinage du muscle, mais de manière que sa température (mesurée au thermomètre) ne dépasse pas $+40°$ à $+50°$.

Sous l'influence de cette élévation de sa température, le muscle est envahi par la rigidité cadavérique : il devient opaque, roide, et se raccourcit avec force, comme le montre le déplacement de l'index du télégraphe musculaire.

Coupez le muscle en deux, appliquez un fragment de papier de tournesol bleu sur les surfaces de section : le muscle est acide, il rougit le tournesol.

Si, dans cette expérience, on dépasse notablement $+40°$, le muscle est cuit, coagulé par la chaleur. Dans ce cas, il ne devient pas acide ; au contraire, son alcalinité augmente par le fait de la coagulation, par la chaleur, des matières albuminoïdes.

Faites bouillir de l'eau ; jetez-y un muscle de grenouille ; essayez sa réaction avec un fragment de papier de tournesol rouge : le papier bleuit.

198. Les muscles tétanisés deviennent acides. — Sur une grenouille écorchée, à moelle détruite, mettez à nu un sciatique, coupez-le en travers dans le bassin, et soumettez le bout périphérique, pendant cinq à dix minutes, aux courants tétanisant fournis par la bobine secondaire du chariot de du Bois-Reymond, la bobine primaire étant reliée à la pile avec interposition du trembleur.

Sectionnez en travers le gastro-cnémien du côté tétanisé : la surface de section rougit le papier bleu de tournesol.

Sectionnez pareillement en travers le gastro-cnémien qui ne s'est pas contracté : sa surface est alcaline, et bleuit le papier rouge de tournesol.

L'expérience est encore plus démonstrative, si l'on a soin de chasser au préalable le sang alcalin, par un lavage de l'appareil circulatoire au moyen de la solution physiologique. La canule qui amène la solution du réservoir placé à une certaine hauteur au-dessus de la grenouille, est fixée soit dans l'aorte, soit dans la pointe du ventricule. On ouvre la veine abdominale, par laquelle s'écoule le sang mélangé à la solution de chlorure de sodium.

199. Préparation de la myosine. — Hachez 50 à 100 grammes de viande de cheval (muscles ayant subi la rigidité cadavérique). Faites macérer le hachis pendant plusieurs heures dans l'eau. Recueillez la solution rosée ainsi obtenue, pour y rechercher la présence de l'hémoglobine, de l'albumine, des sels, etc.

Lavez et malaxez à grande eau le hachis musculaire, jusqu'à ce qu'il soit complètement décoloré, et débarrassé d'albumine et de sels. Faites-le macérer pendant plusieurs heures avec 250 centimètres cubes d'une solution de chlorure de sodium à 10 p. 100 : la myosine passe en solution. Filtrez à travers l'étamine, de manière à séparer les grumeaux de substance musculaire. Filtrez si possible une seconde fois sur un filtre de papier.

Saturez le liquide filtré au moyen de chlorure de sodium solide : la myosine se précipite sous forme de flocons. Recueillez-les.

Constatez l'insolubilité de ces flocons dans l'eau distillée ou dans la solution saturée de NaCl, leur solubilité dans les solutions salines diluées.

La solution présente tous les caractères des globulines (réactions générales des matières albuminoïdes : voir n°s 2 à 10); elle se coagule par la chaleur à 55 degrés.

200. Préparation de la créatine. — Le suc musculaire est très riche en créatine. Le premier liquide de macération obtenu dans la préparation de la myosine pourrait servir à le démontrer.

Mais il est plus simple, lorsqu'on veut préparer de la créatine, de s'adresser à un produit commercial, l'extrait de viande de Liebig.

Prenez avec la pointe d'une baguette de verre, une petite quantité d'extrait de Liebig, que vous déposez sur une plaque porte-objet. Recouvrez d'une lamelle, et pressez légèrement. Examinez la préparation au microscope, à un grossissement faible, puis à un grossissement moyen : vous y voyez de nombreux cristaux tabulaires de créatine, englobés dans un magma granuleux.

Pour préparer la créatine, on délaye l'extrait de Liebig avec de l'eau chaude; on précipite un grand nombre de matières étrangères, soit par la baryte, soit par l'acétate de plomb. On filtre. L'excès de baryte est éliminé en soumettant le liquide à un courant de CO_2 (ou de H_2S si on a employé le plomb). On filtre, et l'on évapore le liquide à un petit volume. On laisse refroidir ; on filtre au besoin une seconde fois, et l'on abandonne le liquide sirupeux dans un endroit frais. Au bout de quelques jours, on recueille une cristallisation abondante de créatine, que l'on peut purifier par recristallisation, après avoir dissous dans l'eau chaude.

III. — ÉLECTROPHYSIOLOGIE.

201. Courant propre du nerf sciatique. — Enlevez avec précaution le nerf sciatique d'une grenouille que l'on vient de sacrifier (ou mieux prenez un nerf sciatique frais de lapin ou de chien). Placez-le sur un morceau de cuir aplati et lisse, et pratiquez à ses deux extrémités une section transversale nette, d'un seul coup de rasoir bien affilé. Placez le bout de nerf ainsi préparé sur un support approprié, par exemple sur l'arête supérieure horizontale d'un morceau de liège taillé en forme de toit. Le morceau de liège est verni et porté par une grosse baguette de verre fixée dans la pince d'un support ordinaire.

Appliquez l'une des électrodes impolarisables de d'Arsonval (Voir fig. 39, p. 38) sur la surface longitudinale du nerf ; l'autre est amenée au contact de la surface de section transversale. Les électrodes sont reliées aux deux pôles de l'électromètre capillaire, avec interposition d'une clef en court circuit. Cette clef doit rester fermée jusqu'au moment de l'observation.

Disposez l'expérience de manière que la surface de section transversale du nerf soit mise en rapport avec le mercure du capillaire, la surface naturelle longitudinale avec l'eau acidulée. Ouvrez la clef, afin de permettre au courant propre du nerf d'agir sur l'électromètre : la colonne mercurielle du capillaire subit un brusque mouvement de retrait vers le haut ; elle indique donc l'existence d'un courant qui va de l'acide vers le mercure, ou de la surface longitudinale du nerf (positive) vers la surface transversale (négative).

S'il vous restait le moindre doute sur la direction du courant, vous n'auriez qu'à remplacer pendant un instant très court (pour ne pas détériorer l'électromètre), le nerf par une pile électrique intercalée dans le circuit de l'électromètre. Le zinc de la pile est négatif, se comporte donc comme la surface transversale du nerf, le charbon (ou le cuivre) est positif, et agit sur l'électromètre comme la surface longitudinale du nerf.

202. Courant propre du muscle. — Un muscle cylindrique, limité à ses extrémités par des sections transversales artificielles, présente à sa surface la même distribution des tensions positive et négative que le nerf. Le maximum de tension positive se manifeste au niveau de la zone moyenne de la surface longitudinale (équateur du muscle); le centre de la coupe transversale présente le maximum de tension négative.

Le muscle du mollet ne convient guère pour la constatation de ces faits, à cause de sa structure irrégulière. Il vaut mieux s'adresser aux muscles cylindriques longitudinaux de la cuisse, le demi-membraneux ou le couturier par exemple.

Immobilisez une grenouille, par la section de la moelle et la destruction des centres nerveux; écorchez soigneusement les cuisses, en vous servant des ciseaux, de la pince et du scalpel. Si vous cherchiez à arracher la peau en une fois, comme il est dit au n° 175, vous risqueriez de déchirer les muscles.

Isolez l'un d'eux, le demi-membraneux par exemple, en évitant soigneusement de toucher la surface longitudinale.

Placez le muscle sur une plaque de cuir, et pratiquez une section transversale nette, au moyen du rasoir; déposez le muscle sur une plaque de verre, et appliquez les électrodes comme pour le nerf sciatique : ici, aussi, la déviation du ménisque de la colonne mercurielle indique l'existence d'un courant, qui va de la surface longitudinale positive à la coupe transversale négative.

203. Force électromotrice du muscle de grenouille. — Préparez un muscle de grenouille pour l'observation du courant propre. Appliquez les électrodes reliées à l'électromètre, de telle sorte que la coupe du muscle soit en rapport avec le mercure du capillaire, la surface longitudinale avec l'eau acidulée.

Notez exactement la position du ménisque mercuriel, lorsque la clef en court circuit est fermée ; c'est le zéro de l'instrument. Il est indispensable d'user ici d'un oculaire quadrillé, ou présentant un réticule ; le ménisque mercuriel doit être tangent au trait qui occupe le centre du champ de l'oculaire, ce que l'on obtient aisément en remontant ou en descendant, s'il y a lieu, le réservoir à pression de l'appareil.

Ouvrez la clef, de manière à faire agir le courant du muscle sur l'électromètre ; le mercure éprouve un mouvement de retrait vers le haut, et s'y arrête dans une nouvelle position d'équilibre. Ramenez la colonne au zéro, c'est-à-dire au niveau du trait occupant le milieu du champ de l'oculaire, en remontant le réservoir à pression. Lorsque le zéro est de nouveau atteint, la pression supplémentaire exercée sur le mercure, fait exactement équilibre à l'action de la force électromotrice du muscle, laquelle tend à faire remonter le mercure. Cette pression, qu'indique un petit manomètre à mercure greffé latéralement, sert de mesure à la force électromotrice.

L'instrument doit être gradué au préalable, au moyen d'une source d'électricité qui sert d'étalon, un élément de Daniell, par exemple (cuivre plongeant dans la solution saturée de sulfate de cuivre, zinc amalgamé plongeant dans une solution de sulfate de zinc d'une densité de 1250).

Supposons qu'on ait dû exercer une contre-pression de dix centimètres de mercure pour ramener au zéro la colonne déviée par le passage du courant du daniell. Chaque centimètre de pression correspondra à $\frac{1}{10}$ de daniell ; chaque millimètre, à $\frac{1}{100}$ de daniell.

Si la force électromotrice du muscle exige 1/2 centimètre de pression pour être compensée, elle équivaut donc à 0,05 ou $\frac{1}{20}$ de daniell, soit à un peu plus de $\frac{1}{20}$ de volt, puisque le daniell représente environ $1^{volt},1$.

204. **Variation négative ou courant d'action du nerf.** — Placez le nerf sciatique de la grenouille (ou le nerf sciatique du lapin ou du chien) sur l'arête du support en liège, comme il est dit au n° 201, et appliquez deux électrodes impolarisables à l'extrémité du nerf, l'une sur la coupe transversale, l'autre sur la surface longitudinale. Ces électrodes sont reliées à l'électro-

mètre, et y produisent la déviation vers le haut de la colonne mercurielle signalée au n° 201, et qui est l'indice de l'existence du courant propre.

Appliquez, à l'autre extrémité du nerf, une seconde paire d'électrodes impolarisables reliées à la bobine secondaire du chariot de du Bois-Reymond, la bobine primaire fonctionnant avec le marteau.

Observez le ménisque mercuriel à travers l'oculaire quadrillé, notez exactement sa position, puis excitez le nerf par les chocs d'induction fournis par la bobine secondaire : le mercure du capillaire exécute un mouvement vers le bas, dans la direc-

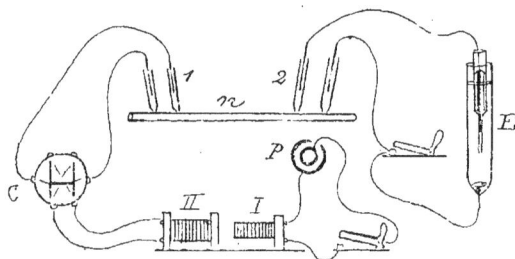

Fig. 182. — Schéma de l'expérience servant à démontrer la variation négative du nerf.

Nota. — La disposition de la clef du circuit de l'électromètre n'est pas correcte dans cette figure. La clef doit être en court circuit.

tion du zéro, comme si le courant propre éprouvait une diminution d'intensité. C'est le phénomène auquel du Bois-Reymond a donné le nom de *variation négative* du courant propre (*courant d'action* de Hermann).

Il est indispensable, dans cette expérience, d'intercaler un commutateur entre les électrodes excitatrices et la bobine secondaire, de manière à pouvoir renverser la direction des chocs d'induction qui servent à exciter le nerf. Cette inversion de la direction des courants excitateurs ne doit pas avoir d'influence sur la variation négative.

Une autre précaution consiste à protéger le nerf contre la dessiccation, pendant la durée de l'expérience. Le nerf, avec son support et ses deux paires d'électrodes, sera placé dans une chambre humide, par exemple sous une grande cloche de verre renversée sur la planche vernie qui supporte le nerf et les électrodes. C'est à travers des trous pratiqués dans cette planche, que passent les quatre fils qui viennent des électrodes impolarisables. On place sous la cloche une éponge mouillée, ou, ce qui revient au même, on applique à sa face interne, des rectangles de papier à filtrer imbibés d'eau.

205. Le nerf conduit la variation négative (et l'excitation) dans les deux sens. — Si dans l'expérience du n° précédent, les électrodes excitatrices sont placées au milieu du nerf, on pourra placer les électrodes qui viennent de l'électromètre, indifféremment à l'une ou à l'autre extrémité du nerf; on constatera la variation négative des deux côtés : celle-ci, en effet, se propage dans les deux sens, à la façon d'une onde, à partir de l'endroit excité. Sa vitesse de propagation est la même que celle de l'excitation.

Excitation et variation négative paraissent étroitement liées l'une à l'autre. Aussi la propagation de la variation négative dans les deux sens, est-elle un argument probant, en faveur de la doctrine de la propagation dans les deux sens de l'excitation elle-même.

206. Variation négative ou courant d'action du muscle. — Immobilisez une grenouille par la destruction du système nerveux central, écorchez-la. Mettez à nu le sciatique à la région postérieure de la cuisse, isolez-le jusqu'au genou, et glissez sous ce nerf des électrodes impolarisables reliées à la bobine secondaire du chariot de du Bois-Reymond, la bobine primaire fonctionnant avec trembleur.

Détachez le tendon d'Achille de ses insertions inférieures, et isolez complètement le muscle gastro-cnémien, de manière à respecter seulement ses rapports avec le sciatique. Enlevez ce qui reste de la jambe, par une section pratiquée au niveau de l'articulation du genou.

Coupez le gastro-cnémien en deux, par une section nette pratiquée d'un coup de rasoir; rejetez l'extrémité inférieure du muscle. Placez les électrodes impolarisables en contact avec la moitié supérieure du muscle, l'une touchant la surface longitudinale, l'autre la surface transversale. Reliez ces électrodes à l'électromètre capillaire, et observez la déviation due au courant propre du muscle. Notez exactement la position du ménisque (oculaire quadrillé ou réticulé).

Excitez le nerf sciatique par des chocs d'induction fréquemment répétés, de manière à tétaniser le muscle : il se produit un mouvement du mercure du capillaire dans la direction du zéro de l'instrument : *variation négative* du courant propre du muscle (*courant d'action* de Hermann).

207. Contraction induite ou secondaire. — La variation électrique qui accompagne la contraction musculaire est suffisamment intense, pour agir comme excitant sur le nerf sciatique de la grenouille, et pour provoquer la contraction dite *induite* des muscles auxquels se distribue le nerf.

Préparez deux pattes galvanoscopiques A et B. Le nerf n' de la patte B est placé sur les muscles de la patte A, comme le montre la figure 183. Le nerf de la patte A est placé sur les

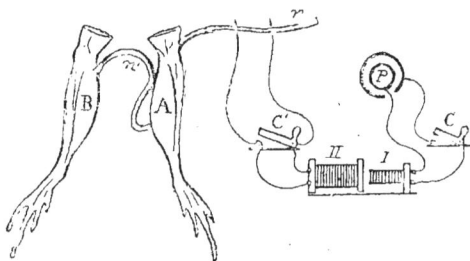

Fig. 183. — Schéma de l'expérience de la *contraction induite*.

électrodes excitatrices reliées au chariot de du Bois-Reymond, avec clef intercalée en court circuit, de manière à pouvoir être excité, soit par des chocs d'induction isolés (voir p. 40 disposition n° 1) soit par des chocs répétés.

Dans le premier cas, on produit des secousses isolées dans le muscle A ; dans le second, ce muscle est tétanisé.

Or, à chaque secousse du muscle A, la variation négative excite le nerf de B, et provoque une secousse des muscles de B. De même, à chaque tétanos de A, le muscle B entre en tétanos. C'est ce que l'on exprime d'une façon assez impropre, en disant que la secousse musculaire *induit* une secousse, que le tétanos *induit* un tétanos : ces phénomènes n'ont rien de commun avec l'induction physique.

208. Variation négative du cœur de la grenouille. — Immobilisez une grenouille sur le dos, sur une plaque de liège. Mettez le cœur à nu (voir n° 74). Préparez une patte galvanoscopique empruntée à une grenouille fraîche et vigoureuse. Appliquez le nerf sur le cœur : à chaque pulsation, vous observez une contraction dans la patte galvanoscopique. La variation électrique (*variation négative, courant d'action*), qui se développe dans le muscle cardiaque, au moment de la systole, agit comme excitant sur le nerf de la patte galvanoscopique.

L'expérience peut être répétée avec le même succès sur le cœur d'un mammifère (lapin, chien), que l'on a mis à nu par l'ouverture de la poitrine. Il est nécessaire alors d'entretenir la respiration artificielle.

L'électromètre capillaire peut également servir à démontrer la variation électrique qui accompagne les battements du cœur. Deux fils de coton, imbibés de la solution physiologique, relient deux points de la surface du cœur de la grenouille aux électrodes impolarisables; celles-ci sont introduites dans le circuit de l'électromètre. A chaque pulsation, il y a un mouvement assez compliqué de la colonne de mercure de l'électromètre.

Si l'on opère sur le cœur vivant du chien, on remplacera les fils par des mèches de coton, ou mieux encore par des languettes de tissu vivant découpées dans le péricarde de l'animal.

209. Électrotonus. Pendant le passage du courant constant, l'excitabilité nerveuse (et la conductibilité) sont augmentées au pôle négatif, diminuées ou supprimées au pôle positif. — Préparez une patte galvanoscopique munie de son nerf, placez-la sur une plaque de verre, et disposez l'expérience conformément au schéma de la figure 184.

Appliquez une paire d'électrodes impolarisables sur le nerf, à sa partie la plus éloignée du muscle. Reliez ces électrodes à une pile G formée de plusieurs éléments de Grove (3 à 6) réunis en tension. Intercalez une clef en court circuit *c*, et un commutateur permettant de renverser la direction du courant. Ce courant constant qui provoque dans le nerf les phénomènes d'électrotonus, est dit *courant polarisant*. Fermez la clef en court circuit *c*.

Appliquez sur le nerf, plus près du muscle, une seconde paires d'électrodes (électrodes ordinaires) que vous reliez, avec intercalation d'une clef en court circuit c', à la bobine secondaire II du chariot de du Bois-Reymond; la bobine primaire l est alimentée par une pile, avec intercalation dans le circuit, du trembleur et d'une clef simple c''. Éloignez au maximum la bobine secondaire de la bobine primaire, et tétanisez le nerf, en levant la clef en court circuit c'' de la bobine secondaire :

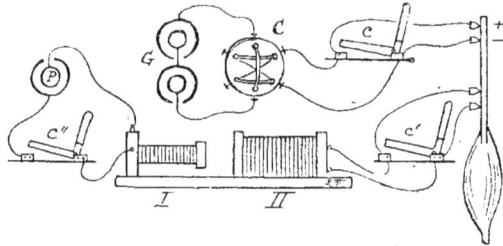

Fig. 184. — Schéma de l'expérience servant à démontrer l'influence que le passage du courant constant exerce sur l'excitabilité nerveuse (d'après Stirling *Pract. Physiology*).

les chocs d'induction sont trop faibles, le muscle ne se contracte pas. Rapprochez graduellement la bobine secondaire de la bobine primaire, jusqu'à ce que les chocs d'induction aient acquis une intensité exactement suffisante pour provoquer de légères contractions dans la patte. Notez, sur la règle graduée du chariot de du Bois-Reymond, la distance qui sépare les deux bobines; cette distance peut, jusqu'à un certain point, servir de mesure à l'excitabilité du nerf.

Faites passer le courant polarisant, en lui donnant une direction descendante, c'est-à-dire que l'électrode négative se trouve la plus rapprochée de la patte (comme le montre la figure 184). Sous l'influence du voisinage du pôle négatif ou *Catode*, les parties voisines du nerf, et notamment celles qui se trouvent placées sur les électrodes excitatrices venant du chariot de du Bois-Reymond, présentent une augmentation d'excitabilité (*Catélectrotonus*); aussi les chocs d'induction, qui tantôt suffisaient à peine à produire une légère contraction, provoquent à présent un tétanos énergique.

Renversez le courant polarisant, rendez-le ascendant, de manière à amener le pôle positif ou *Anode* dans le voisinage des électrodes excitatrices : l'excitabilité diminue, et toute contraction disparaît (*Anélectrotonus*).

Si le courant polarisant est très fort, son action, dans le voisinage immédiat du pôle positif, équivaut à une suppression totale de l'excitabilité et de la conductibilité du nerf. Ces faits, rapprochés de cette autre règle, qu'au moment de la fermeture du courant l'excitation naît au pôle négatif, tandis qu'à la rupture, l'excitation naît au pôle positif, nous donnent l'explication de la *loi des secousses* (n° 210).

En vertu de la loi des secousses, la contraction des muscles de la patte galvanoscopique se montre tant à la fermeture qu'à la rupture du courant constant traversant un nerf, lorsque ce courant est d'intensité moyenne ; mais cette contraction peut ne pas se produire, lorsque le courant est très fort ou très faible, et qu'il a une direction déterminée.

210. Loi des secousses. — *Courant très fort.* — Appliquez les électrodes impolarisables sur le nerf de la patte galvanoscopique, de manière à lui amener un courant intense, fourni par 3-6 petits Grove disposés en tension. Une clef en court circuit et un commutateur sont intercalés dans le circuit.

Employez un courant ascendant (comme le montre la figure 185); ouvrez et fermez le courant : le muscle se contracte à la rupture du courant, mais non à la fermeture.

En effet, à la rupture, rien ne s'oppose à ce que l'excitation, née au pôle +, descende vers le muscle, et provoque sa contraction, puisque le *Catélectrotonus* disparaît avec la rupture du courant. A la fermeture du courant au contraire, l'excitation née au pôle —, et descendant vers le muscle, ne peut pas franchir la région du pôle +, où l'excitabilité et la conductibilité sont supprimées : le muscle ne se contracte pas.

Renversez le courant, de manière à lui donner une direction descendante : la contraction se montre à la fermeture, mais non à la rupture pour des raisons analogues.

Courant d'intensité moyenne. — Intercalez le rhéonome de Fleischl entre la pile et le commutateur, de manière à diminuer considérablement l'intensité du courant polarisant, et à pouvoir graduer cette intensité, en variant la position des lames de zinc mobiles. Placez les lames dans la position AB (fig. 173, n° 181) : de cette façon le courant n'est pas trop affaibli, et peut être considéré comme présentant une intensité moyenne.

Essayez l'effet de la fermeture et de la rupture, tant du courant ascendant que du courant descendant : le muscle se contracte chaque fois.

Courant très faible. — Le rhéonome étant intercalé entre la pile et le commutateur, placez les lames de zinc mobiles presque dans la position CD, de manière à diminuer considérablement l'intensité du courant.

Essayez l'effet de la fermeture et de la rupture, tant du courant ascendant que du courant descendant : la contraction ne se produit qu'à la fermeture du courant (excitation au pôle négatif), quelle que soit sa direction. Le muscle reste au repos à la rupture du courant : en effet, à la rupture du courant, l'excitation, qui devrait se produire au pôle positif est trop faible pour vaincre l'inertie ou l'excitabilité diminuée du nerf.

Le tableau suivant résume les différents cas de la *loi des secousses* :

COURANT.	ASCENDANT.		DESCENDANT.	
	FERMETURE.	RUPTURE.	FERMETURE.	RUPTURE.
Très fort......	Non.	Contraction.	Contraction.	Non.
Moyen........	Contraction.	Contraction.	Contraction.	Contraction.
Faible	Contraction.	Non.	Contraction.	Non.

Au lieu du rhéonome de von Fleischl, on emploie également le rhéocorde composé de du Bois-Reymond, qui permet de graduer à volonté l'intensité du courant polarisant.

211. Autre démonstration de la variation que produit le passage du courant constant dans l'excitabilité nerveuse. — Appliquez deux électrodes impolarisables sur le nerf d'une patte galvanoscopique, et reliez-les à une pile composée de deux éléments de Daniell associés en tension. Intercalez le commutateur C, et la clef en court circuit (Voir fig. 185).

Déposez en G une goutte d'une solution concentrée de chlorure de sodium sur le nerf, entre les électrodes et la patte : en peu d'instants, les orteils commencent à exécuter de petits mouvements, et bientôt toute la patte se contracte tétaniquement.

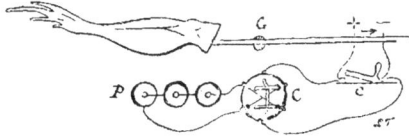

Fig. 185. — Schéma de l'expérience servant à étudier l'influence que le passage du courant constant exerce sur l'excitabilité nerveuse.

Tournez le commutateur C, et ouvrez la clef, de manière à faire passer à travers le nerf un courant ascendant : immédiatement les contractions cessent dans la patte, parce que le voisinage du pôle positif agit sur l'endroit G, pour y diminuer l'excitabilité (*Anélectrotonus*).

Renversez le courant, de manière que l'électrode voisine de G devienne pôle négatif (excitabilité augmentée ou *Catélectrotonus*) : immédiatement les contractions reparaissent dans la patte.

212. Lorsque le nerf est traversé par un courant constant intense, la conductibilité est abolie au niveau du pôle positif. — Faites passer un courant ascendant (3 à 6 Grove, commutateur et clef en court circuit, électrodes impolarisables) dans le nerf d'une patte galvanoscopique, en appliquant les électrodes sur la partie périphérique du nerf, près des muscles. Tant que le courant passe, il est impossible de provoquer des contractions dans la patte, en excitant le nerf en amont du courant polarisant ascendant : l'excitation descendante ne peut franchir la portion traversée par le courant ascendant; elle est arrêtée dans la région du pôle positif.

Pour constater ce phénomène, il faut appliquer, sur la partie supérieure du nerf, des électrodes ordinaires reliées à la bobine secondaire du chariot de du Bois-Reymond (avec clef en court circuit), la bobine primaire étant alimentée par une pile, avec clef et interrupteur vibrant, dans le circuit.

La même disposition expérimentale peut servir à démontrer la grande résistance que le nerf présente à la fatigue : on peut exciter un nerf moteur pendant des heures entières, par des courants induits tétanisants, sans que son excitabilité subisse une diminution appréciable. Comme les muscles, et surtout les plaques terminales, se fatiguent très vite, on utilise le passage d'un courant polarisant ascendant qui traverse la partie du nerf voisine du muscle, pour empêcher les excitations d'arriver jusqu'au muscle.

Ouvrez d'une façon permanente la clef du circuit excitateur, de manière à tétaniser le nerf ; dès que vous avez constaté la contraction tétanique de la patte galvanoscopique, faites passer le courant polarisant : les excitations ne parviennent plus aux muscles, qui se relâchent immédiatement, et la patte reste immobile. Continuez la tétanisation pendant 5, 10, 15 minutes, etc.; supprimez de temps en temps le courant polarisant, en le mettant en court circuit : chaque fois la patte entre en tétanos.

Si vous supprimez définitivement le courant polarisant qui protégeait les muscles, la patte reste en tétanos, mais elle montre au bout de peu de temps des signes de fatigue : les contractions perdent de leur vigueur, et finalement la fatigue supprime toute contraction.

Il est facile de démontrer qu'à ce moment, la fatigue musculaire n'est qu'apparente, et qu'en réalité ce sont les terminaisons nerveuses intra-musculaires (c'est-à-dire les plaques terminales) qui sont fatiguées. En effet, les muscles qui paraissaient fatigués et qui ne se laissaient plus tétaniser par une excitation portée sur le nerf, se contractent encore quand on les excite directement, en appliquant les électrodes excitatrices à leur surface. Mais au bout d'un certain nombre d'excitations répétées, ils finissent eux aussi par refuser tout service, et par être atteints de fatigue. Leur réaction (essai au papier de tournesol bleu) est alors franchement acide.

213. Action du courant constant sur les propriétés électromotrices du nerf. — Électrotonus. — Un nerf sciatique de grenouille ou de mammifère (lapin, chien) est placé sur l'arête du support prismatique en liège, dans la chambre humide. L'une des moitiés du nerf peut être soumise à l'action d'un courant polarisant (électrodes impolarisables, clef en court circuit, commutateur et batterie en tension de 3 à 6 Grove ou Daniell.) L'autre extrémité du nerf est reliée à l'électromètre capillaire, de manière à montrer le *courant propre* ou *courant de démarcation* (électrodes impolarisables, clef en court circuit et électromètre capillaire).

Fermez la clef en court circuit du courant polarisant, ouvrez celle de l'électromètre et observez la déviation due au courant propre. Ouvrez la clef du circuit polarisant, et dirigez le courant, au moyen du commutateur, de manière que l'électrode la plus rapprochée du circuit de l'électromètre constitue le

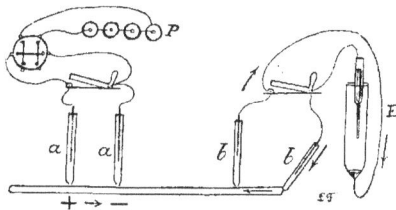

Fig. 186. — Schéma de l'expérience servant à constater les modifications de l'état électrique produites dans les nerfs, sous l'influence du passage du courant constant.

pôle négatif : immmédiatement, vous constatez une diminution notable dans l'intensité du courant indiqué par l'électromètre, et le renversement de ce courant. Il se développe donc dans la portion extrapolaire du nerf, dans le voisinage du pôle négatif (*Catode*), un courant dirigé en sens inverse de celui du courant propre : *Catélectronus.*

Supprimez le courant polarisant, de manière à laisser le courant propre agir seul sur l'électromètre; notez la déviation. Faites basculer le commutateur, afin de renverser la direction du courant polarisant, et faites agir ce dernier sur le nerf; l'électrode la plus rapprochée de celles qui sont reliées à l'électromètre est devenue pôle positif ou *Anode* : immédiatement, l'électromètre indique l'existence d'un courant dirigé dans le même sens que celui du courant propre; et le mercure monte dans le capillaire : *Anélectrotonus.*

CHAPITRE IX

CENTRES NERVEUX

I. — Moelle épinière et racines spinales.

214. Préparation des racines spinales chez la grenouille.
— Immobilisez une forte grenouille, par la section de la moelle,
entre le crâne et la première vertèbre, et détruisez l'encéphale
avec un stylet. Arrêtez l'hémorrhagie au moyen d'un fragment
d'allumette taillé en pointe biseautée, que vous introduisez dans
le crâne, et dont vous coupez le bout qui dépasse au niveau
de la plaie cutanée (voy. n° 74).

Placez la grenouille sur le ventre, et faites à la région dorsale
de la peau une incision médiane, que vous prolongez jusqu'aux épines vertébrales. Mettez à nu les arcs vertébraux ;
raclez la surface des gouttières vertébrales, à droite et à gauche
de la ligne médiane, au moyen d'un instrument mousse, de
manière à enlever les masses musculaires. Sectionnez en travers, de chaque côté de la ligne médiane, les arcs de la dernière vertèbre (huitième vertèbre). Servez-vous à cet effet de
ciseaux à pointes très courtes. Les pointes doivent être portées
de dehors en dedans, les branches étant parallèles aux arcs
vertébraux. Enlevez les arcs à la pince. Répétez la même opération sur les septième, sixième et cinquième vertèbres, de manière à mettre à nu les huitième, neuvième et dixième paires
de racines spinales.

Pour enlever les membranes d'enveloppe, il faut redoubler
de précautions, faire une petite incision qui permette de soulever
les membranes avec une petite pince, et continuer à sectionner
délicatement ces membranes.

Les racines antérieures sont cachées par les postérieures ; la
neuvième est très volumineuse ; la dixième est très fine et
accolée au fil terminal ; les septième, huitième et neuvième
forment l'ischiatique, qui fournit le nerf sciatique et le nerf
crural.

215. Les racines postérieures sont sensibles. — Choisissez la neuvième racine postérieure (la plus grosse), et placez sous elle un fil de soie très fin, que vous liez près de la moelle. Sectionnez le nerf entre la ligature et la moelle. Soulevez, au moyen de la ligature, le bout périphérique de la neuvième racine, placez-le sur des électrodes bien isolées, et tétanisez : il ne se produit aucun effet.

Isolez la huitième racine postérieure, liez-la à quelque distance de la moelle, et divisez-la en dehors de la ligature. Placez le bout central de la racine (en rapport avec la moelle épinière) sur les électrodes, et tétanisez : il se produit des mouvements généralisés de l'animal (réaction sensible).

Divisez les racines postérieures de la septième et de la dixième paires. Constatez que le membre correspondant tout entier a perdu la sensibilité : on peut pincer la peau, exciter le sciatique par l'électricité sans provoquer la moindre réaction de la part de l'animal.

216. Les racines antérieures sont motrices. — Écartez les racines postérieures que vous venez de sectionner, et répétez les expériences du n° 215 sur les racines antérieures : ligature, section, excitation électrique en deçà et au delà de la section.

L'excitation électrique appliquée sur le bout central de la racine antérieure ne produit aucun effet ; appliquée sur le bout distal de la racine antérieure, elle provoque des mouvements limités aux muscles du membre innervés par la racine.

217. Mouvements réflexes chez la grenouille. — Immobilisez une grenouille par la section de la moelle allongée, et détruisez l'encéphale tout en respectant la moelle épinière. Abandonnez l'animal pendant une demi-heure, de manière à laisser aux centres nerveux de la moelle épinière, le temps de se remettre du choc traumatique.

L'attitude de l'animal dont l'encéphale a été détruit, diffère à première vue de celle d'une grenouille normale. La grenouille privée d'encéphale est immobile, complètement affaissée par son propre poids ; elle conserve la position qu'on lui donne, et ne se retourne pas si on la place sur le dos. Les mouvements respiratoires sont abolis, et les yeux fermés.

Suspendez la grenouille verticalement, en passant un crochet sous la mâchoire inférieure.

Pincez légèrement l'extrémité de l'un des orteils, au moyen d'une pince : il se produit un mouvement de flexion et de soulèvement du membre correspondant. Répétez l'expérience à différentes reprises, en pinçant de plus en plus fort : les autres membres exécutent également des mouvements réflexes, qui ont un caractère défensif.

Placez dans un verre de montre quelques gouttes d'acide sulfurique dilué au millième (1 c.c., d'acide pour un litre d'eau), plongez-y de petits carrés de papier à filtre (2 à 3 millimètres de côté).

Retirez un de ces carrés, essuyez-le légèrement, et appliquez-le sur la peau de la grenouille, à la région interne de la cuisse, par exemple. Observez les mouvements réflexes qui se produisent, et qui ont généralement pour effet d'enlever le papier acide (mouvements de défense). Répétez l'expérience en plaçant successivement un carré de papier imprégné d'acide, sur les différentes régions du tronc et des membres : les mouvements réflexes diffèrent, suivant le point du corps excité par l'acide.

Après chaque expérience, lavez la grenouille en la plongeant dans un vase cylindrique rempli d'eau, et essuyez-la ; attendez quelques minutes avant de procéder à une nouvelle expérience.

La production des mouvements réflexes suppose l'intégrité anatomique et le fonctionnement : 1° de nerfs centripètes ; 2° de centres nerveux (substance grise de la moelle); 3° de nerfs centrifuges moteurs, transmettant au muscle les impulsions émanant des centres. La section des racines postérieures, celle des racines antérieures, ou la destruction de la moelle, supprime tout mouvement réflexe.

Détruisez la moelle épinière de la grenouille au moyen d'un stylet de métal : il ne se produit plus aucun mouvement réflexe.

218. Empoisonnement par la strychnine. — Placez une grenouille dans un gobelet contenant quelques centimètres cubes de solution de sulfate de strychnine au millième. Au bout de quelques minutes, la strychnine est absorbée en quantité suffisante par la peau de l'animal, et les premiers symptômes de l'empoisonnement se montrent : au moindre attouchement, au moindre choc imprimé à la table, l'animal se roidit et est pris d'accès violents de contractions tétaniques.

Retirez l'animal du bain de strychnine, et continuez à l'observer.

219. Expérience de Sténon-Swammerdam. — Comprimez l'aorte abdominale d'un lapin, au moyen des doigts, en appuyant fortement contre la colonne vertébrale, à travers les parois abdominales : en moins de cinq minutes, l'arrière-train est complètement anesthésié et paralysé ; il passe successivement par une période d'excitation motrice, de paralysie, d'excitation sensible, d'anesthésie.

Laissez revenir le sang dans l'arrière-train, en cessant de comprimer : la paralysie et l'anesthésie se dissipent dans l'espace de quelques minutes, d'une demi-heure ou d'une heure, suivant la durée de l'occlusion.

On peut, chez le chien, anémier l'arrière-train au moyen d'un obturateur aortique spécial, que l'on introduit au cou par la carotide droite. C'est un tube en laiton portant à son extrémité une petite ampoule extensible, que l'on gonfle avec de l'eau, une fois qu'elle est en place.

220. Réflexe patellaire chez l'homme. — Croisez la jambe droite sur la jambe gauche, tout en restant assis sur une chaise. Percutez le tendon rotulien au moyen du marteau du plessimètre : il se produit (par voie réflexe ?) une contraction brusque du triceps et un mouvement d'extension de la jambe.

II. — Encéphale.

221. Ablation des hémisphères cérébraux chez la grenouille. — Prenez une grenouille verte (*Rana esculenta*), mâle, que vous faites maintenir sur le ventre par un aide. Pratiquez, au moyen d'un petit scalpel, une incision transversale à la partie supérieure de la tête, à travers la peau et les os de la voûte cranienne, de manière à séparer les hémisphères cérébraux des parties de l'encéphale situées en arrière. La direction de l'incision correspond exactement aux bords antérieurs des deux tympans. Abandonnez l'animal à lui-même pendant au moins une heure, pour lui laisser le temps de se remettre du traumatisme.

Une grenouille sans hémisphères cérébraux et au repos

ressemble à s'y méprendre à l'animal sain : l'attitude est exactement la même. Mais la grenouille opérée a perdu toute spontanéité : elle reste indéfiniment sur place, et mourrait de faim, si on ne lui mettait pas les aliments dans la bouche. On la nourrit en lui donnant de temps en temps des tronçons de vers de terre, ou des pilules de viande de grenouille. Elle est capable d'exécuter les mouvements combinés les plus compliqués, mais à titre de mouvements réflexes, c'est-à-dire immédiatement après une excitation venue du dehors, et jamais d'une manière volontaire, spontanée.

Excitée, la grenouille saute généralement droit devant elle, et évite jusqu'à un certain point les obstacles volumineux. Mise sur le dos, elle se retourne immédiatement ; dans l'eau, elle nage jusqu'à ce qu'elle butte contre un corps auquel elle puisse s'accrocher, puis elle reste au repos.

Si on la tient sur la main, et qu'on incline graduellement celle-ci, on pourra voir la grenouille grimper avec une certaine agilité d'un côté sur l'autre. La main exécute-t-elle un mouvement trop brusque, la grenouille sautera comme un animal intact. L'expérience est encore plus remarquable, si, au lieu de la main, on incline lentement une planchette supportant la grenouille, de manière à faire exécuter à la planche primitivement horizontale, une révolution complète autour d'un axe transversal horizontal : l'animal exécute de véritables exercices acrobatiques, pour passer d'une face à l'autre de la planchette (Expérience de Goltz).

Après résection des hémisphères, tous les réflexes s'exécutent facilement : en temps de frai, le mâle embrasse la femelle avec persistance ; l'animal fait entendre un coassement réflexe, chaque fois qu'on lui tiraille la peau du dos (passer le doigt le long de la colonne vertébrale, d'avant en arrière, en appuyant).

222. Ablation des hémisphères cérébraux chez le pigeon. — Prenez un pigeon à jeun depuis douze à vingt-quatre heures ; anesthésiez-le légèrement, en lui faisant respirer quelques gouttes de chloroforme répandues sur une éponge. Faites maintenir le corps et la tête par un aide.

Fendez la peau sur le crâne, par une section sagittale. Écartez la peau, et attaquez l'os, au moyen de ciseaux à pointes très courtes. Ouvrez la boîte osseuse largement à droite et à gauche, en ayant soin de respecter sur la ligne médiane, une bande osseuse de 3 millimètres environ, de manière à ne pas léser le sinus longitudinal. La dure-mère incisée avec précaution sur chaque hémisphère et attirée au dehors, laisse à nu la masse cérébrale. Chaque hémisphère est successivement enlevé de la façon suivante : on introduit le manche d'un petit scalpel au-dessous et en arrière d'un hémisphère ; on introduit pareille-

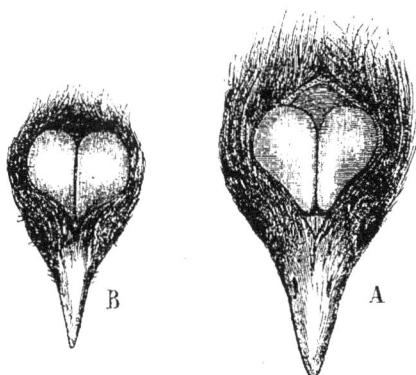

Fig. 187. — A, Tête de poule. — B, Tête de pigeon (Livon, *Vivisection*).

ment un second manche de scalpel à la partie postérieure de la scissure inter-hémisphérique. On les fait avancer doucement l'un et l'autre, en leur imprimant de petites secousses qui dégagent l'hémisphère, à mesure qu'il est détaché de ses adhérences avec celui du côté opposé, et avec les parties sous-jacentes.

Répétez la même manœuvre du côté opposé, en prenant soin de ne pas léser les lobes optiques.

Quand l'opération est terminée, introduisez dans chaque cavité un tampon d'ouate peu serré, de manière à ne pas comprimer. Quand l'hémorrhagie est arrêtée, vous retirez les deux tampons, et suturez les lambeaux cutanés. On se trouve bien, dans cette opération, de l'application rigoureuse des procédés antiseptiques.

Il faut ensuite laisser le pigeon dans une tranquillité absolue, pendant au moins douze heures, afin d'éviter toute cause de nouvelle perte de sang. Les hémorrhagies qui surviennent alors, déterminent en effet presque fatalement la mort de l'animal, et, en tous cas, compromettent les résultats des expériences.

On nourrit l'animal, en lui faisant avaler deux fois par jour une pâtée de riz cuit à l'eau, pâtée que l'on introduit par petites portions dans le bec ouvert de force.

Le pigeon privé d'hémisphères cérébraux, se comporte comme la grenouille qui a subi la même opération : suppression des actes volontaires ; persistance des mouvements les plus compliqués (marche, vol), qui s'exécutent à titre de ré-

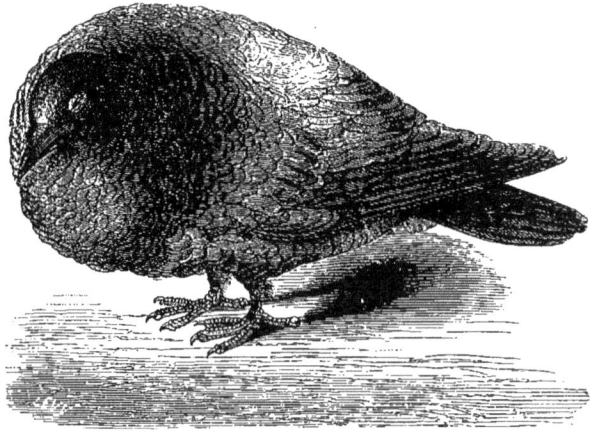

Fig. 188. — Pigeon privé d'hémisphères cérébraux (d'après Dalton).

flexes, à la suite d'une excitation extérieure ; persistance de l'attitude normale (attitude perchée) ; somnolence et immobilité continues, d'où l'animal ne sort que sous l'influence d'une excitation extérieure ; persistance des réflexes, notamment des réflexes pupillaire et palpébral.

223. Centres psycho-moteurs du chien. — Ayez devant vous un crâne de chien, dans lequel le cerveau a été laissé en place, et dont la calotte a été séparée par un trait de scie. Cette calotte a été trépanée au niveau du sillon crucial du cerveau, c'est-à-dire à côté de la ligne médiane, un peu en arrière de l'apophyse orbitaire. Guidez-vous d'après cette préparation anatomique.

Attachez un grand chien sur le ventre, dans la gouttière d'opération. Calez le cou et la tête au moyen de coussins et d'essuie-mains repliés. Faites respirer du chloroforme à l'animal. Faites une incision cutanée le long de la crête médiane pariétale, prolongez l'incision en avant en l'inclinant sur le côté vers l'apophyse orbitaire du frontal (suivant la direction 4☞→ 6 de la figure 189). Immédiatement en dessous de l'incision cutanée, faites, avec un fort scalpel, une incision ayant exactement la même direction et entamant le périoste auquel s'attache le muscle temporal. Grattez le périoste au moyen d'une rugine, de manière à détacher les insertions du temporal, et à former un lambeau musculaire semi-circulaire, que vous rabattez en dehors.

Appliquez une couronne de trépan à un centimètre de la ligne médiane, un peu en dehors de la crête temporale, et à deux centimètres en arrière de l'apophyse orbitaire externe (fig. 189). Le perforateur sera adapté au trépan au début de l'opération ; il dépassera de deux à trois millimètres seulement. Attaquez l'os perpendiculairement, de manière à creuser un sillon circulaire suffisant pour guider ultérieurement l'instrument sans le perforateur. Retirez celui-ci, continuez à approfondir le sillon, en imprimant des mouve-

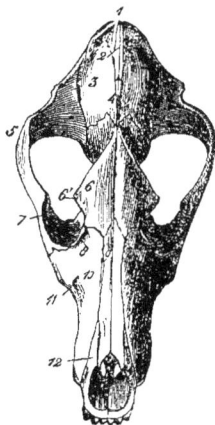

Fig. 189. — Tête de chien (face antérieure et supérieure).

1, protubérance occipitale. — 2, éperon médian de l'occipital. — 3, pariétal. — 4, origine des crêtes pariétales ou temporales. — 5, apophyse zygomatique du temporal. — 6, frontal. — 6', apophyse orbitaire. — 7, zygomatique. — 8, lacrymal. — 9, sus-nasal. — 10, maxillaire supérieur. — 11, orifice inférieur du conduit dentaire supérieur. — 12, intermaxillaire. (Chauveau et Arloing, *Anat. comp. des anim. domest.*).

ments de va-et-vient au manche de l'instrument. Comme l'os est plus épais à la partie antéro-supérieure, c'est là que la rainure doit avoir le plus de profondeur, et c'est de ce côté qu'il faut incliner, en appuyant davantage, la couronne du trépan. Du côté inféro-postérieur, au contraire, l'os temporal est relativement mince, et se laisse perforer plus vite.

Les sinus veineux donnent quelquefois du sang en abondance ; on peut être obligé d'interrompre momentanément l'opération, pour arrêter l'hémorrhagie, en appliquant une éponge contre l'os, ou en insinuant dans la paroi latérale du sillon osseux un peu de cire à modeler, dans le but d'obstruer les canaux veineux.

L'opération est ensuite reprise : plus on approche de la paroi interne, plus il faut opérer doucement, afin de ne pas blesser les parties sous-jacentes. Quand la rondelle osseuse commence

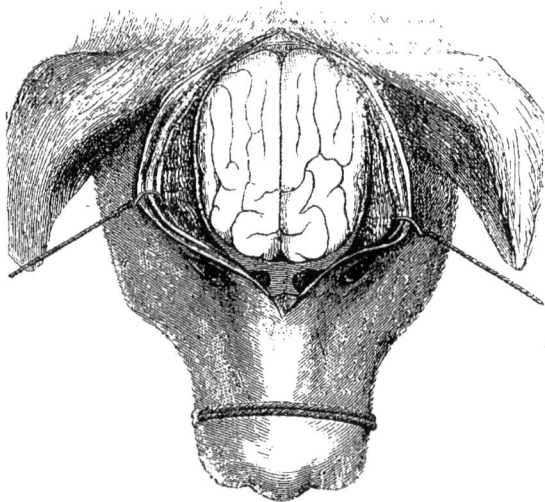

Fig. 190. — Tête de chien. — Le crâne est ouvert (Livon, *Vivisection*).

à devenir mobile, on retire le trépan ; on enlève la rondelle, au moyen d'un tire-fond vissé dans le trou du perforateur, en s'aidant d'un petit ciseau mousse en forme de tourne-vis, que l'on introduit avec précaution dans le sillon creusé dans l'os, et dont on se sert comme d'un levier, pour faire basculer la rondelle au dehors.

Arrêtez l'écoulement sanguin, par l'application d'une éponge, ou en bouchant les orifices des canaux veineux avec de la cire à modeler. Incisez la dure-mère. La partie externe du *sillon crucial* ou *transverse* apparaît au niveau du bord antérieur de l'orifice circulaire.

Faites, au moyen d'une pince électrique à pointes mousses (fils de platine recourbés en anses à leur extrémité) et reliée à la bobine secondaire du chariot de du Bois-Reymond (courants d'induction faibles) des tétanisations de très courte durée, sur

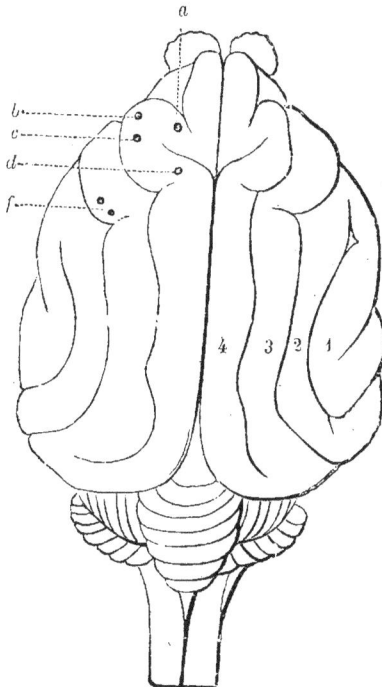

Fig. 191. — Centres moteurs corticaux de l'hémisphère gauche du chien.

a, muscles de la nuque. — *b*, extenseurs et adducteurs de la patte antérieure. — *c*, fléchisseurs et rotateurs de la patte antérieure. — *d*, muscles de la patte postérieure. — *f*, muscles de la face. (Hitzig et Ferrier.)

différents points de la circonvolution qui entoure le sillon crucial, et notez les mouvements qui se produisent chaque fois.

Mouvements de la patte postérieure du côté opposé, se produisant par l'excitation du bord postérieur du sillon crucial (*d*, fig. 191).

Mouvements de la patte antérieure, se produisant par l'excitation du bord externe du sillon crucial (b, c, fig. 191).

Mouvements de la nuque, se produisant par l'excitation du bord antérieur du sillon crucial (a, fig. 191).

Au bout d'un certain nombre d'excitations, l'animal est pris de tremblements et de convulsions, qui mettent fin aux expériences.

224. Tracé pléthysmographique du cerveau. — On peut utiliser l'animal du n° 249 (avant les expériences sur les centres psycho-moteurs), pour recueillir un tracé pléthysmographique du cerveau. On introduit, à frottement, dans le trou de trépan, un bout de tube de verre, de quelques centimètres de long, coiffé d'un anneau de caoutchouc (bout de gros tube de caoutchouc) ayant exactement le diamètre du trépan, et par conséquent du trou (voir fig. 142, p. 179). Le tube de verre est rempli de paraffine : on a laissé seulement au centre un petit canal, un tube plus étroit, qui fait communiquer l'intérieur de la boîte cranienne avec l'extérieur. Ce tube étroit, qui dépasse supérieurement le bord du tube large, est rattaché par un tube de caoutchouc étroit et court, avec un petit tambour à levier de Marey, qui inscrit la courbe pléthysmographique sur le cylindre enregistreur.

Les variations périodiques de volume du cerveau, correspondant aux pulsations du cœur, et aux mouvements respiratoires, s'inscrivent sous forme d'ondulations. Il en est de même des variations non périodiques, qui correspondent à des changements de calibre des vaisseaux cérébraux dus à l'action des vaso-moteurs.

Une aspersion d'eau froide agissant sur la peau du tronc ou des membres, a pour effet de dilater les vaisseaux du cerveau. Une aspersion d'eau chaude, au contraire, dilate les vaisseaux de la peau, et resserre ceux du cerveau.

FIN

TABLE DES MATIÈRES

Préface v

PREMIÈRE PARTIE

INSTALLATION DU LABORATOIRE DE PHYSIOLOGIE.

I. — *Installation générale du laboratoire de physiologie*.............. 1
II. — *Laboratoire de chimie physiologique*........................... 4
III. — *Laboratoire de vivisection* 9
VI. — *Amphithéâtre et ses annexes* 11

DEUXIÈME PARTIE

MÉTHODES GÉNÉRALES USITÉES EN PHYSIOLOGIE.

CHAPITRE PREMIER. — Vivisection............................ 14

Contention des animaux.................................... 14
   —   de la grenouille...................................... 14
   —   des mammifères. 14
   —   du chien... 15
   —   du lapin... 17
Anesthésie.. 19
Vivisection proprement dite................................ 20

CHAPITRE II. — **Méthode graphique**........................ 21

Appareils enregistreurs.................................... 21
Surface réceptrice... 22
Transmission des mouvements à distance.................... 25
Transmission des mouvements par les liquides............... 25
   —   —   par l'air............................ 25
Inscription du temps et contrôle des appareils enregistreurs.......... 27

CHAPITRE III. — **Technique d'électrophysiologie**........................ 31

    Sources d'électricité... 31
    Élément de Daniell.. 31
        —   Grove.. 32
        —   Grenet... 32
    Rhéocorde... 33
    Clefs... 35
    Commutateur.. 36
    Électrodes impolarisables... 37
    Électrodes ordinaires... 38
    Chariot de du Bois-Reymond... 39
    Interrupteur Kronecker... 41
    Électromètre capillaire... 42
    Boussole de Wiedemann.. 45

CHAPITRE IV. — **Technique de chimie physiologique**................ 52

   I. — *Manipulations chimiques des solides et des liquides*............... 52

    Division. — Dissolution. — Extraction.............................. 52
    Évaporation. — Distillation.. 53
    Dessiccation... 55
    Calcination.. 56
    Séparation mécanique par décantion................................. 56
    Filtration. — Colature.. 59

   II. — *Manipulations des gaz*.. 63

    Préparation de l'acide carbonique, de l'hydrogène, etc.............. 63
    Préparation de l'oxygène... 65
    Recueillement et conservation des gaz............................... 66
    Gazomètre de Regnault.. 66

   III. — *Poids et mesures*... 69

    Pesées... 69
    Balance de précision ou d'analyse..................................... 69
    Mesures de volume.. 71

   IV. — *Méthodes optiques*.. 74

    Spectroscope.. 74
    Polarimètre.. 78

   V. — *Trompe à eau*.. 80

    Trompe à eau.. 80

TROISIÈME PARTIE

MANIPULATIONS DE PHYSIOLOGIE.

CHAPITRE PREMIER. — **Sang et matières albuminoïdes**............. 82

   I. — *Matières albuminoïdes*... 82

      1. Les matières albuminoïdes contiennent : C, H, O, Az et S....... 82
      2. Réactions générales des matières albuminoïdes................. 82

3. Coagulation par la chaleur.. 83
4. Coagulation par l'alcool.. 84
5. Coagulation par les acides minéraux........................... 84
6. Réaction xantho-protéique..................................... 84
7. Réaction de Millon.. 85
8. Réaction par le ferro-cyanure de potassium.................... 85
9. Réaction du biuret.. 86
10. Précipitation par les sels des métaux pesants, par le tannin, par
l'acide picrique, etc.. 86
11. L'albumine ne diffuse pas..................................... 87
12. Les matières albuminoïdes sont lévogyres..................... 87

II. — *Sérum de bœuf*.. 89
13. Couleur, odeur, saveur, alcalinité, densité du sérum de bœuf... 89
14. Paraglobuline.. 89
15. Albumine... 90
16. Sels et sucre du sérum....................................... 90
17. Ferment de la fibrine.. 91

III. — *Plasma sanguin et coagulation du sang*..................... 91
18. Expériences sur la coagulation du sang....................... 91
19. Dosage de la fibrine... 93
20. Coagulation du plasma sanguin au MgSO$_4$.................... 94
21. Préparation du fibrinogène................................... 95
22. Détermination de la température de coagulation du fibrinogène.. 95

IV. — *Globules rouges*... 96
23. Lavage des globules rouges................................... 96
24. Dissolution des globules rouges dans l'eau................... 96
25. Spectre de l'oxyhémoglobine.................................. 96
26. Spectre de l'hémoglobine réduite............................. 97
27. Spectre de l'hémoglobine oxycarbonée......................... 98
28. Comparaison de deux spectres superposés...................... 98
29. Carmin et picrocarmin.. 99
30. L'oxyhémoglobine se réduit par la conservation en vase clos... 99
31. Cristaux d'hémoglobine....................................... 99
32. L'hémoglobine contient du fer................................ 101
33. L'hémoglobine se transforme à l'air en méthémoglobine........ 101
34. L'hémoglobine transporte l'ozone de l'essence de térébenthine à la
la résine de gayac.. 102
35. Dosage colorimétrique de l'oxyhémoglobine par l'hémoglobinomètre de Gowers.. 103
36. Hématine.. 103
37. Hémochromogène.. 103
38. Hémine ou chlorhydrate d'hématine............................ 104
39. Détermination de la quantité totale de sang.................. 104

CHAPITRE II. — **Gaz du sang et respiration**..................... 105

I. — *Gaz du sang*... 105
40. Action de O$_2$ et de CO$_2$ sur les globules rouges......... 105
41. Pompe à mercure. Évacuation du ballon dans lequel se fera l'extraction des gaz du sang...................................... 106

42. Extraction des gaz du sang par la pompe à mercure........... 109
43. Analyse sommaire des gaz du sang artériel..................... 110
44. Les globules rouges, combinant leur action avec celle du vide et
de la chaleur, décomposent le carbonate de sodium........... 111

II. — *Phénomènes chimiques de la respiration pulmonaire*.............. 112

45. L'air de l'inspiration contient fort peu (3 à 4 dix-millièmes) de CO_2. 112
46. — de l'expiration contient beaucoup (4 à 5 p. 100) de CO_2.... 113
47. — de l'inspiration contient 21 p. 100 d'oxygène. L'air de l'expiration en contient 17 p. 100........................... 114
48. Analyse de l'air atmosphérique au moyen des burettes et pipettes
de Hempel...................................... 114
49. Un cobaye ou un pigeon (animal de petite taille) produit beaucoup
plus de CO_2 qu'un homme (par unité de poids).............. 117
50. Un lapin consomme moins d'oxygène à la température ordinaire du
laboratoire, que s'il est refroidi par une aspersion d'eau glacée.. 119
51. L'homme consomme moins d'oxygène (250 à 300 c.c.) par kilogramme-heure que le lapin et les petits mammifères........ 121
52. Un animal à sang froid produit plus de CO_2 à la température ordinaire qu'à O⁰..................................... 123
53. Le quotient respiratoire $\dfrac{CO^2}{O_2}$ est inférieur à l'unité........... 124
54. L'oxygène pur, comprimé à plus de 3 atmosphères 1/2 de pression,
provoque des convulsions et la mort...................... 125
55. La respiration d'un mélange gazeux privé d'oxygène provoque les
symptômes de l'asphyxie............................... 125
56. Les symptômes de l'empoisonnement par CO_2 sont différents de
ceux de l'asphyxie.................................. 126

III. — *Phénomènes mécaniques de la respiration pulmonaire*........... 127

57. Mouvements des côtes........................... 127
58. Vide pleural.................................... 127
59. Schéma de la ventilation pulmonaire................... 128
60. Enregistrement des mouvements respiratoires de l'homme...... 129
61. — des mouvements respiratoires du lapin........ 129
62. — des mouvements respiratoires du chien........ 131
63. Spiromètre et capacité vitale....................... 131

IV. — *Régulation de la respiration*........................... 132

64. Apnée chez l'homme............................. 132
65. — chez le lapin. — Respiration artificielle............. 132
66. Section des pneumogastriques....................... 133
67. Expérience de Breuer-Hering. Arrêt respiratoire (en expiration)
par insufflation pulmonaire.......................... 133
68. Excitation du pneumogastrique 134
69. Excitation des branches nasales du trijumeau.............. 135
70. Arrêt de la respiration par section du bulbe............... 136

CHAPITRE III. — **Chaleur animale**........................... 136

I. — *Thermométrie*................................... 136

71. Mesure de la température......................... 136

II. — *Calorimétrie* 137
   72. Calorimètre à air de d'Arsonval 137
   73. Calorimétrie chez le lapin et le cobaye 139

CHAPITRE IV. — **Circulation** 140

  I. — *Cœur de grenouille* 140
   74. Mise à nu du cœur de la grenouille 140
   75. Observation des battements du cœur de la grenouille 142
   76. Le cœur isolé continue à battre. — Influence de la température. 144
   77. La pointe du cœur isolée cesse de battre, mais se contracte à
      chaque excitation. — Période latente 144
   78. Inscription des pulsations du cœur de la grenouille et de la tortue. 144
   79. Procédé pour étudier les propriétés physiologiques du muscle
      cardiaque 147
   80. Phases de la contraction du muscle cardiaque 148
   81. La contraction du muscle cardiaque est toujours maximale.... 148
   82. Addition latente d'excitations inefficaces agissant sur le muscle
      cardiaque 149
   83. Période réfractaire du muscle cardiaque 149
   84. Excitation continue du muscle cardiaque 150
   85. Phénomène de l'escalier 150
   86. Circulation artificielle dans le cœur de la grenouille 151
   87. Expérience de Stannius. — Ligatures et sections de la substance
      du cœur 153

  II. — *Cœur des mammifères* 154
   88. Observation des pulsations du cœur chez le lapin 154
   89. Inscription des variations de la pression intra-cardiaque chez
      le cheval, au moyen des sondes de Chauveau et Marey........ 154
   90. Auscultation du cœur du cheval et inscription simultanée du tracé
      ventriculaire.. 157
   91.   —   et inscription simultanée du choc du cœur chez le chien. 159
   92. Auscultation et inscription simultanée du choc du cœur chez
      l'homme.. 160
   93. Inscription du choc du cœur chez le lapin 160
   94. Démonstration du jeu des valvules du cœur du bœuf d'après le
      procédé de Gad 161

  III. — *Circulation dans les artères* 164
   95. Mouvement intermittent des liquides dans des tubes rigides, et
      dans des tubes élastiques 164
   96. Appareil de Marey 166
   97. Schéma de la circulation 166
   98. Sphygmographe direct 168
   99.   —   à transmission 170
 100. Sphygmoscope à gaz 170
 101.   —   optique 171
 102. Mesure de la pression artérielle au moyen du tube de Hales.... 171
 103. — et inscription de la pression artérielle au moyen du
      manomètre à mercure 173
 104. Sphygmoscope de Marey 174

105. Comparaison des tracés sphygmoscopiques et de ceux du mano-
    mètre à mercure 175
106. Inscription simultanée du tracé du choc du cœur chez le chien et
    du tracé sphygmoscopique 176
107.   —   simultanée du tracé sphygmoscopique dans la carotide
    et dans la crurale chez le chien 177
108. Tracé hémautographique 177
109. Variations respiratoires de la pression artérielle chez le chien ... 178
110.   —   respiratoires de la pression artérielle chez le lapin ... 179
111. Pléthysmographe pour l'homme 180

IV. — *Circulation dans les veines et dans les capillaires* 180

112. Circulation dans les veines 180
113. Pulsation de la jugulaire chez le chien 180
114. Circulation dans les capillaires 181

V. — *Régulation de la circulation* 182

115. Excitation et section des pneumogastriques chez le chien 182
116.   —   du pneumogastrique chez la grenouille 183
117. Nerf dépresseur chez le lapin 184
118. Section et excitation du grand sympathique cervical chez un
    lapin albinos 185
119. Saignée 188

CHAPITRE V. — **Digestion** 189

I. — *Salive* 189

120. Fistule salivaire chez le chien 189
121. Excitation de la corde du tympan chez le chien 192
122. La salive humaine digère l'amidon et le glycogène 192
123. Réactions de la glycose 193
124. Fermentation alcoolique de la glycose 194
125. Dosage de la glycose par fermentation 194
126.   —   de la glycose par le polarimètre 195
127.   —   de la glycose par la liqueur de Fehling 195

II. — *Suc gastrique* 196

128. Opération de la fistule gastrique chez le chien 196
129. Le suc gastrique naturel contient un acide minéral 199
130. Préparation du suc gastrique artificiel 199
131. La dissolution de la fibrine dans le suc gastrique exige la présence
    d'un ferment (pepsine) et d'un acide (HCl) 200
132. La pepsine transforme la fibrine, d'abord en syntonine, puis en
    propeptone et en peptone 200
133. La propeptone injectée dans les veines du chien, suspend la
    coagulation du sang et provoque une baisse considérable de la
    pression sanguine 202
134. Le suc gastrique contient un ferment qui précipite la caséine ... 202
135. Mouvements de l'estomac et des intestins 203

III. — *Suc pancréatique* 203

136. Suc pancréatique artificiel 203

137. Le suc pancréatique artificiel contient un ferment diastatique qui digère l'amidon et le glycogène........................... 203
138. Le suc pancréatique artificiel peptonise la fibrine et l'albumine en solution alcaline ou neutre................................. 204
139. Le suc pancréatique artificiel et le tissu du pancréas saponifient les graisses.. 206
140. Absorption intestinale de la graisse........................ 206
141. Fistule du canal thoracique................................ 206
142. Absorption intestinale de l'eau oxygénée................... 207

IV. — Bile.. 208

143. Couleur, odeur, saveur, alcalinité, densité de la bile du bœuf et de la bile du chien..................................... 208
144. La bile contient de la mucine.............................. 208
145. Réaction de Gmelin, caractéristique des pigments biliaires..... 208
146.   — de Pettenkofer, caractéristique des acides biliaires..... 208
147. Préparation de l'acide glycocholique....................... 209
148. Bile cristallisée de Platner................................ 209
149. Acide cholalique.. 209
150. Les calculs biliaires sont formés en grande partie de cholestérine... 210
151. Les calculs biliaires contiennent une combinaison de bilirubine et de chaux... 210
152. La bilirubine devient biliverdine par oxydation ; la biliverdine devient bilirubine par réduction....................... 211

CHAPITRE VI. — Nutrition. Aliments. Tissus................... 211

I. — Glycogène... 211

153. Préparation du glycogène................................. 211
154. Réactions du glycogène................................... 212
155. Après la mort, le glycogène du foie se transforme en sucre..... 213

II. — Lait.. 213

156. Analyse du lait de vache. — Albumine et sucre............. 213
157. Caséine et beurre....................................... 213

CHAPITRE VII. — Urine.................................... 214

I. — Urine humaine normale.............................. 214

158. Couleur, densité, acidité de l'urine........................ 214
159. Putréfaction de l'urine................................... 214
160. Préparation de l'urée.................................... 214
161. Réactions de l'urée...................................... 216
162. Dosage gazométrique de l'urée par l'hypobromite de sodium..... 216
163. Dosage de l'urée par le nitrate de mercure (procédé de Liebig).. 218
164. Préparation de l'acide urique............................. 219
165. Réactions de l'acide urique............................... 221
166. Indican. — Indigo...................................... 221
167. Sels solubles de l'urine.................................. 221
168. Titrage approximatif des chlorures de l'urine par le nitrate d'argent... 222

II. — *Urine de cheval* 222

169. Préparation de l'acide hippurique 222
170. Réactions de l'acide hippurique 223
171. Acides aromatiques 223
172. Phénol et crésol 224
173. Indigo 224

III. — *Constituants anormaux de l'urine humaine* 225

174. Dosage clinique de l'albumine d'après Esbach 225

CHAPITRE VIII. — **Nerfs et muscles** 226

I. — *Nerfs* 226

175. Préparation de la patte galvanoscopique 226
176. Excitabilité du nerf sciatique 230
137. Excitation mécanique du nerf sciatique 231
178.   —   chimique   —   231
179.   —   thermique   —   232
180. Disposition des appareils pour l'excitation électrique du nerf
       sciatique par le courant constant 232
181. Le nerf de la patte galvanoscopique est excité par toute variation
       brusque de l'intensité du courant qui le traverse 233
182. Excitation du nerf par les chocs d'induction 234
183. La conductibilité nerveuse suppose l'intégrité anatomique du
       nerf 235
184. Pistolet électrique de du Bois-Reymond 236
185. Vitesse de transmission de l'excitation dans les nerfs moteurs de
       la grenouille 237

II. — *Muscles* 239

186. Empoisonnement par le curare 239
187. Excitation directe des muscles 240
188. Myographe simple 241
189. Excitation unique. — Secousse simple 243
190. Influence de la fatigue sur le tracé myographique 243
191.   —   de la vératrine sur le tracé myographique 244
192. Influence de l'intensité de l'excitant sur le tracé myographique ... 244
193. Myographe pour l'étude de la période latente 245
194. Excitation répétée du muscle. — Tétanos 247
195. Force du tétanos musculaire 247
196. La contraction musculaire s'accompagne d'un dégagement de
       chaleur 248
197. Rigidité cadavérique produite par la chaleur 248
198. Les muscles tétanisés deviennent acides 249
199. Préparation de la myosine 250
200.   —   de la créatine 250

III. *Électrophysiologie* 251

201. Courant propre du nerf sciatique 251
202. Courant propre du muscle 252
203. Force électromotrice du muscle de grenouille 252

204. Variation négative ou courant d'action du nerf.................. 253
205. Le nerf conduit la variation négative dans les deux sens....... 255
206. Variation négative ou courant d'action du muscle.............. 255
207. Contraction induite ou secondaire............................ 256
208. Variation négative du cœur de la grenouille................... 257
209. Électrotonus. — L'excitabilité nerveuse (et la conductibilité) sont
    augmentées au pôle négatif, diminuées ou supprimées au pôle
    positif, pendant le passage du courant constant.......... 257
210. Loi des secousses......... 259
211. Autre démonstration de la variation de l'excitabilité nerveuse que
    produit le passage du courant constant..................... 260
212. Lorsque le nerf est traversé par un courant constant intense, la
    conductibilité est abolie au niveau du pôle positif............ 261
213. Électrotonus. — Action du courant constant sur les propriétés
    électromotrices du nerf.................................... 262

CHAPITRE IX. — Centres nerveux................................... 264

I. — Moelle épinière et racines spinales............................. 264

214. Préparation des racines spinales chez la grenouille............ 264
215. Les racines postérieures sont sensibles................. 264
216. Les racines antérieures sont motrices........................ 265
217. Mouvements réflexes chez la grenouille...................... 265
218. Empoisonnement par la strychnine........................ 266
219. Expérience de Sténon-Swammerdam...................... 267
220. Réflexe patellaire chez l'homme............................ 267

II. — Encéphale.. 267

221. Ablation des hémisphères cérébraux chez la grenouille......... 267
222.   —   —   —   le pigeon................ 268
223. Centres psycho-moteurs chez le chien...................... 270
224. Tracé pléthysmographique du cerveau...................... 274

FIN DE LA TABLE DES MATIÈRES.

251-91. — CORBEIL. Imprimerie CRÉTÉ,

LE CORPS HUMAIN

STRUCTURE ET FONCTIONS

FORMES EXTÉRIEURES, RÉGIONS ANATOMIQUES, SITUATION, RAPPORTS ET USAGES
DES APPAREILS ET ORGANES QUI CONCOURENT AU MÉCANISME DE LA VIE

démontré à l'aide de planches coloriées, découpées et superposées

DESSINS D'APRÈS NATURE, par **Édouard GUYER**, lauréat de l'École des Beaux-Arts
TEXTE, par **G.-A. KUHFF**, docteur en médecine.
Préparateur au Laboratoire d'Anthropologie de l'École des Hautes Études.

Préface par M. Mathias DUVAL, professeur d'anatomie à l'École des Beaux-Arts.

Paris, 1879. 1 vol. gr. in-8 de 500 pages de texte, avec Atlas de 25 *planches coloriées*.
Ouvrage complet cartonné, en deux volumes. — 70 fr.

Pl. I. Du corps humain en général.
II. Tronc et cavité thoracique (face antérieure).
III. Tronc (face postérieure).
IV. Tronc (face latérale).
V. Cavité abdominale.
VI. Tête.
    Fig. 1. — *Face antérieure.*
    Fig. 2. — *Face postérieure.*
VII. Tête.
    Fig. 1. — *Face latérale.*
    Fig. 2. — *Base du crâne.*
VIII. Cou (face antéro-externe).
IX. Membre thoracique.
    Fig. 1. — *Bras.*
    Fig. 2. — *Avant-bras.*
X. Membre thoracique (face postérieure).
    Fig. 1. — *Bras.*
    Fig. 2. — *Avant-Bras.*
XI. Membre thoracique (face interne).
    Fig. 1. — *Bras.*
    Fig. 2. — *Avant-bras.*
XII. Membre thoracique (face externe).
    Fig. 1. — *Bras.*
    Fig. 2. — *Avant-bras.*
XIII. Main.
    Fig. 1. — *Os du carpe* (face antérieure).
    Fig. 2. — *Os du carpe* (face postérieure).
    Fig. 3. — *Main* (face palmaire).
    Fig. 4. — *Main* (face dorsale.)
XIV. Membre abdominal (face antérieure).
    Fig. 1. — *Cuisse.*
    Fig. 2. — *Jambe.*
XV. Membre abdominal (face postérieure).
    Fig. 1. — *Cuisse.*
    Fig. 2. — *Jambe.*

Pl. XVI. Membre abdominal (face interne).
    Fig. 1. — *Cuisse*
    Fig. 2. — *Jambe*
XVII. Membre abdominal (face externe).
    Fig. 1. — *Cuisse.*
    Fig. 2. — *Jambe.*
XVIII. Pied.
    Fig. 1. — *Os du tarse* (face supérieure).
    Fig. 2. — *Os du tarse* (face inférieure).
    Fig. 3. — *Pied* (face dorsale).
    Fig. 4. — *Pied* (face plantaire).
XIX. Ensemble des vaisseaux et des nerfs.
XX. Encéphale (face supérieure).
XXI. Encéphale.
    Fig. 1. — *Face latérale.*
    Fig. 2. — *Cervelet.*
XXII. Appareil visuel (face latérale)
XXIII. Appareil visuel : paupières et voies lacrymales.
XXIV. Appareil auditif.
    Fig. 1. — *Oreille externe et oreille moyenne vues par la face externe.*
    Fig. 2. — *Oreille externe, oreille moyenne et oreille interne vues par la face antérieure.*
    Fig. 3. — *Chaîne des osselets vue par sa face antérieure.*
    Fig. 4. — *Chaîne des osselets vue par sa face externe.*
    Fig. 5. — *Coupe du limaçon.*
XXV. Appareils de l'olfaction, du goût et de la voix.

Le corps humain (avec les *Organes génitaux de l'homme et de la femme*). 1 vol. gr
in-8 de 370 pages de texte, avec atlas de 27 planches coloriées. Ensemble 2 vol.
gr. in-8, cartonnés   75 fr.

Les organes génitaux de l'homme et de la femme, in-8, 56 pages, avec 56 figures et
2 planches coloriées.   7 fr. 50

ENVOI FRANCO CONTRE UN MANDAT SUR LA POSTE.

LIBRAIRIE J.-B. BAILLIÈRE ET FILS, 19, RUE HAUTEFEUILLE.

LEÇONS SUR LA PHYSIOLOGIE COMPARÉE

DE LA RESPIRATION

Par Paul BERT
Professeur de physiologie comparée à la Faculté des sciences.

Paris, 1870, 1 vol. in-8 de 588 pages, avec 150 figures............. 10 fr.

TRAITÉ D'ANATOMIE COMPARÉE DES ANIMAUX DOMESTIQUES

Par A. CHAUVEAU
Directeur de l'École vétérinaire de Lyon.

Quatrième édition, revue et augmentée

Avec la collaboration de S. ARLOING, professeur à l'École vétérinaire de Lyon.

Paris, 1890. 1 vol. gr. in-8 de vi-1064 pages, avec 455 figures noires et coloriées. 24 fr.

TRAITÉ DE PHYSIOLOGIE COMPARÉE DES ANIMAUX

CONSIDÉRÉE DANS SES RAPPORTS AVEC LES SCIENCES NATURELLES
LA MÉDECINE, LA ZOOTECHNIE ET L'ÉCONOMIE RURALE

Par G. COLIN
Professeur à l'École vétérinaire d'Alfort, membre de l'Académie de médecine.

Troisième édition

Paris, 1888, 2 vol. in-8, avec 200 figures............ 28 fr.

LES ORGANES DES SENS DANS LA SÉRIE ANIMALE

LEÇONS D'ANATOMIE ET DE PHYSIOLOGIE COMPARÉE

FAITES A LA SORBONNE

Par le docteur Joannès CHATIN
Maître de conférences à la Faculté des sciences de Paris,
Professeur agrégé à l'École supérieure de pharmacie.

Paris, 1880, 1 vol. in-8 de 740 pages avec 136 figures intercalées dans le texte. 12 fr.

LA VIE

ÉTUDES ET PROBLÈMES DE BIOLOGIE GÉNÉRALE

Par P. E. CHAUFFARD
Professeur de Pathologie générale à la Faculté de médecine, inspecteur général de l'Université.

Paris, 1878, 1 vol. in-8 de 526 pages........ 7 fr. 50

TRAITÉ DU DÉVELOPPEMENT

DE L'HOMME ET DES MAMMIFÈRES

Par T. L. G. BISCHOFF

1 vol. in-8................ 5 fr.

ENVOI FRANCO CONTRE UN MANDAT SUR LA POSTE.

Claude BERNARD

Membre de l'Institut de France (Académie des sciences),
Professeur de physiologie au Collège de France et au Muséum d'histoire naturelle.

COURS DU MUSÉUM D'HISTOIRE NATURELLE

LEÇONS SUR LES PHÉNOMÈNES DE LA VIE

COMMUNS AUX ANIMAUX ET AUX VÉGÉTAUX

Paris, 1878-1879, 2 vol. in-8, avec fig. interc. dans le texte et 4 pl. gravées .. 15 fr.

COURS DE MÉDECINE DU COLLÈGE DE FRANCE

LEÇONS DE PHYSIOLOGIE OPÉRATOIRE

Paris, 1879, 1 vol. in-8 de 640 pages, avec 116 figures... 8 fr.

Leçons de physiologie expérimentale appliquée à la médecine, faites au Collège de France. Paris ; 1855-1856, 2 vol. in-8 avec 100 fig. 14 fr.

Leçons sur les effets des substances toxiques et médicamenteuses. Paris, 1857, 1 vol. in-8, avec 82 fig. 7 fr.

Leçons sur la physiologie et la pathologie du système nerveux. Paris, 1858, 2 vol. in-8, avec 79 fig. 14 fr.

Leçons sur les propriétés physiologiques et les altérations pathologiques des liquides de l'organisme. Paris, 1859, 2 vol. in-8, avec fig. 14 fr.

Leçons de pathologie expérimentale. Paris, 1880, 1 vol. in-8 de 604 p. 7 fr.

Leçons sur les anesthésiques et sur l'asphyxie. Paris, 1874, 1 vol. in-8 de 429 pages, avec fig. 7 fr.

Leçons sur la chaleur animale, sur les effets de la chaleur et sur la fièvre. Paris, 1876, 1 vol. in-8 de 471 pages, avec fig. 7 fr.

Leçons sur le diabète et la glycogénèse animale. Paris, 1877, 1 vol. in-8 de 576 pages. 7 fr.

Introduction à l'étude de la médecine expérimentale. Paris, 1865, 1 vol. in-8 de 400 pages, avec fig. 7 fr.

Précis iconographique de médecine opératoire et d'anatomie chirurgicale. *Nouveau tirage.* Paris, 1873, 1 vol. in-18 jésus, 895 pages, avec 113 planches, figures noires. Cartonné. 24 fr.

Le même, figures coloriées. Cartonné. 48 fr.

L'œuvre de Claude Bernard. Introduction par M. le docteur Mathias Duval, professeur agrégé à la Faculté de médecine de Paris. — Notices par MM. Ernest Renan (de l'Académie française); Paul Bert, professeur à la Faculté des sciences, et A. Moreau (de l'Académie de médecine). — Table alphabétique et analytique des Œuvres complètes de Claude Bernard (18 vol. in-8), par le docteur Roger de la Coudraie, ancien interne des hôpitaux. — Bibliographie de ses travaux scientifiques, par Malloizel, bibliothécaire adjoint du Muséum. Paris, 1881, 1 vol. in-8 de 400 pages, avec portrait. 7 fr.

BEAUNIS. **Claude Bernard.** Paris, 1878, in-8.

FERRAND. **Cl. Bernard et la science contemporaine.** Paris, 1879, in-8. 1 fr.

LA SCIENCE EXPÉRIMENTALE

PROGRÈS DES SCIENCES PHYSIOLOGIQUES. — PROBLÈMES DE LA PHYSIOLOGIE GÉNÉRALE.
LA VIE, LES THÉORIES ANCIENNES ET LA SCIENCE MODERNE.
LA CHALEUR ANIMALE. — LA SENSIBILITÉ. — LE CURARE. — LE CŒUR. — LE CERVEAU
DISCOURS DE RÉCEPTION A L'ACADÉMIE FRANÇAISE.
DISCOURS D'OUVERTURE DE LA SÉANCE PUBLIQUE ANNUELLE DES CINQ ACADÉMIES.
Deuxième édition.

Paris, 1878, 1 vol. in-18 jésus de 449 pages, avec 24 figures........ 3 fr. 50

ENVOI FRANCO CONTRE UN MANDAT SUR LA POSTE.

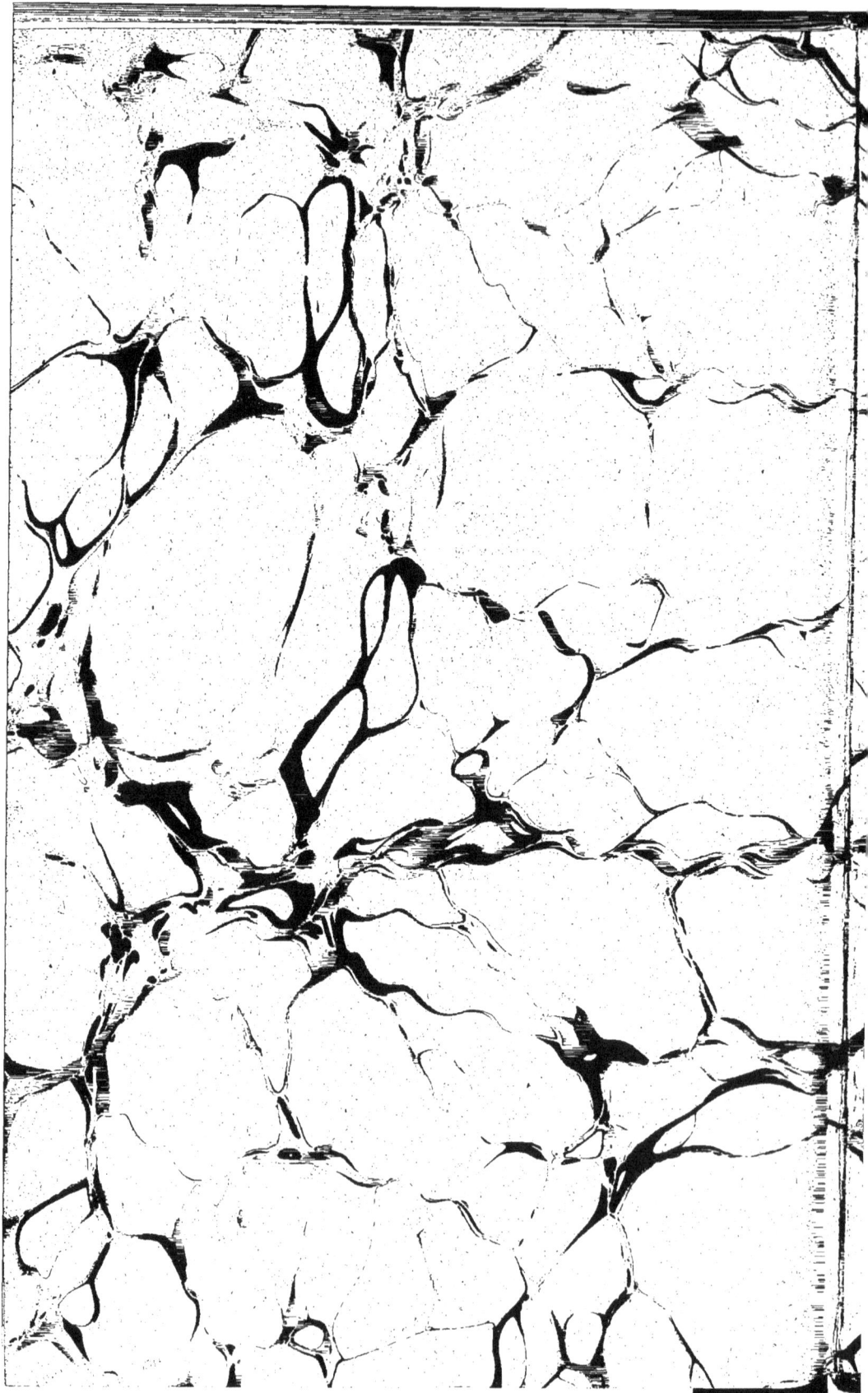

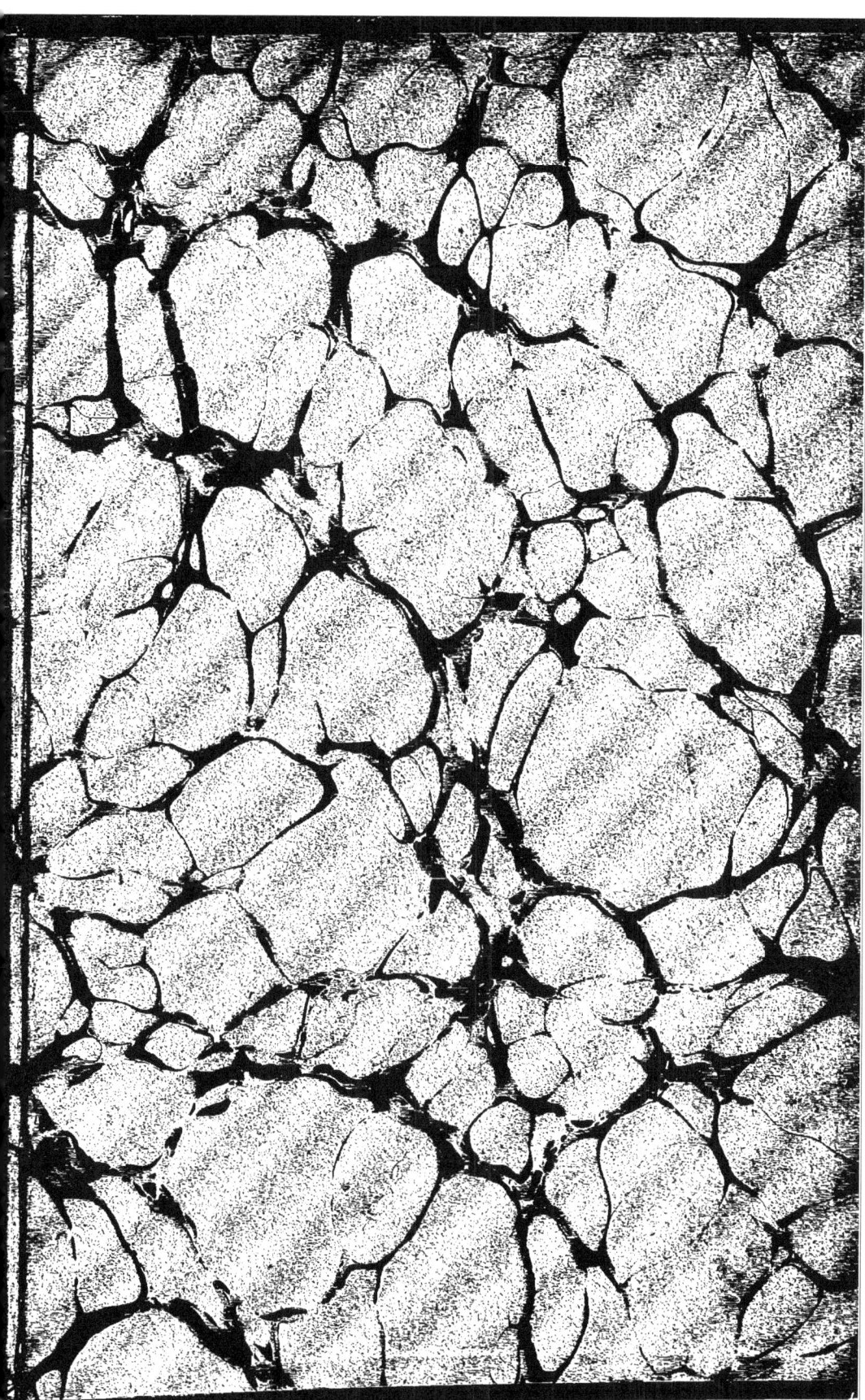

www.ingramcontent.com/pod-product-compliance
Lightning Source LLC
Chambersburg PA
CBHW060424200326
41518CB00009B/1479